国家安全生产应急救援培训教材之十二

电力企业安全生产应急管理

国家安全生产应急救援指挥中心　组织编写

煤炭工业出版社

·北　京·

前　　言

电力是现代文明社会不可或缺的基本能源，电力系统安全稳定运行和电力可靠供应直接关系到国民经济的安全发展和人民生命财产安全，甚至关系到国家安全和社会稳定。应急管理是电力企业安全管理的重要组成部分。全面做好应急管理工作，提高电力突发事件防范和应急处置能力，尽可能防止和减少由此造成的人员伤亡、财产损失和社会影响，是坚持“以人为本”理念，落实科学发展观的必然要求，也是保护人民群众的根本利益，全面履行电力企业社会责任，构建和谐社会的具体表现。

2003年以来，国家电力监管委员会（以下简称电监会）在建立健全电力应急法制、体制和机制，编制完善各级各类应急预案，构建科学有效的应急预案管理模式，开展电力企业应急培训和联合应急演练，推动电力应急保障能力建设，建立完善电力应急指挥平台体系等多方面做了大量工作，初步建立了电力行业应急管理体系，有效提高了电力企业应对各类突发事件的应急处置能力。

加强应急管理培训，强化企业员工的应急意识和技能，是做好电力企业安全生产应急管理工作的基础。《电力企业安全生产应急管理》培训教材对于推动全国电力企业的安全生产应急管理体系建设，进一步完善电力企业安全生产应急预案体系，开展电力应急救援，最大程度地减少电力突发事件及其造成的损失具有重要意义。

《电力企业安全生产应急管理》教材共八章：第一章介绍了突发事件与应急管理相关的概念和内容以及目前国内外应急管理的现状；第二章介绍了电力企业应急管理工作基本内容，分析了电力生产的过程和特点以及电力突发事件发生的原因和特点；第三章介绍了电力企业风险分析与监测预警相关内容，包括危险源辨识、电力系统脆弱性分析、安全生产风险评估、电力企业安全生产预测预警，并详细介绍了电力企业安全生产存在的主要风险；第四章介绍了电力企业应急救援体系的结构与应急能力评估的主要内容；第五章介绍了电力企业应急预案体系，包括应急预案编制的程序、应急预案的管理，并通过实例给出应急预案具体要素和内容；第六章介绍了电力企业应急演练的程序、方法及工作重点；第七章介绍了电网企业和发电企业典型事故处置程序、现场处置措施；第八章探讨了电力企业应急管理信息建设，包括建设的基本思路、研究内容和系统的主要功能。

本培训教材适用对象包括各级安全生产监管监察机构和大中型企业负责人、应急管理人员和电力监管机构、电力企业从事安全生产工作的管理和技术人员。本书可用于指导各电力企业开展应急管理工作，同时可供其他行业应急救援工作者参考，也可作为有关高等院校研究生和本科生的教材。

《电力企业安全生产应急管理》培训教材，是国家安全生产应急救援专业培训教材之一，具有很强的理论性和指导性。《电力企业安全生产应急管理》教材的出版，对于推动电力企业应急管理培训工作的开展，对提高电力企业应急救援能力，加强事前防范和事后处置能力，提升电力企业各级人员应急管理水平和应急处置能力起到积极作用。

编写组

二〇一二年十月

目　　次

第一章　引　　论

安全生产自古以来就是人类社会活动的重大命题。事实表明，工业化快速发展时期是事故高发期。20世纪90年代以来，随着我国工业化快速发展，我国生产安全事故数量大幅度上升，重大、特大生产安全事故多发频发，造成大量人员伤亡和财产损失，严重影响经济发展和社会稳定。同时，我国自然灾害呈现多发态势，给生产安全造成不利影响，其中对电力行业的影响尤为突出，自然灾害和电力事故导致的电网大面积停电、水电站垮坝等电力突发事件，对人民生产生活、社会公共秩序、国民经济发展将造成巨大影响。面对严峻的安全生产形势，一方面要按照“安全第一、预防为主、综合治理”的方针，采取各种有效预防措施，加强事故隐患排查治理，减少或降低生产安全事故的发生；另一方面要全面加强应急管理工作，建立安全生产应急救援体系，提高事故应急能力，将生产安全事故及自然灾害造成的人员伤亡和财产损失降到最低。

第一节　突发事件与应急管理

应急管理得到社会的普遍关注源于所对应的客体：突发事件的不断出现。实际上，突发事件无时无刻不在出现，贯穿于人类社会演进的全过程。根据《中华人民共和国突发事件应对法》（主席令第69号，以下简称《突发事件应对法》），突发事件是指突然发生，造成或者可能造成严重社会危害，需要采取应急处置措施予以应对的自然灾害、事故灾难、公共卫生事件和社会安全事件。

一、突发事件特征

1. 不确定性

不确定包括事件的发生不确定、事件发生的时间不确定、事件发生的状况不确定、事件的变化方向不确定、事件的后果以及严重程度不确定。突发事件自始至终都处于不断的发展变化中，即事件发生的原因、变化方向、影响因素、形态和后果往往没有规律且难以预测和把握。

突发事件发生的不确定性使人们在突发事件面前往往无所适从，增加了人们的恐慌感和不安全感。如各种火灾、爆炸、中毒等事故灾难，难以准确预测其在何时何地、以何种方式发生；有些突发事件，如地震、台风、旱灾、水灾、疫情等，虽能作出一定的预报，但对这些突发事件发生的具体形式及其造成的影响难以准确预见。

2. 紧迫性

突发事件往往是突如其来或者只有短时预兆，事态发展迅速，必须立即采取非常态的紧急措施加以处置和控制，否则将会造成更大的损失和危害。突发事件发生时需要应急管理人员在巨大的压力下迅速调度可以利用的人力、物力和财力，有效应对，控制事态，消除不利后果和影响。如危险化学品泄漏、爆炸等事故发生后，对可能造成的人员伤亡、财产损失和环境污染要迅速响应，立即采取有效措施，避免事态进一步扩大。

3. 危害性

突发事件的危害主要是指社会危害，受害的主体具有群体性。虽然突发事件的初始涉及范围不一定在公众领域，但事件发展或事件本身的迅速传播会引起公众关注，成为热点并造成公共损失、公众心理恐慌和社会秩序混乱。

4. 公共性

突发事件可能是由自然原因造成的，如地震、洪水等；也可能是由技术原因造成的，如危险化学品泄漏、火灾、爆炸等；也可能是由公共卫生原因造成的，如“非典”、“禽流感”等；还可能是由社会原因造成的，如暴力、民族冲突、群体性事件等。

尽管突发事件的起因千差万别，但有一点是相同的，即它们涉及的对象不是单个的人，而是社会公众，至少是一个特定单位或地域内的一群人。因此，防范突发事件需要取得公众的共识，需要公众的参与，当事件发生时，要采取必要的措施阻止事态的扩大和发展。

二、突发事件分类和分级

突发事件具有多样性，依据突发事件的发生过程、性质和机理，将突发事件分为4类。

（1）自然灾害。自然灾害是指由自然因素引发的与地壳运动、天体运动、气候变化有关的灾害。主要包括水旱灾害、气象灾害、地震灾害、地质灾害、海洋灾害、生物灾害和森林草原火灾等。如2008年南方低温雨雪冰冻灾害、“5·12”四川汶川大地震等。

（2）事故灾难。事故灾难是指由于人类活动所导致的事件或事故，主要包括工矿商贸等企业的各类安全事故、交通运输事故、公共设施和设备事故、环境污染和生态破坏事件等。如2010年上海“11·15”特别重大火灾事故、2011年“7·23”甬温线重大铁路交通事故等。

（3）公共卫生事件。公共卫生事件是指由病菌、病毒引起的大面积疾病流行事件，主要包括传染病疫情、群体性不明原因疾病、食品安全和职业危害、动物疫情，以及其他严重影响公众健康和生命安全的事件。如2003年非典型性肺炎（SARS）事件、2009年甲型H1N1流感疫情等。

（4）社会安全事件。社会安全事件是指由人们主观意愿产生、危及社会安全的事件，主要包括恐怖袭击事件、经济安全事件和涉外突发事件等。如2008年拉萨“3·14”打砸抢烧暴力犯罪事件、2009年乌鲁木齐“7·5”打砸抢烧暴力犯罪事件等。

根据《国家突发公共事件总体应急预案》，各类突发事件按照其性质、严重程度、可控性和影响范围等因素，一般分为4级：Ⅰ级（特别重大）、Ⅱ级（重大）、Ⅲ级（较大）和Ⅳ级（一般）。突发事件等级与响应主体的关系见表1－1。

三、应急管理基本概念

应急管理是指为了迅速、有效地应对可能发生的突发事件，控制或降低其可能造成的后果和影响，而进行的一系列有计划、有组织地管理，包括预防、准备、响应和恢复4个

表1-1　突发事件等级与响应主体的关系

响应主体＼等级	Ⅰ级（特别重大）	Ⅱ级（重大）	Ⅲ级（较大）	Ⅳ级（一般）
国　家	√			
省　级	√	√		
市　级	√	√	√	
县　级	√	√	√	√

阶段。根据《突发事件应对法》、《生产经营单位安全生产事故应急预案编制导则》（AQ/T 9002—2006），应急管理相关基本概念如下。

1. 应急准备

应急准备是指针对可能发生的事件，为迅速、有序地开展应急行动而预先进行的组织准备和应急保障。

2. 预警

预警是指为高效地预防和应对突发事件，对突发事件征兆进行监测、识别、分析与评估，预测突发事件发生的时间、空间和强度，并依据预测结果在一定范围内发布相应警报，提出相应应急建议的行动。

3. 预警分级

预警分级是指根据突发事件的危害程度、紧急程度和发展态势所划定的警报等级。发布时一般用红色、橙色、黄色和蓝色表示，其中红色为最高级别。

4. 应急响应

应急响应是指突发事件发生后，有关组织或人员采取的应急行动。

5. 应急响应分级

应急响应分级是指根据突发事件的等级和事发单位的应急处置能力所确定的应急响应等级。

6. 应急预案

应急预案是指针对可能发生的突发事件，为迅速、有序地开展应急行动而预先制定的行动方案。

7. 应急救援

应急救援是指在应急响应过程中，为消除、减少突发事件危害，防止突发事件扩大或恶化，最大限度地降低突发事件造成的损失或危害而采取的救援措施或行动。

8. 应急恢复

应急恢复是指突发事件的影响得到初步控制后，为使生产、工作、生活和生态环境尽快恢复到正常状态而采取的措施或行动。

9. 次生、衍生事件

次生、衍生事件是指某一突发事件所派生或者因处置不当而引发的其他事件。

10. 应急保障

应急保障是指为保障应急处置的顺利进行而采取的各项保证措施。一般按功能分为人力、财力、物力、交通运输、医疗卫生、治安维护、人员防护、通信与信息、公共设施、社会沟通、技术支撑以及其他保障。

11. 一案三制

一案三制是指为应对突发事件所编制的应急预案和建立的运作机制、组织体制以及相关法制基础的简称。

12. 应急演练

应急演练是指针对突发事件的风险和应急保障工作要求，由相关应急人员在预设条件下，按照应急预案规定的职责和程序，对应急预案的启动、预测与预警、应急响应和应急保障等内容进行应对训练。

四、应急管理内容

传统的应急管理注重事件发生后的即时响应、指挥和控制，具有较大的被动性和局限性。20 世纪 70 年代后期，更具综合性的现代应急管理理论逐步形成，并在许多国家的实践中取得了重大成功。无论是在理论上还是在实践上，现代应急管理都主张对突发事件实施综合性应急管理。

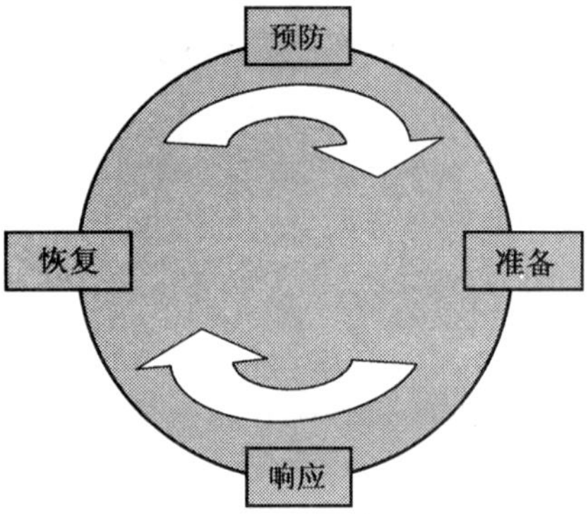

图 1－1 应急管理过程

结合突发事件的特点，应急管理应强调对潜在突发事件实施全过程的管理，即预防、准备、响应和恢复，如图 1－1 所示，使突发事件应急管理贯穿于各个过程，并充分体现“预防为主、常备不懈”的应急理念。

一般而言，应急管理过程的 4 个阶段并没有严格的界限，且往往是交叉的，但每一个阶段都有自己明确的目标，而且每一阶段又构筑在前一阶段的基础之上，因而预防、准备、响应和恢复相互关联，构成了突发事件应急管理工作一个动态的循环改进过程。

第二节 国外应急管理现状

应急管理已经成为工业发达国家危机管理的一个相当重要的组成部分，尤其进入 20 世纪 90 年代以来，一些工业发达国家把应急管理工作作为维护社会稳定、保障经济发展、提高人民生活质量的重要工作内容，成为维持国家管理正常运行的重要支撑体系之一。美国、德国、澳大利亚、日本等国家都建立了运行良好的应急管理体制，包括应急管理法规、管理机构、指挥系统、应急队伍、资源保障和公民知情权等。国外消防管理部门作为政府防灾减灾的主要职能部门也向多功能化方向转化和发展，普遍承担了灭火工作、救护工作、防化工作、垮塌事故、爆炸事故、交通事故以及空难救援等抢险救援任务，其中应急救援行动占消防队全年出动总数的 90% 左右。美国、德国、澳大利亚、日本等国家形成了比较完善的应急救援系统，使整个应急管理工作更加科学、规范和高效。

一、美国应急管理现状

美国在20世纪70年代以前，应急工作采用的是地方政府各自为战、社会救援力量和国家救援力量并存的形式。由于体制上的不顺，一旦发生突发事件，很难把这些救援力量统一协调起来，使国家应对危机的能力受到很大限制。“9·11”事件后，美国政府高度重视应急管理工作，在应急管理组织体系、运行机制、指挥体系及应急专家、救援队伍、物资等方面取得了突破性进展。

1. 完整的应急管理组织体系

联邦政府、州政府、市（或县）政府层层建立应急管理机构，自上而下形成了完整的应急管理组织体系。主要由3个层次组成：

（1）联邦政府设有国土安全部及派出机构（10个区域代表处）。

（2）州政府都设有应急管理办公室。

（3）地方政府也设有应急管理机构。

2. 完善的应急运行机制

国土安全部、各州、市（县）应急管理机构都设有应急运行调度中心。应急运行调度中心工作人员24 h轮班值守，监测监控潜在事故灾难、自然灾害、公共卫生、群体事件和恐怖袭击等信息，并与各个方面保持畅通的联系，汇总、分析各类信息，下达紧急事务处置指令并及时反馈应对过程中的各类情况等。

3. 标准的应急指挥体系

为了高效、规范地进行应急处置工作，美国制定了标准的应急指挥体系ICS（Incident Command System，以下简称ICS）。ICS是实施应急指挥的工具，具有标准化、弹性化的结构，不论事件大小、事件类型，还是事前计划、事发应对都普遍适用。ICS思想源于美国军方指挥方法，在19世纪70年代后由加州一些应急组织进行了改良，并在实践中不断完善，并成为美国应急管理中采用的标准指挥体系。

除此之外，为在处置紧急突发事件的第一时间保证物资和医药用品的供给，美国对应急物资和医药用品进行了专项储备。美国还注重应急管理人才队伍的建设，大到应急管理学科体系，小到各级应急管理人员和公众的培训、演练，形成了比较完备的应急管理教育培训体系。

二、德国应急管理现状

德国经过多年探索，形成了运行良好的应急管理体制，包括应急管理法规、管理机构、指挥系统、应急队伍、资源保障和媒体沟通等，形成了比较完善的应急指挥救援系统。

1. 建立高风险预警分析系统

应急预警是整个突发公共事件管理过程的第一个阶段，目的是有效预防和避免突发公共事件造成的不利后果。德国有多家应急研究机构，拥有先进的监测预警技术系统。在众多的应急研究机构和风险分析系统中，居于核心的是重大灾害预防委员会（DKKV）、地理研究中心和德国危机预防信息系统（deNIS）。

德国危机预防信息系统借助2000多个互联网平台向全社会集中提供各种危机预警信

息，人们可以从中方便地找到有关民众保护和灾难救助的信息，也可以了解危险情况下如何采取预防措施等信息。该信息系统还有一个供内部使用的信息平台（deNIS2），整合了民事保护和灾难预防方面的信息，以便在发生灾难时快速联动。

2. 设立应急指挥中心和应急指挥系统

德国公共危机管理分为联邦和地方两个层次。联邦政府主要负责战争状态下的民事保护，16个州政府负责和平时期的灾难救助工作。因此，大量的应急救护工作由地方政府承担。基于这样的管理体制，德国的应急管理纳入各级政府日常管理工作，设有经常性的协调机构，负责信息处理和部门间的协调，对各部门制定的应对突发事件方面的政策进行综合协调，并为决策部门传递重要信息。覆盖中央政府和各级地方政府的常设应急指挥中心和危机决策指挥系统，其决策和执行相互分离，并且逐渐向标准化方向发展。

当灾难或危机发生时，启动危机决策指挥系统，该决策指挥系统也分为两个层面。第一是联邦层面，各部委对其所管辖领域负责，需要各部门协作时，由联邦总理负责协调。联邦层面的指挥中心核心部分包括内政部指挥中心、灾情中心、新闻发言人，总指挥一般是国务秘书，成员来自内政部各司局的领导。指挥中心的职责是在专家指导下进行决策。第二层面是各州、行政专区、县的危机决策指挥系统，负责对发生在本行政区域内的灾难或危机进行应急处置。

3. 建立专业化、一体化应急救援队伍

德国是建立专业化应急救援队伍较早的国家。以消防等专业力量为骨干、社会组织为侧翼、志愿者队伍为支撑的各种应急力量协同配合，构成横向到边、纵向到底的应急网络。在这一网络中，消防队以其技术、装备和数量优势，成为各类突发事件应急救援的中坚力量。德国的消防局、消防队承担着应对突发公共危机事件的重任，是紧急情况下的最高指挥机构，也是一支设备最专业的救灾专业队伍。消防队过去主要职责为防火、救火，现在不仅防火、救火，还承担着事故现场紧急救援、灾害现场指挥的工作。除此之外，消防队还需广泛开展灾害救援知识的宣传和培训以及在其他紧急情况下提供援助的工作，消防队已经逐渐发展成为应急救援的核心力量。德国消防队有职业消防队、志愿消防队和企业消防队3种类型。一般情况下，人口在10万以上的城镇必须建立一支职业消防队，职业消防队由直接从事灭火和特殊技术救援的政府官员和其他从事职业消防的职员与工人组成。无职业消防队的城镇应建立志愿消防队。志愿消防队的队员都是兼职的，平时都从事着自己的工作，一旦发生火灾，他们都自愿地、无偿地参加城镇消防队或本地消防联合会，从事消防救援工作。目前全国共拥有2.7万职业消防队员和130万志愿消防队员。

4. 建立应急管理技能培训体系

德国建立了比较严密的危机管理培训体系。联邦政府设立了国家紧急救援训练基地或培训中心，建有专门的高等学府和研究中心，培养高层次救援管理人才和专业人才。应急管理培训包括专业培训、志愿者培训和社会教育3部分。专业培训主要由内政部下属的联邦民事保护与灾难救助局、联邦技术救援局负责，突出跨地域、跨部门的联合救灾能力培训。参加专业培训的学员来源广泛，既包括联邦和州，又包括军队、警察、内政、消防等不同领域和部门的人员。德国的危机管理、应急计划及民事保护研究、培训学院（AKNZ）是联邦政府中央培训进修机构，承担了专业培训的任务。

德国的应急管理培训形式主要有：

（1）应急管理课程。主要介绍德国应急管理体系，涵盖日常生活危险防御、灾难保护的法律法规、危机事件的风险分析系统、危机中的媒体沟通、危机中的决策、危机管理中的标准化问题等课程，由专门的教师负责讲授，采用互动式教学。

（2）现场考察课程。主要是对德国的危机处理进行实地考察。如科隆警察局常设指挥中心、科隆危机指挥中心指挥部、德国危机管理、突发事件规划及民事保护学院（AKNZ）的跨州演练系统，德国联邦技术救援署（THW）总部和黑森州灾情中心，前联邦政府防空工事等都向学员开放。丰富的、有针对性的现场考察和观摩，深化了德国及各联邦州的危机管理体制、机制，志愿者体系运转，一线救援人员的培训模式的规律性认识。

（3）情景模拟、桌面推演和实地演练。这 3 类课程基本都是对德国应急指挥系统的演练，通过预设一定的危机和灾害场景，给定危机的时间、地点、灾情、任务及完成任务的时限，分配给每个学员具体的行政指挥中心人员角色，承担相关部门的应急职责。

三、澳大利亚应急管理现状

澳大利亚国家应急管理系统主要由国家应急管理委员会、联邦政府应急管理组织和州应急或灾害管理组织 3 个部分组成。各级机构分工和职能明确，运转高效、协调。作为联邦制国家，按联邦宪法的规定，州政府负责保护所辖公民的生命和财产安全，地方政府负责灾害应急的具体组织和实施。联邦政府对外代表澳大利亚负责海外灾害应急，对内代表国家对资源的调配和协调、财政援助，应急的技术标准和培训等方面给予各州政府帮助。在澳大利亚灾害管理体系中，州政府对灾害应急管理和规划负有主要责任，他们颁布相关的法规和政策，通过地方政府的执行来体现其管理作用，地方政府则直接组织灾害应急预案和方案的实施。

在联邦政府中，目前司法部负责灾害和应急事务管理，澳大利亚应急管理中心则是联邦政府管理应急事务的机构。澳大利亚应急管理中心的前身是 1974 年 2 月成立的隶属于联邦国防部的自然灾害组织（NDO），当时 NDO 具有民防职能、各州受灾时协调联邦物资援助和帮助各州的灾害管理能力的建设。1993 年 1 月，NDO 改名为澳大利亚应急管理中心（Emergency Management Australia，EMA），该机构的任务虽然仍以自然灾害管理为主，但还增加了其他应急（比如人为突发的技术事故，营救等）任务。2001 年 11 月，EMA 从国防部分离，划归联邦司法部领导。澳大利亚应急管理中心的职能有：强化国家应急管理能力，降低社区的灾害易损性，提高地方的应急管理能力和意识。

澳大利亚抗灾的一个成功经验就是建立了一套指导灾害规划和管理的概念和原则，即“4 个概念和 6 个原则”。这些概念和原则是 1989 年 NDO 在总结澳大利亚抗灾的实践和管理理念的基础上发展起来的。虽然 NDO 建立的概念和原则不是强制性的国家条文，但是作为指导意见，它被各州政府广泛接受。它的关键思想和基本要点已被纳入各州相关法律条文中，从而具有强制性特征。

所指的 4 个概念，一是全灾害方法，即无论是何种灾害或紧急状态，虽然处理特定灾害的措施和方法是不同的，但灾害应急管理面临的任务是相似的。从逻辑上说，同样的应急管理安排可以应用到各种灾害的应急处理中。二是综合的方法，即灾害应急管理应有预防、准备、响应和恢复 4 个基本要素（PPRR）。三是所有机构的方法，即防灾减灾安排是基于所有相关机构、各级政府、非政府组织和社区间的积极的“伙伴关系”，许多不同的组织在执行“PPRR”的一个或多个管理要素中起着重要的作用，他们代表着一定的规划和管理结构。四是充分准备的社区，即在灾害管理的“PPRR”中，社区是最基本的焦点，社区对可能发生的灾害应有充分准备。

所指的6个原则，一是适当的组织机构（灾害管理安排必须有一个操作机构支撑，建立明确“PPRR”责任的机制）。二是明确指挥和控制（在灾害发生之前，必须以法律或应急规划形式明确指定灾害控制权和部门指挥权）。三是明确支援的协调（在防灾规划中，必须指定支援抗灾资源的调配机构和职责）。四是建立信息管理系统（建立发达的通信网络）。五是及时应急响应（应急预案的启动可以不受政府是否宣告灾害应急状态的影响，应急预案最好由上级任命的灾害应急官员启动）。六是建立有效的应急预案。

四、日本应急管理现状

日本是一个高度重视防灾救灾的国家，将防灾救灾工作和国家建设发展结合起来综合考虑，为公民提供更加安心、安全、安定的社会和生活环境。按照综合防灾救灾的理念和原则，日本在建立一体化的灾害综合管理体制，有效开展防灾救灾工作方面，都具有本国的特点，并积累了较丰富的经验。

1. 建立综合防灾救灾体制

日本在防灾救灾的长期实践中认识到，传统的以单项灾种管理为主、单个防灾部门管理、单靠政府力量的应急管理体制，是无法面对重大危机挑战的，从而转向建立资源整合、广泛参与、综合协调的应急管理体制。主要特征和经验是：

（1）在防灾救灾方面进行组织、信息、资源的全面整合，建立多灾种管理、多部门参与的综合应急管理体制。

（2）制定全面、详细的灾害管理法律法规、防灾规划和应急预案，为各级政府和社会组织防灾救灾提供明确而具体的行动指南。

（3）层层建立政府应急管理协调机构，强化防灾救灾工作的跨部门协调、跨地区协调、部门内部协调、政府与社会协调。

（4）提倡“自己的生命自己保护”的防灾理念，使民间组织、社区组织、企业、国民都广泛参与防灾救灾事务，增强全社会的自救、互救和公救能力。

（5）健全应急保障制度，包括财政预算、信息交流、宣传报道、物资储备、财产管理、评估考核、社会保障等一整套应急保障制度。

2. 制定防灾救灾规划和开展应急演练

根据灾害管理法律法规，日本各级政府制定了由综合防灾救灾规划、部门规划和专项规划组成的灾害管理规划体系。防灾救灾规划一般包括总则、灾害预防、灾害应急和灾后恢复等部分。演练训练的形式大致有3种：

（1）综合防灾演练。演练项目有紧急召集演练、信息联络演练、总指挥部运作演练、现场指挥演练。

（2）图上演练。演练的主要目的是培养演练参加者的判断能力、行动能力、对地区防灾规划的熟悉能力，保证发生紧急情况时的快速反应和救援活动能够顺利进行。

（3）政府与相邻地区和单位进行联合演练。主要目的是促进彼此之间的合作，通过演练发现问题，进一步完善灾害管理机制。

3. 建立完善的灾害管理法律体系

日本建立了由五大类数十项法律组成的灾害管理法律体系，有十分完善的防灾救灾法律制度。在国家层面，日本先后制定了《灾害救助法》、《灾害对策基本法》、《消防组织法》等一整套灾害综合管理法律法规和单项灾种管理法律法规。在地方层面，在国家防灾救灾法律出台后，地方政府马上根据本身需要而制定相应的条例和实施细则，具体规定有关消防、危险物管理、急救、灾害救助、信息公开、药物管理、动植物防疫、水源和自来水管理、防止公害和环境污染等各个方面的灾害管理施行细则。通过这些灾害管理法律法规，使各级政府、政府部门和社会组织依法实行灾害管理，提高防灾救灾工作的规范性和有效性。

4. 通过签订协定加强不同主体之间的合作互助

为了保证发生灾害时各个民间团体、志愿者的救援和合作，相邻地区政府的合作互助，日本各级地方政府往往通过签订协定或合同的形式，做到平常进行灾害信息的相互交流，应急时相互救援和帮助。

5. 提供充分的应急保障和物资储备

日本政府将各种应急保障职责落实到具体部门。发生灾害时，地方政府重点落实现场救援、疏散工具、避难场所和基本生活必需品供给方案，市町村行政首长可以征用公用或民用物资、设备、土地、建筑，可以向相邻地区、上一级政府提出请求援助要求。都道府县行政首长可以动员指定地方行政机关、公共机关采取应急措施，依法向防卫厅请求自卫队支援，发布人员物资设施动员命令。经费保障分为本级财政防灾预备费预算、上级政府财政负担或补助、政府借债、灾害对策基金等，发生紧急灾害时中央政府发布公告，并可以采取生活必需品配给、商品劳务价格管制、债务延期偿还等必要的紧急措施。

在物资储备方面，根据日本《灾害救助法》，各级政府必须累积灾害救助基金，用于事先购买和储备足够的应急救援物资，如压缩饼干、大米、方便面、毛毯、饮用水等应急食品和物资，各种社会组织和家庭在平时十分重视应急物资储备，如每个家庭一般都储备有食品、毛毯、蜡烛、木炭、炉子、水壶、帐篷、医药品等应急时需要的物资，以备发生灾害时解决燃眉之急。

6. 建立地区间横向应急救援协作体制

经验表明，发生大规模灾害时仅仅依靠本地政府的应急力量是难以应对的，这就需要与相邻地区政府进行合作。为此，日本地方政府比较重视建立相邻地区政府之间的相互协作和救援体制。救援内容包括提供应急救援的信息、物资、设备、医疗人员、避难场所、交通运输工具等，以应对重大危机的挑战。

第三节 国内应急管理现状

一、我国应急管理现状

(一) 安全生产应急管理现状

近年来，我国各地区、各有关部门和单位认真贯彻落实党中央、国务院关于加强应急管理工作的决策部署，全面推进安全生产应急管理工作，以“一案三制”为重点，在应急预案体系、应急管理体制机制、应急能力建设、应急管理法制建设、应急管理基层基础工作、应急救援队伍建设与发挥的作用等方面取得了重要进展。

1. 应急预案体系进一步完善，应急演练广泛开展

（1）国家层面：专项应急预案和部门应急预案进一步健全。国务院有关部门按照《国家突发公共事件总体应急预案》的要求，结合实际，制定、修订了一批事故灾难类应急预案。

（2）地方层面：安全生产应急预案进一步向基层延伸。县级以上政府及部门安全生产应急预案编制工作基本完成。许多地方的乡镇（街道）、社区等基层单位也制定了应急预案。

（3）企业层面：中央企业总部及其所属单位已全部完成了应急预案编制工作，高危行业生产经营单位的应急预案覆盖率达到100%，其他各类生产经营单位应急预案编制工作也都有所加强。

与此同时，各地区、各有关部门和单位在建立健全应急预案体系的基础上，结合实际，积极组织开展了各类应急演练。

2. 安全生产应急管理体制机制逐步建立健全

（1）安全生产应急管理机构建设正在推进。各地区、各有关部门和单位按照“十二五”规划纲要要求，加快了安全生产应急管理机构建设步伐。

（2）应急救援协调联动机制不断完善。在国务院安委会框架内建立的由有关部门、总参、武警部队参加的安全生产应急救援联络员机制日益完善。与此同时，各省（自治区、直辖市）安全监管部门大都与当地相关部门建立了工作机制，一些市（地）也根据省级有关部门的要求建立了相应的工作机制，提高了协同应对事故灾难的能力。

3. 安全生产应急能力建设取得了新进展

安全生产应急救援队伍力量不断壮大，体系基本形成。在各地区、各有关部门的积极推动下，我国专职安全生产应急救援队伍规模不断扩大，矿山救援队伍、铁路救援队伍、公安消防队伍、海上搜救、危险化学品、民航、电力等应急救援队伍也有较大规模的扩大。目前，以各专业应急救援队伍体系为基础的整体应急救援队伍体系已基本形成。

另外，应急队伍自身建设不断加强，素质和战斗力得到提升，各类应急救援队伍的装备建设得到加强。

4. 应急管理法制建设不断推进

应急管理法规标准建设工作有所加强，《突发事件应对法》为安全生产应急管理提供了法律基础。各地区、各有关部门以《突发事件应对法》为依据，加快了相关法规、规章、标准的制定工作。

5. 应急管理基层基础工作进一步加强

（1）多数地方应急管理基层基础工作有了较大进展。在应急机构建设、预案工作、应急宣传等方面，许多地方正逐步向乡（镇）、村屯、社区进行延伸。

（2）各级各类安全生产应急管理培训工作普遍展开。国家安全生产应急指挥中心组织编写了《安全生产应急管理》和矿山救护指挥员、危险化学品、冶金行业、煤矿等安全生产应急管理培训教材。各地区、各有关部门和单位按照要求分级分批全面开展了安全

生产应急管理培训工作。

（3）安全生产应急管理数据库已着手建设。安全生产应急救援案例库和应急救援专家库已初步建立，部分省市开展了应急预案数据库建设试点工作，开发了预案数据库管理软件，并在部分省市开始试用。各地区、各有关部门也加紧了应急数据库的建设。

6. 应急救援队伍的作用日益明显

（1）在抗击低温雨雪冰冻灾害和抗震救灾中应急救援队伍发挥了骨干作用。2008 年初，我国南方多个省份发生了低温雨雪冰冻灾害，人民生活和工农业生产受到严重影响。公安消防、交通、铁路、电力应急救援队伍经受住了考验，出色地完成了救灾任务，发挥了骨干作用。

（2）在“平安奥运”中应急救援队伍发挥了重要作用。通信、公安、质检、旅游、电力部门相互合作，国防科工部门、安全监管监察部门督促落实奥运安保各项措施，保证了奥运期间的安全稳定。

总之，我国安全生产应急管理工作在各方的共同努力下，成效显著，也为其他应急管理工作奠定了基础。

（二）应急管理发展趋势

我国针对应急管理提出“十二五”规划工作目标：到 2015 年，基本建成符合我国国情的安全生产应急管理体系，完善分类管理、分级负责、条块结合、属地为主的应急管理体制和统一指挥、反应灵敏、协调有序、运转高效的应急管理机制，应急能力全面加强，适应有效应对各类生产安全事故灾难的需要，并为其他灾害的应急救援提供有力支持。

（1）在法制建设方面：颁布实施《安全生产应急管理条例》及与之配套的规章、标准和政策措施，形成基本完善的安全生产应急管理法规体系。

（2）在机构、机制建设方面：建立完善国家、省、市、重点县以及高危行业（领域）大中型企业应急管理机构，形成完善的应急管理机制。

（3）在应急救援队伍建设方面：按照“国内领先、国际一流”的标准完成国家级应急救援队伍建设任务，骨干应急救援队伍救援能力大幅提升，基层队伍专业水平显著提高，形成完善的国家（区域）、骨干和基层 3 级安全生产应急救援队伍体系。

（4）在应急预案与演练方面：高危行业（领域）中央企业应急预案覆盖率、备案率、培训演练率达到 100%，其他达到 80% 以上。

（5）在应急管理培训方面：各级安全生产应急管理人员、应急救援指战员培训率达到 100%，高危行业从业人员应急知识培训全覆盖，应急知识普及进社区、进学校。

（6）在应急平台体系建设方面：国家、省、市、高危行业（领域）中央企业应急平台建设率达 100%，重点县（市、区）、高危行业地方大中型企业应急平台建设率达 80% 以上，基本实现互联互通和信息共享。

二、我国电力行业应急管理现状

按照国家有关法律法规和职责分工，电监会具体负责电力行业应急管理工作，在国务院相关部委、各级地方政府有关部门、各电力企业共同努力下，在建立健全电力应急体制、机制和法制，编制完善各级各类应急预案，开展电力事故应急演练和处置电网大面积停电应急联合演练等方面做了大量工作。但同时应当看到，我国突发公共事件应急体系建设和应急机制的研究仍处于刚刚起步阶段，与发达国家相比还存在较大的差距，各级政府、各类行业和整个社会的应急管理能力尚有待提高，就电力行业而言，一些不适应当前电力应急工作的问题亟待解决。

（一）电力应急法规体系建立

针对各类突发事件，国家制定了《突发事件应对法》、《生产安全事故报告和调查处理条例》等法律法规，2005年，国务院颁布《电力监管条例》，其中明确要建立重大电力生产安全事故应急处置制度，同年颁布的《国家处置电网大面积停电事件应急预案》（以下简称《预案》），明确由电监会统一领导电网大面积停电事件应急处置工作。2011年，电力应急管理法制建设取得突破性进展，国务院颁布《电力安全事故应急处置和调查处理条例》（以下简称《条例》），其中对电力企业、电力调度机构以及电力用户电力安全事故应急处置的主要措施作了规定。《条例》同时对在事故造成电网大面积停电时，国务院电力监管机构和其他有关部门、有关地方人民政府启动应急预案，成立应急指挥机构等作了明确规定。此外，《条例》还对电网大面积停电事故发生后有关地方政府及有关部门应当组织开展的应急处置工作，恢复电网运行和电力供应的次序，以及事故相关信息的统一、准确、及时发布等，作了明确规定。《条例》的颁布，进一步奠定了电力应急管理的法制基础。目前，与《条例》相配套的有关规章正在抓紧制定中，以利于贯彻执行好《条例》。

（二）电力应急体制和机制建设

电力应急是一项复杂的系统工程，涉及政府有关部门、电力监管机构、地方人民政府、电力企业和电力用户，涉及社会生产生活的各个方面，且应急处置所处的外部环境和条件状况等情况瞬息万变，健全的应急组织体系，有效的指挥协调，对及时化解矛盾、解决问题，避免灾害事故的扩大、避免发生次生灾害和造成更大损失十分重要。

目前，国务院设立了国务院应急管理办公室，统一领导全国应急管理工作。按照《预案》的有关规定，由国家电监会牵头，成立了国家处置电网大面积停电事件应急领导小组，在电监会设立了领导小组办公室，负责电力应急日常事务的管理。电监会所属18个区域和省级派出机构负责所辖地区的电力应急管理日常工作，积极协调并推动各省、自治区、直辖市，以及重点城市的地方人民政府设立处置电网大面积停电事件应急领导小组，各电网、发电企业，有关电力规划、设计、施工企业都成立相应的电力应急指挥机构，初步建立了统一领导、综合协调、专业指导、属地处置、分工负责的电力应急管理工作体制。

在机制建设方面，电力行业加强以属地为主的电力应急处置队伍建设，建立协调联动机制，充分发挥相关行业应急处置队伍、武警和人民解放军、社会志愿者队伍的作用，形成合力，初步构建了统一指挥、反应灵敏、功能齐全、协调有序、运转高效的应急管理机制。

（三）电力应急预案体系建设

按照《预案》要求，全国大部分省（自治区、直辖市）政府已经编制出台了本地区处置电网大面积停电事件应急预案。

各电力企业均把应急预案的编制修订工作作为应急管理的一项重点工作，按照电监会印发的《电力企业应急预案管理办法》，以及《电力企业综合预案编制导则（试行）》、

《电力企业专项预案编制导则（试行）》、《电力企业现场处置方案预案编制导则（试行）》，结合工作实际，制定了电力突发事件的综合应急预案、专项应急预案和现场处置方案，形成了比较完备的预案体系。同时，按照《电力企业应急预案管理办法》要求，规范开展电力企业应急预案的编制、评审、发布、备案、培训、演练及修订等相关工作。

在预案演练方面，各电力企业结合生产实际，组织开展了多个层面、不同专业类型的应急演练。如为增强突发电网大面积停电事件中相关政府机构、电力企业和电力用户的协调处置能力，检验各地电网大面积停电事件应急预案的科学性和实效性，电力监管机构协同地方政府和电力企业在全国 14 个省、自治区或省会城市联合举办了处置电网大面积停电事件联合应急演练，浙江省、福建省在当地电力监管机构的指导和帮助下，已率先完成了所有地市级城市的电网大面积停电事件联合应急演练工作；2011 年“安全生产月”活动期间，电监会在山西大唐阳城发电厂组织举办了电力应急演练观摩活动，演练采用实战演练和桌面推演相结合的方式进行，演练场景切合生产实际，促进了安全生产和应急管理工作交流，取得良好效果；2011 年华能澜沧江水电有限公司举行了澜沧江流域防洪度汛应急实战演练，演练采用现场实战形式，全流域各单位全部参加，全方位、多视角展现重大灾害应急处置过程，有效检验了各单位应急处置能力；华能、大唐、华电、国电、中电投集团公司等电力企业也分别组织了应急演练，全面检验了应急预案的实际效果，提高了应急处置能力。

（四）电力应急保障能力建设

1. 建立完善电力应急指挥平台

近年来，电监会致力于电力应急平台体系建设完善工作，克服多重困难建成了电监会本部应急指挥平台。

2010 年，电监会本部应急指挥平台新增电煤及电力供需信息监测预警和电力企业应急预案管理功能模块，应急指挥平台得到进一步完善。华东电监局、南方电监局、山西省电监办基本完成应急指挥平台建设，其中华东和南方电力应急指挥平台完成了同电监会本部应急指挥平台的互联互通，并在上海世博会和广州亚运会保电工作中发挥了重要作用。

国家电网公司在总部和下属 30 个网省公司建立了应急指挥中心，并配备了多台移动应急指挥车，形成了应急管理和指挥网络；南方电网公司于 2009 年一季度启动了应急指挥平台建设，并于 12 月底实现了总部应急平台的上线试运行，其分省公司和地市公司的应急平台也于 2010 年 6 月建成投运。

发电企业也依托生产调度系统，不断完善应急指挥功能。

2. 电力应急物资装备保障体系

各电力企业积极构建和完善应急物资保障体系，建立健全物资管理和调用机制，提高应急物资储备能力。南方电网公司出台《应急物资管理办法》，全面规范应急物资管理。通过应急指挥信息管理系统将全网应急物资进行了分类和备案，详细记录应急物资名称、种类、存放地点，可实现应急物资的灵活调动；大唐集团公司充分发挥中国水利电力物资公司的作用，建立了物流平台，建立了应急物资监管、生产、储备、调拨和紧急配送体系，实现对各类应急物资的信息动态管理；中国华电集团公司所属基层企业定期对消防器材、救护车辆、防汛物资等应急物资开展检查试验，确保应急物资始终处于良好可用状态；其他电力企业也积极开展应急物资的保障工作，有力确保了电力应急救援工作。

3. 电力应急队伍建设

电力企业深入开展各类电力应急专家队伍和专兼职应急救援队伍建设，逐步完善管理运作机制，大力推进应急技能培训，配备专业应急救援装备，不断提升应急救援水平。

（五）电力安全事故监测预警工作

1. 各级电力监管机构努力做好电力安全事故监测预警工作

（1）及时转发国务院有关灾害天气预警等相关通知，提醒电力企业提前做好应急准备。

（2）加强应急值守工作，严格执行突发事件情况下 24 h 应急值班制度，密切关注相关预警信息。

（3）进一步完善同气象、地质部门的信息沟通机制，及时获取专业应急预警信息，督促电力企业做好自然地质灾害发生、发展监测预警工作。

2. 电力企业积极开展电力安全事故监测预警

通过建立监测预警机制，依托电力企业应急指挥平台和生产管理系统，及时发布各类监测预警信息。

（六）电力突发事件应急处置

近年来，电力企业经受了夏季特大洪水、南方低温雨雪冰冻和舟曲泥石流等重大自然灾害的考验，保证了电力系统安全稳定运行和电力可靠供应。在历次电力应急抢险救援工作中，相关单位根据应急预案及时启动应急响应，组织应急抢险救援，投入专业应急救援力量和技术装备，快速反应，协同作战，完成了应急救援任务。此外在“3·28”王家岭矿难、“7·16”大连输油管道爆炸、“11·21”四川威远矿难等应急救援过程中，电力企业积极履行社会责任，投入应急救援力量和专业技术装备，为人员救治和应急指挥提供了有力的电力保障。

（七）电力应急科普宣教和培训工作

在电监会及各个派出机构的指导下，电力企业大力开展电力应急科普宣教工作。如南方电监局组织广东电网公司、粤电集团公司等电力企业的应急管理骨干进行了电力应急管理知识和实操培训，进一步增强了管理人员应急管理、应急指挥的意识和对突发事件的预测分析、现场调查和处置能力；国家电网公司充分利用现有应急培训优质资源，在山东泰安、四川成都建设了两个应急培训基地。

（八）电力应急管理存在的问题

通过不断的努力，目前电力企业应急管理工作取得了突破性进展，但是由于各种原因，电力应急管理仍存在一些不足，主要体现在以下几个方面：

（1）电力行业应急预案编制管理工作存在着预案体系差异较大、预案内容针对性和可操作性不强、预案之间的衔接性不够、预案未充分体现国家应急工作的有关要求等问题。

（2）电力应急演练工作开展过程中也存在一些问题，如与政府部门协调联动的问题；厂网协同应急演练开展较少；缺乏统一的应急管理平台，重演轻练、演练与真实情况有差距；演练后没有及时进行科学有效的评价，无法通过演练对预案作修订完善。

（3）电力行业应急管理组织体系和应急救援指挥体系仍然不够健全，应急管理工作存在着标准不一、规范不明的情况，在综合性突发事件应急处置过程中，不同企业之间协调指挥难度较大，一定程度上存在着各自为战的情况。

（4）电力企业之间应急管理工作水平参差不齐，电网企业和发电企业、中央企业和地方企业之间存在较大差距，部分电力企业应急管理基础薄弱，应急体系建设各项工作进展缓慢，应急能力不足以完全满足本企业应对突发事件的要求。

（5）部分应急管理人员对电力应急工作认识不到位，缺乏专业的应急管理知识，应急处置专业性、科学性需进一步加强。

（6）社会对电力突发事件的应急能力有待进一步提高。

第二章　电力企业应急管理

电力生产是一项庞大、复杂的系统工程，其生产设施分散、分布地域广阔、生产环节多、技术性强，发、供、用瞬时完成。电力企业一旦发生突发事件，尤其是重特大电力突发事件，将造成重大的损失和严重的经济社会影响。因此，电力企业必须全过程、全方位地做好应急管理工作，保障安全生产。

第一节　电力生产过程及特点

随着国家能源战略的调整，电力作为二次能源在社会公共系统中的支撑作用越来越重要，电力安全作为公共安全的重要组成部分，是保障经济和社会发展的重要条件，是人民安居乐业和建设和谐社会的基本保障。电力安全生产是指为保障发电、输电、变电、配电、用电各个环节的电力建设、运行、检修等生产性活动正常进行而采取的各项措施和活动。电力安全生产的基本目标是“三杜绝、三防止、一维护”，即杜绝重大及以上电力生产人身伤亡、电网大面积停电以及电厂垮坝事故的发生，防止重大及以上环境污染、主设备严重损坏以及对社会造成重大影响事故的发生，维护电力系统安全稳定运行。

一、电力生产过程

电力系统是由大量发电机、变压器、电力线路和负荷组成的旨在生产、传输、分配和消费电能的各种电气设备按一定方式联成的整体。电力系统的功能是将自然界的一次能源通过发电动力装置转化成电能，再经输、变电系统及配电系统，将电能供应到各负荷中心。

（一）发电

1. 火力发电

火力发电是火力发电厂将煤、石油、天然气等燃料的化学能，通过火力发电设备转化为电能的生产过程。以燃煤发电厂为例，燃煤发电厂由煤场及卸煤和输煤设备、锅炉及其辅助设备、汽轮机及其辅助设备、汽轮发电机及配电设备和化学水处理设备构成。煤由列车或轮船等交通运输工具运到电厂后，用卸煤设备将其卸到煤场，储存备用。在生产中，煤经输煤设备由煤场输入锅炉的炉前煤斗，再经给煤机送入磨煤机。磨碎的煤粉由热空气携带经排粉风机送入锅炉的炉膛内燃烧，放出热量，将锅炉中的水加热成过热蒸汽。含有热能的高温、高压蒸汽被送入汽轮机，释放能量推动汽轮机旋转，把蒸汽的热能转换成汽轮机旋转的机械能。汽轮机的转子与发电机的转子通过联轴器连在一起，当汽轮机转子转动时便带动发电机转子转动，发电机将机械能转变成电能。燃煤发电过程如图 2-1 所示。

2. 水力发电

水力发电是将自然界的水所蕴藏的能量转换成电能的生产过程。水电厂主要由水工建

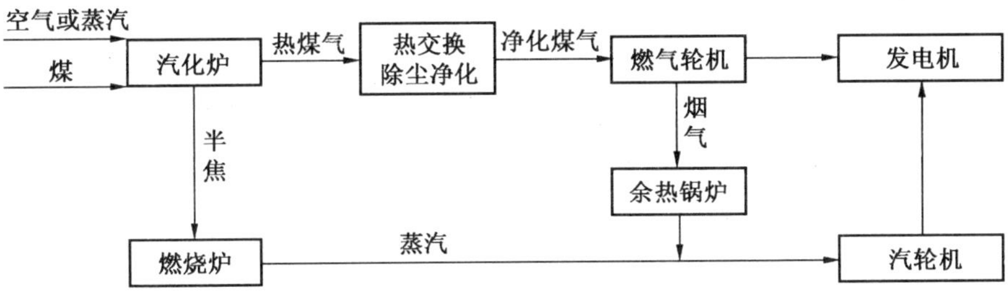

图 2-1 燃煤发电过程

筑物、水轮发电机和输配电设备等组成。水电厂水工建筑物主要用来集中水的落差，使其具备发电条件，并保证水电厂在各种情况下的安全。河川的水经由拦水设施攫取后，经过压力隧道、压力钢管等水路设施送至水电厂，当机组须运转发电时，打开主阀后开启导翼，使水冲击水轮机，将水能转化成水轮机的旋转机械能，水轮机带动与其相连的发电机发出电能。水力发电过程如图 2-2 所示。

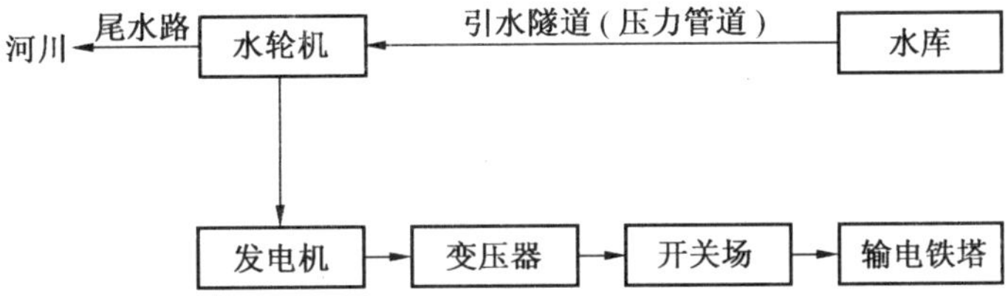

图 2-2 水力发电过程

3. 其他能源发电

除火力发电、水力发电外，其他能源如核能、地热能、风力能、海洋能、潮汐能、太阳能等，也可以通过能量转换变为电能。目前，可以大规模发电的有核能电站、地热电站，其他能源都有小规模或小规模试验性的发电装置。

（二）供电

发电厂特别是大型火电厂，一般建在远离城镇和工业中心的地区；水电厂则必须建在江河、湖泊附近的偏僻山区。由发电厂发电机产出的电能电压较低，若直接输送到远离电厂的城区、工业区，在传输过程中会造成电能大量损耗。故从经济、节能的角度考虑，电能经发电机产出后，先经变压器升压，再以较高等级电压（如 500 kV、220 kV 等）远距离输送电力，减少电能的损耗。在大功率、高电压的电力输送到不同距离的地区后，经降压变电所，把高电压降低到一定电压，再经过配电网络，直接或再降低后送至用户。配电网络的特点是深入城市中心和居民密集区，功率和距离一般都较小。供电流程如图 2-3 所示。

1. 变电

电力系统中，发电厂将天然的一次能源转变成电能，向远方的电力用户送电，为了减小输电线路上的电能损耗及线路阻抗压降，需要将电压升高；为了满足电力用户安全的需要，又要将电压降低，并分配给各个用户，电力系统就是通过变电把各不同电压等级部分

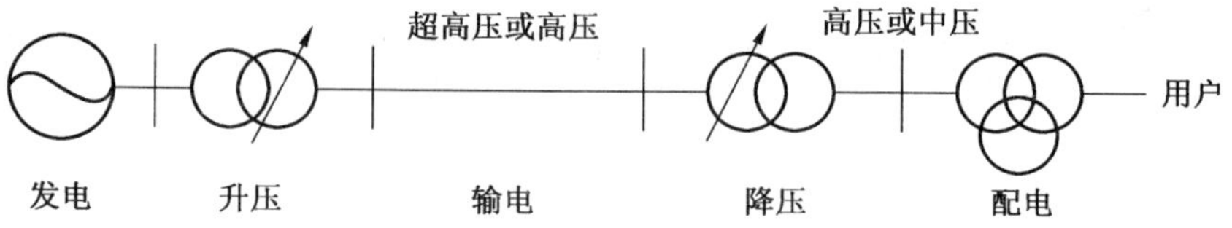

图2-3 供电流程

连接起来形成一个整体。常用的输电电压等级有765 kV、500 kV、220～110 kV、35～60 kV等；配电电压等级有35～60 kV、3～10 kV等；用电部门的用电器具有额定电压为3～15 kV的高压用电设备和110V、220V、380V等低压用电设备，实现变电的场所为变电所。

变电运行维护设备多，出现异常和障碍的概率大，任何不规范的行为或不安全的状态都可能影响电网安全、稳定运行，甚至造成重大事故。因此必须提高变电操作人员安全素质及专业技能，加强有针对性、实效性的安全培训。此外，必须及时消除设备隐患，及时更新老化设备，消除设备存在的缺陷。

2. 输电

输电是电能利用优越性的重要体现，在现代化社会中，它是重要的能源动脉。通过输电，可以把相距甚远的发电厂和负荷中心联系起来，使电能的开发和利用超越地域的限制，还可以将不同地点的发电厂连接起来，实行峰谷调节。

输电是用变压器将发电机发出的电能升压后，再经断路器等控制设备接入输电线路来实现。输电线路按结构形式可分为架空输电线路和地下输电线路。目前，用架空线路输电是最主要的方式，地下线路多用于架空线路架设困难的地区，如城市或特殊跨越地段的输电。架空输电线路由线路杆塔、导线、绝缘子等构成。架设在地面上，架空线路架设及维修比较方便，成本也较低，但容易受到气象和环境（如大风、雷击、污秽等）的影响而引起故障，同时还有占用土地面积，造成电磁干扰等缺点。地下输电线路主要用电缆，敷设在地下（或水下）。地下线路摒除了架空线路的缺点，但造价高，发现故障及检修维护不方便。

输电按所送电流性质可分为直流输电和交流输电。19世纪80年代首先成功地实现了直流输电，后因受电压提不高的限制，19世纪末为交流输电所取代。交流输电的成功，迎来了20世纪电气化时代。目前广泛应用三相交流输电，频率为50 Hz（或60 Hz）。20世纪60年代以来，由于电力电子技术的发展，直流输电又有新发展，与交流输电相配合，形成交直流混合的电力系统。

输电的基本过程是创造条件使电磁能量沿着输电线路的方向传输。线路输电能力受到电磁场及电路的各种规律的支配。以大地电位作为参考点，线路导线均需处于由电源所施加的高电压下，称为输电电压。输电线路在综合考虑技术、经济等各项因素后所确定的最大输送功率，称为该线路的输送容量，输送容量大体与输电电压的平方成正比。因此，提高输电电压是实现大容量或远距离输电的主要技术手段，也是输电技术发展水平的主要标志。从发展过程看，输电电压等级大约以两倍的关系增长。当发电量增至4倍左右时，即出现一个新的更高的电压等级。通常将220 kV及以下的输电电压称为高压输电，330～

765 kV 等级的输电电压称为超高压输电，1000 kV 及以上的输电电压称为特高压输电。

3. 配电

配电是电力系统中直接与用户相连并向用户分配电能的环节，配电线路按结构有架空线路和地下电缆，农村和中小城市可用架空线路，大城市（特别是市中心区）、旅游区、居民小区等应采用地下电缆。

配电系统中常用的交流供电方式有以下几种：

(1) 三相三线制。分为三角形接线（用于高压配电、三相 220 V 电动机和照明）和星形接线（用于高压配电、三相 380 V 电动机）。

(2) 三相四线制。用于 380/220 V 低压动力与照明混合配电。

(3) 三相二线一地制。多用于农村配电。

(4) 三相单线制。常用于电气铁路牵引供电。

(5) 单相二线制。主要供应居民用电。

配电系统常用的直流供电方式有以下两种：

(1) 二线制。用于城市无轨电车、地铁机车、矿山牵引机车等的供电。

(2) 三线制。供应发电厂、变电所、配电所自用电和二次设备用电，电解和电镀用电。

一次配电网络是从配电变电所引出线到配电变电所（或配电所）入口之间的网络。在中国又称高压配电网络。电压通常为 6 ~ 10 kV，城市多使用 10 kV 配电。随着城市负荷密度加大，已开始采用 20 kV 配电方案。由配电变电所引出的一次配电线路的主干部分称为干线，由干线分出的部分称为支线，支线上接有配电变压器。一次配电网络的接线方式有放射式与环式两种。

二次配电网络是由配电变压器次级引出线到用户入户线之间的线路、元件所组成的系统，又称低压配电网络。接线方式除放射式和环式外，城市的重要用户可用双回线接线。用电负荷密度高的市区则采用网格式接线。这种网络由多条一次配电干线供电，通过配电变压器降压后，经低压熔断器与二次配电网相连。由于二次系统中相邻的配电变电器初级接到不同的一次配电干线，可避免因一次配电线故障而导致市中心区停电。

二、电力生产特点

通过分析电力生产过程，电力生产有以下特点：

(1) 电力不能大量存储，电能的生产、输送、分配、供应同时进行，必须随时保持平衡，发供电随用电瞬间的增减而增减。4 个环节紧密联系、同时存在、共同发生作用，同时、瞬时完成，没有周转期和间歇期。

(2) 电能生产、输送、分配、供应工艺技术复杂，自动化程度高，需要庞大的高效率的先进发电、输变电和配电设备、设施。

(3) 电力产品在同一电网里不管有多少个发电厂、供电局，也不管这些厂、局的隶属关系如何，都必须接受电网的统一调度，有统一的标准（频率、电压、功率）和管理办法。电能由电网统一分配和销售，电网设备的检修、启动、停止、电力的增减都是由电网根据用电单位的用电量来调节。

(4) 现代社会对电能质量要求高，电力系统的电压、频率都必须满足国家标准的相关要求。

第二节　电力突发事件发生原因及特点

一、电力突发事件发生原因

电力突发事件的发生不但与电力系统自身相关，还与自然环境和社会环境有关。同时，随着我国电力工业中高参数、大容量机组的不断涌现，超高压大电网的迅猛发展，机组和电网的自动化水平大幅度提高，安全生产方面出现了一些新情况。电力突发事件究其发生原因，主要体现在：

（1）电力系统规模日趋庞大，安全风险日益增加。截至2011年底，我国发电装机容量达1.06×10^9 kW，居世界第二位；220 kV及以上线路回路长度超过4.7×10^5 km，变电容量超过2.1×10^9 kV·A，电网规模居世界第一。庞大的电力系统并网运行，发、供、用瞬时完成，任何时间、任何地方、任何线路、任何设备出现故障都可能影响整个系统的安全。

（2）电力结构的复杂性对电网稳定运行的考验越来越大。目前除了传统的火力发电、水力发电以外，风力发电、太阳能发电等新能源发电技术正逐渐得到推广，风力发电、太阳能发电的随机性、间歇性特点对电网安全运行提出了严峻挑战。一批百万千瓦级超超临界机组的投产和交直流高压输电的混合运行，也给电力安全生产带来了新的挑战。

（3）电力供需矛盾比较突出，一些地区时段性、季节性电力供应紧张局面仍未得到根本缓解。需求侧管理难度不断增加，用电负荷峰谷差逐渐扩大，系统调峰能力明显不够。

（4）我国幅员辽阔，自然灾害、极端天气、外力破坏等因素日益增多，对电力可靠供应造成严重影响。

（5）电力设备设施故障，尤其大型发电机组、枢纽变电站、关键联络线及重要继电保护自动装置故障可能引起电力系统事故。

（6）电力安全管理体制和从业人员素质有待进一步健全和提高。有的企业存在安全管理缺陷，危险源分析流于形式，安全工器具不适用，安全措施未落实到位，员工责任意识淡薄，作业人员违章时有发生等情况都为电力安全生产埋下了事故隐患。

二、电力突发事件特点

1. 涉及环节多

电能的生产、输送、分配、消费是同时完成的，涉及电力系统发电、输电、配电、用电环节，某个环节遭到破坏都会导致平衡关系被打破，进而影响电力系统的安全运行。

2. 灾害源多

电力系统突发事件可能源于违反电力系统电气规律的事件，也可能源于处于自然环境中的电力设施受到自然灾害（如地震、水灾、风灾、雪灾、冰灾等）的毁坏。此外，电力设施大多无人值守，可能受到有意或无意的人为破坏。

3. 损失巨大

我国电力工业经过几十年发展，设施量大且分布面广，遍布地上地下，固定资产规模庞大。电力供应触及社会的各行各业，涉及人身财产安全，大面积停电造成的直接和间接损失巨大。

4. 影响面广、次生灾害多

电力作为一种清洁能源，在国民经济和日常生活中具有不可替代的作用。一旦电力供应中断，将对国民经济和人民生活带来重大影响。

由于电力突发事件有以上特点，导致电力突发事件的应急救援工作具有不确定性、突发性、复杂性和后果、影响易猝变、激化、放大等特点。为尽可能减小突发事件的后果及影响，降低损失，应急救援行动必须做到迅速、准确、有效。所谓迅速，就是要建立快速的应急响应机制，能迅速准确地传递信息，迅速地调集所需的大规模应急力量、设备、物资等资源，迅速建立起统一指挥与协调系统，开展救援活动。所谓准确，就是要有相应的应急决策机制，能基于突发事件的规模、性质、特点、现场环境等信息，正确地预测电力突发事件的发展趋势，准确地对应急救援行动和战术进行决策。所谓有效，主要指应急救援行动的有效性。应急救援行动的有效性很大程度取决于应急准备充分与否，包括应急救援队伍的建设与训练，应急设备（施）、物资的配备与维护，预案的制定与落实以及有效的外部增援机制等。

第三节　电力企业应急管理基本原则

根据《安全生产应急管理“十二五”规划》（安监总应急〔2011〕186号）及《国家突发事件总体应急预案》、《国家处置电网大面积停电事件应急预案》等文件精神，电力企业应急管理应遵循以下基本原则。

1. 以人为本，减少危害

电力企业需将保障公众健康和生命财产安全作为首要任务，最大程度地减少电力突发事件造成的人员伤亡和危害。

2. 居安思危，预防为主

电力企业需高度重视公共安全工作，常抓不懈，防患于未然。增强公众忧患意识，坚持预防与应急相结合，常态与非常态相结合，落实电力突发事件预防措施，开展隐患排查治理，加强风险管控，开展应急培训和演练，做好物资和技术储备工作。

3. 统一领导，分工负责

在国家应急救援指挥中心、电力监管机构、地方政府及其应急救援指挥中心等的统一领导下，各电力企业需负责做好本企业应急管理工作，建立健全应急管理规章制度，完善应急预案体系，明确事故预防和应急处置措施。

4. 依法规范，突出重点

电力企业需依据有关法律和行政法规，加强应急管理，维护公众的合法权益，使本企业应急管理工作规范化、制度化、法制化。开展电力突发事件应急救援工作时需突出重点，如发生大面积停电事件时，应当将保证电网安全放在第一位，采取必要手段，防止事件扩大化；应当优先保证社会重要基础设施正常运转和重要电力用户用电，避免发生次生、衍生事件；应当保证重要电力设施、设备安全，尽快恢复电力系统正常运行。

5. 快速反应，协同应对

电力企业需加强本企业应急救援队伍建设，建立健全与国家（区域）应急救援队伍联动的制度，充分动员社会团体和志愿者队伍的作用，依靠公众力量，形成统一指挥、反应灵敏、功能齐全、协调有序、运转高效的应急救援机制。

6. 依靠科技，提高素质

采用先进的监测、预测、预警、预防和应急处置技术及设施，提高应对突发事件预防、应急处置的科技水平，避免或最大限度地减少电力突发事件造成的人员伤亡和危害；加强宣传和培训教育工作，提高公众自救、互救和应对各类突发事件的综合素质。

7. 公开透明，正确引导

及时、准确、客观发布权威信息，充分发挥新闻媒体作用，企业发生电力突发事件时，有序组织新闻媒体采访、报道事态发展及处置工作情况，正确引导社会舆论，避免突发事件造成公众恐慌。

第四节　电力企业应急管理基本任务

我国突发事件应急管理实施预防、准备、响应、恢复全过程管理，电力企业应急管理也是如此，在此过程中，电力企业需及时开展风险分析，建立完善监测预警机制，健全应急救援组织体系，做好应急物资储备工作，更新完善应急预案体系，加强应急演练与培训，并做好其他相关的应急管理工作。建立与政府部门、电力监管机构的应急联动机制，以最大限度地减少电力突发事件造成的人身伤亡和财产损失。若发生电力突发事件，需做好现场清理、保险理赔等应急恢复工作。

一、预防

预防工作就是从应急管理的角度在电力企业内部开展危险源辨识、风险评价、危险控制等工作，防止突发事件发生。在电力企业应急管理工作中，预防有两层含义：一是电力突发事件的预防工作，即通过安全管理和安全技术等手段，尽可能地防止电力突发事件的发生，实现本质安全；二是在假定电力突发事件必然发生的前提下，通过预先采取的预防措施，降低突发事件影响。电力突发事件预防工作包括发电厂、变电站选址的安全规划，减少危险物品的储存量等；选用技术先进、可靠性高的电力设备设施，安装由各种检测设备、通信设备、安全保护装置、自动控制装置，以及监控自动化、调度自动化组成的信息与控制系统；开展危险源辨识、风险评价，对不可容许风险和重要目标实施监测监控，开展事故隐患排查治理等工作。

（一）开展风险分析

电力企业需组织开展安全生产风险分析工作，对涉及人身伤亡、电网大面积停电和电厂垮坝等方面的安全风险要进行重点分析评估。采用对照分析法、类比法、系统安全分析法等方法辨识本企业危险源的种类、危险性质、损害能力、数量及其分布情况，开展风险评价，制定完善本企业风险防范措施，提高风险预控能力；逐步开展电力系统脆弱性评估，推进建立电力系统脆弱性评估体系。

（二）建立完善监测监控机制

电力企业在日常生产中，需做好电网运行、自然灾害、电煤供应、水电站大坝运行等重要信息的监测工作，加强与政府有关部门，特别是气象、水利、地质、地震等相关部门的联系，建立信息沟通机制。结合电力企业应急信息管理系统建设，增加电力安全生产监测预警模块，实现对重要电力安全生产信息进行综合汇总、分析和研判，如有异常情况，及时发布预警信息。

二、准备

应急准备是指针对特定的或者潜在的电力突发事件，为迅速、有序地开展应急行动而预先进行的各种准备工作，居安思危，思则有备，有备无患。

电力企业应急准备的主要措施包括：

(1) 建立应急救援组织体系，成立应急管理机构和应急救援队伍，落实有关部门和人员的应急职责。

(2) 与属地政府部门、电力监管机构、社会应急救援组织等签订应急互助协议，以落实应急处置时的场地、设施装备使用、技术支持、物资设备供应、救援人员等事项，保证电力突发事件应急救援所需的应急能力，为应对电力突发事件做好准备。

(3) 储备电力突发事件应急物资和装备，做好应急保障工作，并定期检查、更新，确保应急物资和装备处于可用状态。

(4) 组织制定应急预案，并根据情况变化随时对应急预案进行修改和完善。例如电网企业要针对灾害可能造成的电网大面积停电、电网解列、“孤网运行”等情况，制定和完善电网“黑启动”等应急预案，并按照应急预案内容组织应急演练和人员培训。

(5) 建立电力突发事件预警与应急响应制度，明确预警、响应级别及各级别对应的预警、响应行动。

(6) 建设应急管理信息系统，建立危险源、事故隐患库，及时了解相关信息，并通过系统督促相关单位、部门或人员做好危险源监控、隐患整改工作。

(7) 开展员工安全技术培训，加强电力安全教育，组织应急演练，提高员工安全意识和安全生产技能。

（一）建立健全应急救援组织体系

电力突发事件应急救援组织体系以国务院应急管理办公室、国务院有关部门、国家应急救援指挥中心、国家电力监管委员会以及中央电力企业应急指挥机构为决策指导层，以各级地方政府及其应急指挥中心、电监会各派出机构以及省级电网公司及地方各级电力企业为属地指挥协调层，以国家（区域）应急救援队伍、电力企业应急救援队伍、社会救援力量为救援队伍体系。

电力企业需结合实际，建立完善本企业应急组织机构，明确其职责，形成主要领导全面负责、分管领导具体负责、各部门分工配合的企业内部应急救援组织体系，并建立专职或兼职人员组成的应急救援队伍，或与邻近的专业救援组织签订救援协议。

（二）建立完善应急联动机制

电力企业需建立完善与地方政府、电力监管机构之间的应急联动机制，实现信息共享，提高监测预警水平，增强快速协同处置能力。电力监管机构需全面掌握辖区内电力企业安全生产和应急工作的基本情况，加强与电力企业之间的联系，协助组织建立政府与电力企业、电力企业与电力企业、电力企业与关联单位之间的应急联动机制，形成统一指挥、相互支持、密切配合、协同应对电力突发事件的合力，协调有序地开展电力突发事件应急救援工作。

（三）储备电力突发事件应急物资与装备

电力企业需针对本企业安全生产情况储备应急物资与装备，尤其是重点生产环节中应急器材、物资和装备的储备，并建立健全应急物资和装备的调运机制和维护保养制度，确保储备到位、调运顺畅、及时有效、发挥作用。

各级政府、电力监管机构需加强区域应急物资与装备的储备工作，要求电力企业储备必要的应急物资与装备，指定相关应急物资与装备生产企业储备一定的生产能力，建立专门的应急物资与装备储备信息平台。努力形成多层次的应急救援物资与装备体系，确保满足应对各类电力突发事件，尤其是重特大且救援复杂、难度大的事故应急物资与装备的需要。

（四）建立健全应急预案体系

电力企业需按照《生产经营单位安全生产事故应急预案编制导则》、《电力企业综合应急预案编制导则（试行）》、《电力企业专项应急预案编制导则（试行）》、《电力企业综合现场处置方案编制导则（试行）》等文件要求，在充分评估本企业应急能力的基础上，遵循科学性、针对性、实效性和可操作性的原则编制应急预案，在应急预案中明确应急响应程序，赋予生产现场带班人员、班组长和调度人员在遇到险情时第一时间下达停产撤人命令的直接决策权和指挥权。电力企业的综合应急预案、专项应急预案、现场处置方案应上下衔接，并与当地政府有关部门、电力监管机构的应急预案相互衔接。

电力企业应严格执行预案评审和备案制度，电力监管机构要指导、督促电力企业建立健全应急预案体系。

（五）建立预警、响应制度

明确预警、响应级别及各级别对应的预警、响应行动。发电企业在收到预警信息后，要加强设备巡检和维护，补充发电燃料等物资和相关应急机具，按照电力调度要求调整机组运行方式，做好非正常运行准备，并及时向有关单位通报设备状况；电网企业在收到预警信息后，要迅速组织有关人员和物资，进入抢险救灾的准备状态，并按照应急预案要求，及时合理调整系统运行方式。

（六）建设应急管理信息系统

电力企业需加大应急资金投入力度，充分利用和整合调度指挥、监测监控、办公自动化系统等现有信息系统，建立电力企业应急管理信息系统。建立健全应急预案、重大危险源和各类应急资源的数据库，实现风险分析、监测监控、预测预警、信息报告、数据查询、辅助决策、应急指挥和总结评估等功能，并与地方政府、电力监管机构应急平台互联互通。

（七）加强应急演练与培训

电力企业需按照“依法依规、统筹规划，突出重点、讲求实效，协调配合、保证安全”的原则开展电力突发事件应急演练工作，建立应急演练制度，编制应急演练评估标准。结合本企业特点，每年至少组织一次综合演练或专项演练，演练结束后要及时总结评估，针对发现的问题及时修订相应的应急预案、完善应急措施。

电力企业在做好应急演练的同时，需加强企业全体员工应急培训，尤其应加强应急救援队伍和重点岗位人员的应急培训，制订培训计划，合理安排时间，采用多元化的培训方式，提高全体员工的应急意识和避险、逃灾、自救、互救的能力，使企业应急预案内容、应急救援知识深入人心，培训结束后应通过考核等方式评价培训效果。

三、响应

应急响应主要包括：进行报警与通报，启动应急预案，开展抢险工作，实施现场警戒和交通管制，紧急疏散突发事件可能影响区域的人员，提供现场急救与转送医疗，评估突发事件的发展态势，向公众通报事态进展等工作，目标是尽可能地抢救受害人员，保护可能受到威胁的人群，最大限度地减少突发事件造成的影响和损失，维护经济社会稳定和人民生命财产安全。

应急响应可分为初级响应和扩大应急两个阶段。初级响应是指在电力突发事件初期，电力企业对电力突发事件进行情况分析，同时启动应急预案，应用本企业的救援力量，采取应急救援行动，使电力突发事件得到有效控制。如果电力突发事件的规模和性质超出电力企业的应急能力，则应请求增援并扩大应急救援活动的强度，以便最终控制突发事件。

应急响应是应急管理的关键阶段、实战阶段，是对电力监管机构、电力企业、地方政府应急处置能力的考验，需解决好以下问题：一是要提高快速反应能力。反应速度越快，意味着越能减少损失。由于电力生产与经济社会密切相关，突发事件发生突然、影响面广，只有及时响应，控制住危险状况，防止电力突发事件继续扩展，才能有效减轻各种损失。经验表明，建立统一的应急救援指挥中心或系统有助于提高快速反应能力。二是需要电力监管机构、地方政府协调组织，使各方面的力量都参与进来，相互协作，共同应对。三是要为一线应急救援人员配备必要的物资、设备设施和防护装备，以提高危险状态下的应急处置能力，并保护好一线应急救援人员。此外，在应急响应过程中，电力企业需高度重视电力突发事件的信息发布、舆论引导工作，坚持正面宣传，及时、准确发布信息，正确引导舆论。及时、公开、客观地发布事故信息是电力突发事件应急处置工作的重要组成部分，完全的新闻自由和保守的信息封锁都会引起不必要的社会恐慌，导致事态恶化。同时，在现代信息社会，单纯的信息发布已经难以满足舆论引导的需要，必须建立起涵盖信息发布、媒体宣传、舆情监控等信息公开全过程的，集输出正面信息、放大正面声音、强化正面舆论等功能为一体的信息公开工作机制，充分发挥应急新闻报道对稳定公众心理的积极作用。

四、恢复

恢复是指在电力突发事件得到初步控制后，为使生产、工作、生活和生态环境尽快恢复到正常状态所进行的各种善后工作。应急恢复应在电力突发事件发生后立即进行，应先使电力突发事件所影响的区域恢复到相对安全的状态，然后逐步恢复到正常状态。

要求立即进行的恢复工作包括影响评估、清理现场、常态恢复、原因调查、保险理赔等，同时还要根据应急情况对应急预案进行修订、评审。在短期恢复工作中，应注意避免出现新的紧急情况。在电网恢复过程中，要优先恢复电厂和仍能保持热态启动能力机组的厂用电源。对于有自启动能力的地方电厂，应根据情况自行启动发电机组。要协调好电网、电厂、用户之间的恢复工作，保证电网安全稳定留有一定余度，防止发生过电压，避免造成新的设备损坏和停电。长期恢复包括重建被毁设施和厂房等建筑物，重新规划和建设受影响区域等。在长期恢复工作中，应吸取事故和应急救援的经验教训，开展进一步的事故预防工作和减灾行动。

第三章　电力企业风险分析与监测预警

风险分析是电力企业进行应急管理的必要环节，同时也是应急预案编制的基础和关键过程。风险分析有助于确定电力企业需要重点考虑的风险与紧急情况，明确应急的对象。只有在对电力企业进行风险分析后，才能充分运用科技和信息手段，建立健全安全生产隐患排查治理体系，强化监测监控、预报预警，及时发现和消除事故隐患。

根据突发公共事件分类，由于每类事件的主体或对象完全不同，因此其风险分析的具体方法也有差异，但风险分析的基本过程是一致的。风险分析一般包括危险源辨识、脆弱性分析和风险评估 3 个过程，如图 3－1 所示。

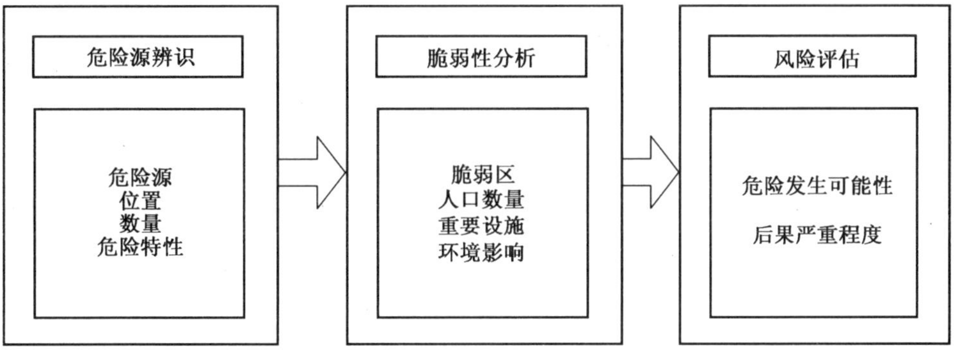

图 3－1　风险分析的基本过程

第一节　危 险 源 辨 识

电力企业危险源辨识就是将电力企业中可能存在的危险源，尤其是重大危险源辨识出来的过程。追溯安全事故发生的根源，危险源的存在及触发是重要的因素之一。对危险源进行有效地辨识与控制，是安全生产应急管理十分重要的环节。

一、危险源分类

危险源是指一个系统中具有潜在能量和物质释放危险的、可造成人员伤害，在一定的触发因素作用下可转化为事故的部位、区域、场所、空间、岗位、设备及其位置。它的实质是具有潜在危险的源点或部位，是爆发事故的源头，是能量、危险物质集中的核心，是能量传出来或爆发的地方。对电力企业来说，可能某个车间、仓库就是危险源；一个车间系统中，可能某台设备是危险源。因此，应按系统的不同层次对危险源进行分析。一般来说，危险源可能存在事故隐患，也可能不存在事故隐患，对于存在事故隐患的危险源一定要及时整改，避免事故的发生。

（一）从导致事故和伤害的角度分类

从导致事故和伤害的角度，可以将危险源分为两类：Ⅰ类危险源是直接引起人员伤亡、财物损失和环境污染的能量（包括动能、势能、热能、电能、化学能、电离能、核能等）、能量载体和有毒有害危险物质，它是造成系统危险或系统事故的物理本质，称之为固有型危险源。Ⅱ类危险源是导致Ⅰ类危险源失控，作用于人员、物质和环境条件（包括人的失误、元件故障、系统扰动等），它是系统从安全状态向危险状态转化的条件，是使系统能量意外释放，即造成系统事故的触发原因，它的危险性主要由固有型危险源的性质决定，称之为触发型危险源。

事故的发生是这两类危险源共同作用的结果。Ⅰ类危险源是导致事故的能量主体，Ⅱ类危险源是促使Ⅰ类危险源导致事故发生的必要条件。Ⅱ类危险源的存在，使得Ⅰ类危险源可能失去控制而释放出大量能量或危险物质，使人员受到伤害或财产受到破坏。Ⅰ类危险源决定事故后果的严重程度，Ⅱ类危险源决定事故发生的可能性。物质的不安全状态构成危险源，事故发生是因为危险源的存在，但并非存在危险源就会发生事故，只有满足一定条件时，危险源才会演变为事故。

（二）按导致事故和职业危害的直接原因分类

（1）物理性危险、危害因素包括：设备、设施缺陷，防护缺陷，电危害，噪声危害，振动危害，电磁辐射，运动物危害，明火，能造成灼伤的高温物质，能造成冻伤的低温物质，粉尘与气溶胶，作业环境不良，信号缺陷，标志缺陷，其他物理性危险、危害因素。

（2）化学性危险、危害因素包括：易燃易爆性物质，自燃性物质，有毒物质，腐蚀性物质，其他化学性危险、危害因素。

（3）生物性危险、危害物质包括：致病微生物，传染病媒介物，致害动物，致害植物，其他生物性危险、危害因素。

（4）心理、生理性危险、危害因素包括：负荷超限，健康状况异常，从事禁忌作业，心理异常，辨识功能缺陷，其他心理、生理性危险、危害因素。

（5）行为性危险、危害因素包括：指挥错误，操作失误，监护失误，其他错误，其他行为性危险、危害因素。

（6）其他危险、危害因素。

（三）参照事故类别和职业病类别分类

参照《企业伤亡事故分类》（GB 6441—1986），综合考虑起因物、引起事故的先发诱导性原因、致害物、伤害方式等，将危险、危害因素分为20类，包括：物体打击、车辆伤害、机械伤害、起重伤害、触电、淹溺、灼烫、火灾、高处坠落、坍塌、冒顶片帮、透水、爆破、火药爆炸、瓦斯爆炸、锅炉爆炸、容器爆炸、其他爆炸、中毒和窒息、其他伤害。

二、重大危险源辨识

重大危险源辨识是电力企业危险源辨识的主要环节。依据《关于规范重大危险源监督与管理工作的通知》（安监总协调字〔2005〕125号），重大危险源是指长期的或者临时的生产、搬运、使用或者储存危险物品，且危险物品的数量等于或者超过临界量的单元（包括场所和设施）。目前，按照重大危险源的种类和数量在意外状态下可能发生事故的最严重后果，将重大危险源分为以下四级：

（1）一级重大危险源：可能造成特别重大事故。

（2）二级重大危险源：可能造成特大事故。

（3）三级重大危险源：可能造成重大事故。

（4）四级重大危险源：可能造成一般事故。

如果对重大危险源控制不当，就有可能导致重大事故的发生。重大事故具有伤亡人数众多、经济损失严重、社会影响大的特征。

防止重大事故发生的第一步是辨识或确定高危险性的工业设施（危险源）。一般由政府主管部门或权威机构在物质毒性、燃烧、爆炸特性基础上，确定危险物质及其临界量标准，即《危险化学品重大危险源辨识》（GB 18218—2009）。通过危险物质及其临界量标准确定哪些是可能发生重大事故的潜在危险源。

（一）重大危险源辨识的内容

（1）辨识重大危险源的种类、危险性质、损害能力。在进行重大危险源辨识时，应充分考虑发生危害的根源及性质，如暴露于化学性危害和物理性危害因素的工作环境等。进行重大危险源辨识时还需考虑重大危险源从哪几个方面对身体造成伤害（或财物损坏），造成伤害的范围及严重程度，伤害的持续时间等。

（2）辨识重大危险源的数量。危险与安全之间常在于量的差别，同一种危险源其数量不同，危险的程度也不同。

（3）辨识重大危险源的分布，危险可能发生的时间、地点。对于Ⅰ类危险源的辨识，主要是确定可能意外释放的能量、有毒有害物质量的多少、强度、作用范围。对于重要的生产区域和装置，还需要了解系统内能量流动、有害物质的传递过程。对于Ⅱ类危险源的辨识，主要找出导致能量意外释放的根本原因。

（二）重大危险源辨识的范围

1. 新建、改建、扩建项目设计阶段危险源辨识

对新建、改建、扩建项目设计阶段危险有害因素的分析、辨识应从6个方面进行：

（1）对设计阶段是否通过合理的设计，尽可能从根本上消除危险、有害因素的发生进行考查。

（2）当消除危险有害因素有困难时，对是否采取了预防性技术措施来预防或消除危险、危害的发生进行考核。

（3）当在无法消除危险或危险难以预防的情况下，对是否采取了减少危险、危害的措施进行考查。

（4）当在无法消除、预防、减弱危险的情况下，对是否将人员与危险有害因素隔离等进行考查。

（5）当操作者失误或设备运行一旦达到危险状态时，对是否能通过联锁装置来终止危险、危害的发生进行考查。

（6）在易发生故障和危险性较大的地方，对是否设置了醒目的安全色、安全标志和声、光、警示装置等进行考查。

2. 辨识范围

（1）厂址。从厂址的工程地质、地形地貌、水文、周围环境、气象条件、资源交通

条件、自然灾害、抢险救灾支持条件等方面进行分析。

（2）厂区平面总图。功能分区（生产、管理、辅助生产、生活区）布置，高温、有害物质、噪声、辐射、易燃、易爆、危险品设施布置，建筑物、构筑物布置，风向、安全通道、卫生防护距离等。

（3）建（构）筑物。结构、防火、防爆、朝向、采光、运输（操作、安全、运输、检修）通道、开门、生产卫生设施等。

（4）生产工艺过程。物料（毒性、腐蚀性、燃爆性）、温度、压力、速度、作业及控制条件、事故及失控状态等。

（5）生产设备、装置。化工设备、装置，机械设备、电气设备、危险性较大设备，特种设备以及特殊单体设备、装置等。

（6）粉尘、毒物、噪声、振动、辐射、高温、低温等有害作业现场。

（7）工时制度、女职工劳动保护、体力劳动强度等。

（8）管理设施、事故应急抢救设备和辅助生产、生活卫生设施等。

电力企业在重大危险源辨识过程中，应坚持“横向到边，纵向到底，不留死角”的原则，危险源辨识的范围必须覆盖电力企业所有生产、服务活动的全过程以及可施加影响的活动。危险源辨识包括3种时态，即过去时态（评价对残余风险的可承受度）、现在时态（评价现有控制措施情况下的风险）、将来时态（组织活动中或计划中可能带来的危险因素）；还包括3种状态，即正常状态（指正常生产情况）、异常状态（指机器、设备试运转、停机及发生故障时）、紧急状态（指不可预见何时发生、可能带来重大危险的状况，如地震、火灾、爆炸等）和7种类型（机械能、电能、热能、化学能、放射能、生物因素、人机工程因素等）。

（三）重大危险源辨识方法

进行重大危险源辨识应识别尽可能多的实际的和潜在的危险、危害。可以根据事故的致因从设备设施的不安全状态、人的不安全行为、作业环境和条件、管理上的缺陷来分析、识别重大危险源。重大危险源辨识的方法主要有对照经验法、类比方法和系统安全分析方法等。

1. 对照经验法

对照有关标准、法规、检查表或依靠分析人员的观察分析能力直观评价对象危险性和危害性的方法。该方法简单、易行，但是受分析人员的经验、知识和占有资料限制，而且容易遗漏。

检查表是在大量实践经验基础上编制的，具有应用范围广、针对性强、操作性强、形式简单等特点。检查表对危险有害因素的辨识具有极为重要的作用。检查表用于辨识危险有害因素前，需先依据有关法规和标准，参考相应专业知识和经验，制定各个方面的安全检查项目内容。检查内容针对工程项目实际，逐项予以回答“是”、“否”或“有”、“无”，凡不具备的条款均是问题所在，即事故隐患，据此可辨识出存在的危险。

2. 类比方法

利用相同或类似系统或作业条件的经验以及职业健康的统计资料来类比推断、分析评价对象的危险有害因素。

3. 系统安全分析方法

应用系统安全工程评价方法的部分方法进行危害辨识。系统安全分析方法常用于复杂系统或没有事故经验的新开发系统。常用的方法有事件树分析、事故树分析等。

1）事件树分析法（ETA 法）

利用逻辑思维规律和形式分析事故的起因、发展和结果的整个过程，分析过程中各个环节成功与失败的两种情况，从而预测系统可能出现的各种结果及其概率。

2）事故树分析法（FTA 法）

根据系统可能发生的事故或已经发生事故的结果，用演绎法去寻找与该事故发生有关的原因、条件和规律，从中辨识危险源。

三、重大危险源监督管理

电力企业要加强对重大危险源的安全管理与检测监控，建立健全重大危险源安全管理规章制度，制定重大危险源安全管理与监控的实施方案。

（一）登记、建档和备案

电力企业要对本单位的重大危险源进行登记建档，并按照国家和地方有关部门重大危险源申报登记的具体要求进行申报。

对新构成的重大危险源，要及时报告当地县级以上人民政府安全生产监督管理部门备案；对已不构成重大危险源的，应及时报告核销。电力企业存在的重大危险源在生产过程、材料、工艺、设备、防护措施和环境等因素发生重大变化，或者国家有关法规、标准发生变化时，要对重大危险源重新进行安全评估，并及时报告当地县级以上人民政府安全生产监督管理部门。

重大危险源档案应包括下列文件、资料：

（1）辨识、分级记录。

（2）重大危险源基本特征表。

（3）涉及的所有化学品安全技术说明书。

（4）区域位置图、平面布置图、工艺流程图和主要设备一览表。

（5）重大危险源安全管理规章制度及安全操作规程。

（6）安全监测监控系统、措施说明、检测、检验结果。

（7）重大危险源事故应急预案、评审意见、演练计划和评估报告。

（8）安全评估报告或者安全评价报告。

（9）重大危险源关键装置、重点部位的责任人、责任机构名称。

（10）重大危险源场所安全警示标志的设置情况。

（11）其他文件、资料。

（二）评估

1. 评估内容

重大危险源安全评估报告应当客观公正、数据准确、内容完整、结论明确、措施可行，并包括下列内容：

（1）评估的主要依据。

（2）重大危险源的基本情况。

（3）事故发生的可能性及危害程度。

（4）个人风险和社会风险值（仅适用定量风险评估方法）。

（5）可能受事故影响的周边场所、人员情况。

（6）重大危险源辨识、分级的符合性分析。

（7）安全管理措施、安全技术和监控措施。

（8）事故应急措施。

（9）评估结论与建议。

有下列情形之一的，电力企业应当对重大危险源重新进行辨识、安全评估及分级：

（1）重大危险源安全评估已满 3 年的。

（2）构成重大危险源的装置、设施或者场所进行新建、改建、扩建的。

（3）危险化学品种类、数量、生产、使用工艺或者储存方式及重要设备、设施等发生变化，影响重大危险源级别或者风险程度的。

（4）外界生产安全环境因素发生变化，影响重大危险源级别或风险程度的。

（5）发生危险化学品事故造成人员死亡，或者 10 人以上受伤，或者影响到公共安全的。

（6）有关重大危险源辨识和安全评估的国家标准、行业标准发生变化的。

2. 评估方法

企业重大危险源的评估办法有很多，已经形成商品软件系列。评估方法举例如下：

（1）重大危险源单元事故后果分析。利用重大危险源事故物理分析形成一系列的数学模型，根据因果序列方法计算各项参数，分析有关系统状况。

（2）重大危险源单元区域地理系统分析。利用重大危险源单元在区域分布及其行为系统分析，如熵增原理来预测事故后果行为。

（3）重大危险源的治理行动。目前，识别隐患的最好方法是各级各类专业人员的安全检查，如能实现计算机监控方案配以仿真系统则效果更好，值得注意的是，在安全中任何先进的系统，都需要人的检查、观察。

（三）安全管理

电力企业需对重大危险源进行动态分析评估，并制定相应的控制处置方法，具体步骤如下：

（1）确定要控制的危险源，从致害物、生产工艺流程、日常检修维护、设备运行方面分析可能产生危害的因素。

（2）检查危险源监控保护装置，规章制度。

（3）整理汇总存在的危险因素，结合现有的监控保护装置和规章制度对照分析，找出重点控制目标。在分析对照过程中还应注意以下 4 点：

（a）查阅设备相关制度规定，凡不符合法律法规和相关技术标准要求且没有适宜控制措施的，列为危险因素进行分析。

（b）涉及设备管理、检修、运行的人员提出的确认为合理的抱怨或要求的，列为危险因素进行分析。

（c）曾经发生过事故或环境影响仍无有效控制措施的，列为危险因素进行分析。

（d）对设备系统超计划检修、超试验周期运行的需进行风险分析。

（4）对可能引发事故的行为，如检修、操作等进行重点控制并制定处置、告知方法。

（5）每年进行一次动态评价，找出存在的风险，对可能引发事故的风险进行重点监控，对管理不到位的部门进行警示，督促履行管理职责。

（6）对可预知的近期可能出现的风险，可通过专题分析报告的方式为电力企业管理者提供治理决策依据。

第二节　电力系统脆弱性分析

脆弱性概念源于环境、生态、计算机网络等领域，它是描述系统及其组成部分易于受到影响和破坏，并缺乏抗拒干扰、恢复初始状态的能力。电力系统脆弱性是近年来针对电力系统安全性及可靠性提出的一个新概念，目前还没有公认的定义和统一的分析标准。但从已有参考文献看，电力系统脆弱性是用来描述系统在正常运行情况或各种随机因素的作用下，系统承受干扰或故障的能力及系统不能维持正常运行的可能趋势及其影响。在无法准确预测扰动何时发生的情况下，找出电力系统的薄弱环节，并采取相应的预防措施改善系统的运行状态，是电力系统脆弱性分析需要解决的问题。

一、脆弱性分析内容

电力系统会因各种原因而变得脆弱，如自然灾害、系统元器件故障、保护和控制系统故障、信息和通信系统故障、系统由于扰动而不稳定、人为错误操作、不充分的风险分析过程、电力市场的影响、蓄意破坏等。

电网脆弱性的定义为电力系统因人为干预、信息、计算、通信、内部元件和保护控制系统等因素而潜伏着的大面积停电等灾难性事故的危险状态，而这种危险状态或事故隐患是在电力系统发生故障时暴露出来的，并表现为电力系统能否保持稳定和正常供电的能力。

可以看出，电力系统脆弱性主要包括系统安全水平和变化趋势两方面内容，它反映系统某一参数或多个参数发生变化时对系统安全的影响及变化趋势。同时，将脆弱性分析与最新的灾害研究成果相结合，可以更好地实现从灾害能量到社会风险损失之间的良好过渡。因此，在综合考虑以上指标特性后，采用脆弱性指标作为电力企业应急体系的评价指标，展开电力企业应急体系的相关评价研究。

对电力系统而言，不是所有的故障类型都是同等关键的。每一个隐性故障都有一个脆弱性区域与之相关。如果一个异常事件（比如一个故障）在这个脆弱区域发生，则该区域的隐性故障会引起继电器不正确地动作，由此又产生了另一个异常状态以及在此状态下另一个隐性故障。

当一个有隐性故障的继电器的脆弱区被确定下来后，每个区域相应的重要性也被确定，而且这些区域还被分配以一个优先权或敏感度排序，这些重要性、优先权及敏感度等可以被定义为每个脆弱性区域的脆弱性指标。

目前，电力系统脆弱性分析的主要内容是：一旦发生事故，哪些区域更容易受到影响。事故影响范围内的脆弱性目标包括人员、财产、生态环境三大类。

电力系统脆弱性分析一般包括以下两个步骤：

（1）脆弱区域范围的确定：根据电力企业各种事故后果模型，用一定范围内的爆炸冲击波超压、热辐射通量、毒物浓度等参数表示事故后果。

（2）脆弱性目标的确定：把计算出的事故后果度量参数与伤害标准结合，从而分析每种后果对人员、财产和环境的影响程度。

对电力应急体系进行脆弱性评估，首先可以对电力应急体系的构建和完善起到一定的参考意义，而且结合体系的脆弱性评估结果，可以进行整个电力系统内部、局部或大范围的灾害风险评估，并从宏观上为电力应急体系建设和社会建设提供指导并进行量化的评估。

二、脆弱性分析方法

电力系统的安全评估方法可以用于电力系统的脆弱性分析。对电力系统脆弱性的评估分析也就是对电力系统的安全分析，具体表现为找出电力系统内的薄弱点和薄弱区域，得出系统内各元件抗扰动、维持正常能力的程度。经典的评估电力系统安全水平的方法不外乎两类，一类是确定性方法，另一类是概率性方法。确定性方法如 N-1 静态安全分析，它是在给定故障模式的前提下分析系统是否出现运行条件的越限。用概率性方法进行的分析有我们熟知的可靠性分析，在概率性的方法中又分为解析法和模拟法。考虑到系统分析中的多种不确定性，以及大面积停电研究对象一般为大型电网，因此借鉴可靠性工程中的概率性分析方法中的模拟法进行系统分析。模拟法中最主要的方法为蒙特卡罗模拟法，其在每一次模拟中首先对系统的各元件状态、故障的详细情况等影响系统安全性的因素进行抽样，从而得到这次模拟中确定的系统运行工况和故障信息，最后进行系统动态特性和静态特性的检验，考核系统的脆弱性程度。

风险理论建立在概率性方法的基础上，是一种考虑系统不确定性因素，将导致灾害的可能性和这种灾害的严重度相结合的理论。风险评估是指采用一系列逻辑步骤，以一种系统的、全面的方式分析事故对系统的影响，从而选择合适的安全措施。电力系统的风险指标能够定量地把握事故的可能性和严重性这两个决定系统可靠性的因素，从而比较全面地反映系统的脆弱性程度及事故对整个系统的影响。

导致电力系统脆弱的因素包括自然灾害、系统故障、竞争的电力市场环境以及人为错误等不确定因素，并用随机概率方法进行复杂电力系统的脆弱性评估，从脆弱源发生的概率和造成的影响两方面入手，提出基于风险指标的定量评估方法。在实际的分析中，使用风险评估方法，计算系统各个方面相应的风险值。通过风险指标表征系统的脆弱性，系统的风险值越大，说明对应的系统越脆弱；系统的风险值越小，说明对应的系统越坚强。

对脆弱性进行评估的方法大概分为以下几种：

（1）综合指数法：从脆弱性表现特征、发生原因等方面建立评价指标体系，利用统计方法或其他数学方法综合成脆弱性指数，来表示评价单元脆弱性程度的相对大小，是比较常用的一种方法。

（2）图层叠置法：根据 GIS，将脆弱性构成要素进行图层间的叠置，或者是把针对不同扰动的脆弱性相关图层进行叠置，分区域进行脆弱性评估。

（3）脆弱性函数模型评价法：基于对脆弱性的理解，首先对脆弱性的各构成要素进行定量评价，然后从脆弱性构成之间的相互作用出发，建立脆弱性评价模型。

（4）模糊物元评价法：通过计算各研究区域与一个选定参照状态（脆弱性最高或最

低）的相似程度来判别各研究区域的相对脆弱性。该方法需要建立在已有脆弱性评估的结果上。

（5）危险度分析：通过计算研究各变量现状的矢量值与自然状态下各变量矢量值之间的欧式距离，认为距离越大系统越脆弱，越容易使系统的结构和功能发生彻底改变。

第三节　安全生产风险评估

安全生产风险评估是对危险源可能发生事故的后果的严重程度和可能性的综合描述。通过评价，可以明确应急对象，使应急预案能够针对风险最大的事故进行处置。

一、电力企业常用安全生产风险评估原则

在进行突发事件风险评估时，应遵循以下基本原则。

1. 客观性原则

在进行突发事件风险评估的过程中，要坚持实事求是，采用科学的方法，遵循规范的程序。同时，不能盲从权威，更不能出于利益的考虑而故意放大或缩小风险。

2. 系统性原则

在进行风险评估时，必须从系统的角度出发，尽可能全面、充分地考虑各种风险的相关性、叠加性。电力系统是一个复杂的大系统，突发事件种类多，并且相互之间关联性很强，经常会牵一发而动全身，引发系列的次生、衍生事件。例如，地震会引发火灾，洪涝后易发生疫情，环境污染会引发群体性事件，冰冻灾害后会火灾多发等。进行风险评估时，应该全面系统地收集信息，综合考虑各种因素，在此基础上开展评估。

3. 规范化原则

突发事件风险评估所使用的方法和程序等应有一个统一规范的基本准则，包括评估程序、评估方法、评估指标体系等方面的内容。规范化有利于信息交流沟通，有利于不同风险、不同地区的比较对照。

4. 动态性原则

由于可能诱发突发事件的风险隐患处于不断运动变化之中，所以评估得出的结论具有时效性。因此，必须持续地进行监测，动态性地进行评估，不断发现新的风险，及时采取应对措施。

二、电力企业常用安全生产风险评估方法

电力企业涉及发电、输电、变电、配电等诸多环节，这其中任何一个环节出现问题都可能导致意想不到的安全事故，甚至灾难性后果。目前，电力企业安全生产风险评估常用以下几种方法。

1. 定量分析方法

定量分析就是对风险的程度用直观的数据表达出来。通过对风险可能造成的损失赋予数值，将风险分析的整个过程和结果量化，对风险采取有效的控制措施，确保电力系统的可靠性、安全性及稳定性。

理论上，定量分析可以对电力企业的安全风险进行准确的分级，但这种方法存在明显

的缺点。比如：定量分析所赋予的数据并不可靠，很多数据的个人主观性成分较强。另外，定量分析工作需要了解工作流程的相关人员来进行，消耗大量人力和时间，而且经常会出现员工对某个数值发生争论的情况，影响评估的进度。从实际情况看，单纯采用定量分析方法开展企业风险评估的并不多。

2. 定性分析方法

定性分析方法是目前电力企业安全生产风险评估所采用的最为广泛的一种方法，它与定量风险分析的区别在于不需要对各相关要素分配确定的数值，而是赋予一个相对值。通常通过问卷、面谈及研讨会的形式进行数据收集和风险分析。该方法涉及各业务部门人员，带有一定的主观性，往往需要凭借专业咨询人员的经验和直觉，或者业界的标准和惯例，为风险各相关要素的大小或高低程度定性分级，例如“特高”“高”、“中”、“低”、“可接受”等。通过这样的方法，对风险的各要素赋值后，我们可以定性地区分这些风险的严重等级，避免了复杂的赋值过程，简单且易于操作。

3. 半定量分析方法

半定量分析方法是将对象的危险状况表示为某种形式的分度值，从而区分出不同对象的事故危险程度。半定量分析方法用于确定可能发生事故的相对危险性，同时可以评价事故发生频率、后果及可能性，并根据结果比较不同的方案。半定量分析方法同时包含了那些可以部分实现数值量化的评估方法。半定量分析法包括概率风险评估方法、打分安全检查表法、事故树分析法（FTA）、LEC 法、PES 法等。

4. 基于经验的分析方法

采用基于经验的分析方法，风险分析团队不需要通过烦琐的流程和步骤，只需通过特定途径收集相关信息，识别电力企业当前的安全生产风险和当前采取的安全措施，与特定的标准或最佳实践进行比较，从中找出不符合的地方，并按照标准或最佳实践选择安全措施，最终达到降低和控制风险的目的。基于经验的分析方法，最重要在于完整详细地收集和评估信息。基于经验的分析方法包括问卷调查、会议讨论、人员访谈、对当前的策略和相关文档进行复查等。

5. 基于模型的分析方法

基于模型的分析方法可以分析出系统自身内部机制中存在的危险性因素，同时又可以发现系统及外界环境的不正常和有害的行为，从而完成定性分析，这种方法较少使用。

三、风险等级确定方法

风险等级确定方法定性地确定事故发生的可能性和后果的严重程度，然后通过风险矩阵确定事故的风险等级。

事故发生的可能性等级见表 3 - 1，后果严重程度等级见表 3 - 2，风险分析矩阵见表 3 - 3。

表3-1 事故发生的可能性等级

可能性等级	概率描述	可能性说明
近乎可能	每年≥1.0	在大多数情况下每年都有可能发生
很可能	1.0＞每年≥0.01	在设施的使用年限内可能发生若干次

表3-1（续）

可能性等级	概率描述	可能性说明
有时	$0.01>$每年$\geq 10^{-4}$	在设施的使用年限内有时可能发生
很少	$10^{-4}>$每年$\geq 10^{-7}$	在设施的使用年限内不易发生，但事故历史上有个别的记录
极不可能	$10^{-7}>$每年	几乎没有发生过

表3-2 事故后果严重程度等级

严重程度 脆弱性目标	不重要的	较小的	严重的	重大的	特大的
人	急救治疗	①通过治疗能够很快恢复；②住院时间<24 h	①多人次的损伤—多处伤害；②住院时间>24 h	1～10人的人员死亡	10人以上的人员死亡
财产	现场损坏的设备在24 h内修复，没有产品的损失	现场损坏的设备在7 d内可以修复	现场设备的损失在7～120 d可以修复。因设备的损坏，可能造成产品的损失	①现场设备的损失在4～12月可以修复，要求大量的资金支出（低于1000万元）；②现场以外财产的重大损失（低于500万元）	①现场设备全部、大部分损害需要重新更换，要求大量资金支出（超过1000万元）；②现场以外财产的重大损失（超过500万元）
环境	现场释放物能够很容易地清除	在现场有限的区域内产生微小的生态反应	对当地的生态系统有短期的损害	大范围、中长期的生态系统损害	对生态功能产生严重的、持续的、不可挽回的损害

表3-3 风险分析矩阵

严重程度 可能性	不重要的	较小的	严重的	重大的	特大的
近乎可能	Ⅳ	Ⅲ	Ⅱ	Ⅰ	Ⅰ
很可能	Ⅳ	Ⅲ	Ⅱ	Ⅱ	Ⅰ
有时	Ⅴ	Ⅳ	Ⅲ	Ⅱ	Ⅱ
极少	Ⅴ	Ⅴ	Ⅳ	Ⅲ	Ⅱ
极不可能	Ⅴ	Ⅴ	Ⅴ	Ⅲ	Ⅲ

四、风险分析结果汇总

通过危险源辨识、脆弱性分析和风险评估，对电力企业危险源的基本情况、可能的事故后果、事故风险大小进行分析，将危险源分析的结果进行汇总，供应急预案编制时使用。风险分析结果包括：危险源的名称、位置、数量和危险特性，脆弱区范围、脆弱区内的人口数量、可能被破坏的财产、可能被破坏的公共工程和可能造成的环境影响，事故发生的可能性、人员伤害类型、财产破坏情况、环境破坏类型、事故后果的严重程度以及风险等级。

第四节　电力企业安全生产事故风险分析

电力生产的特殊性决定了生产过程的高风险性，因此电力企业应在电力生产过程中开展危险源辨识、风险评估，充分预测风险发生的可能性及其后果的严重程度，制定风险控制对策。

通过对电力企业安全生产工作分析，得出应重点对电力生产人身伤亡事故、电力安全事故导致的电网大面积停电、电厂垮坝事故、电力设备事故以及环境污染事故等5个方面进行安全生产风险评估。

一、人身伤亡事故

人身伤亡事故是指企业员工在生产劳动过程中，发生的人身伤害、急性中毒事故。发生人身伤亡事故将造成不可弥补的损失，给亲人带来无限的悲痛，给企业和经济社会造成负面影响，严重地威胁企业生存和社会的安定。

（一）人身伤亡事故种类

在电力生产中的人身伤亡事故主要包括触电、物体打击、提升和车辆伤害、机械伤害、起重伤害、淹溺、灼烫、火灾、高处坠落、坍塌、冒顶片帮、透水、爆破、火药爆炸、其他爆炸、中毒和窒息以及其他伤害。据统计，电力生产中的人身伤亡事故因触电、坍塌、高处坠落导致的人身伤亡事故多发。

（二）发生人身伤亡事故的主要因素

1. 安全责任不落实

个别企业安全生产主体责任意识淡薄，未能依据国家安全生产法律法规、规章和标准，建立健全安全生产责任，提供安全生产条件，一些基层管理人员对安全生产工作不重视，重生产、轻安全，对危险源辨识不全，监控不到位，隐患排查治理工作不闭合。

2. 危险源控制失效

个别企业未能对管辖范围内电力生产、建设施工过程中存在的、可能发生意外释放的能量（能量或能量载体）或危险物质以及约束、限制能量措施失效或破坏的各种不安全因素进行有效管理、控制，能量的意外释放伤害从业人员。

具有能量或危险的物品主要包括产生和供给能量的装置、设备，能量载体，危险物品及生产、加工、储存危险物质的装置、设备、场所，压力容器等。约束、限制能量的措施从物的不安全状态、人的不安全行为、作业环境的不利因素以及管理上的缺陷4个方面考虑。

3. 安全设施不完善

少数企业不重视电力生产和建设施工安全设施投入，未能按照工作环境中主要危险特征及工作条件特点为从业人员配备个体防护装备，不能将危险有害因素控制在安全范围内，未及时采取措施预防、减少、消除危害。

安全设施包括预防事故设施（如检测和报警设施、设备安全防护设施、防爆设施、作业场所防护设施、安全警示标志等）、控制事故设施（如泄压和止逆设施、紧急处理设施等）和减少与消除事故影响设施（如灭火设施、逃生器、应急照明设施、工程抢险装备、医疗急救装备、劳动防护用品和装备等）。

4. 安全交底不规范

少数企业不执行作业现场安全交底制度或执行不严格，特别是对高危险作业及交叉作业缺乏安全监督与协调管理，参与作业的各方不清楚存在的危险因素，没有认真履行各自的安全责任。

5. 现场管理不严格

一些企业作业现场管理不严格，劳动组织安排不合理，甚至违章指挥、违章操作、违反劳动纪律的现象时有发生，且得不到及时制止和处罚。

6. 安全教育不扎实

不少企业安全教育培训流于形式，特别是作业人员的培训教育缺乏针对性，导致作业人员安全意识淡薄，缺乏基本的安全知识和技能。

7. 源头控制不到位

某些企业在设计、技术方案制定等初始环节控制把关不严，对供应商质量源头控制不到位，对分包商或协作队伍管理方式粗放，以包代管、管而不严，违法分包、层层转包现象屡禁不止，埋下事故隐患。

8. 突发自然灾害

突发雷击、暴风雨、台风、洪水、冰雹、暴雪、地震、山体崩塌、滑坡、泥石流、沙尘暴等自然灾害造成人身伤害，严重时造成群死群伤事故。

（三）防止人身伤亡事故措施

1. 全面认真落实电力企业安全生产主体责任

电力企业主要负责人要切实履行安全生产第一责任人的责任，落实安全生产“一岗双责”制度，抓好安全生产各项规章制度的落实，加强作业现场的安全生产管理，杜绝违章指挥、违章作业、违反劳动纪律等现象发生。

2. 加强各类作业风险管控

电力企业应组织开展各类作业、各个环节危险源辨识、风险分析，落实风险预控和现场管控措施，保证工作或作业场所的各项安全措施符合《电力安全工作规程》的有关要求。对于设备的检修、预试或验收，针对其带电点与作业范围绝缘距离短的特点，不管有无物理隔离措施，均应加强风险分析与预控。对于基坑支护与降水工程、土方和石方开挖工程、模板工程和脚手架工程、起重吊装工程、钢结构工程、拆除工程、爆破工程、地下工程和高空、高压、高温、超低温、水上、潜水、易燃、易爆、剧毒、放射性、带电作业等高危险作业，应编制专项安全技术措施，经有关负责人审核批准后实施。

3. 加强作业人员培训

电力企业应结合生产实际，经常性开展多种形式的安全思想、安全文化教育，开展有针对性的应急演练，提高员工安全风险防范意识，掌握安全防护知识和伤害事故发生时的自救、互救方法。定期对有关作业人员进行安全规程、制度、技术、风险辨识等培训、考试，使其熟练掌握有关规定、风险因素、安全措施和要求，明确各自安全职责，提高安全防护、风险辨识的能力和水平。对于实习人员、临时和新参加工作的人员，应强化安全技术培训，并应在证明其具备必要的安全技能和在有工作经验的人员带领下方可作业。禁止指派实习人员、临时和新参加工作的人员单独工作。

4. 加强运行安全管理

电力企业应严格执行“两票三制”，组织作业人员按要求规范填写两票内容，确保安全措施全面到位。加强设备巡视检查、缺陷监测，在恶劣天气、设备危急缺陷情况下开展巡检、巡视时应采取措施防止雷击、中毒、机械伤害等事故发生。

5. 加强安全设施和安全工器具管理

电力企业应认真落实安全生产各项组织措施和技术措施，配备充足的、经国家认证认可的、质检机构检测合格的安全工器具和劳动防护用品，并按照有关标准、规程要求定期检验，禁止使用不合格的工器具和劳动防护用品，提高作业安全保障水平。对现场的安全设施，应加强管理、及时完善、定期维护和保养，确保其安全性能和功能满足相关规定、规程和标准要求。

6. 不断改善安全生产条件

电力企业应按照相关法规、规程的要求，及时改进和完善安全设施及设备安全防护措施设计，采用新技术、新工艺、新装备改善安全生产条件，优化业务流程，推行标准化管理，实行过程管控和审核，保证作业安全，避免人身伤亡。

二、电网大面积停电

随着经济的快速发展，电力工业亦发展迅速。电力系统由小到大，由孤立电网发展到联结数省范围内的发电厂、变电站、输配电线路和广大用户的区域性电网，进而通过输电线路的互联，发展为跨区、跨国的大型互联电力系统。大型互联电力系统的建立可以充分发挥大电网、大机组、大容量远距离输电的规模经济效益，实现能源、电力资源的优化配置；实现水电、火电、核电、风电等不同特性电力资源的互补，实现更大的经济和安全效益。然而，电网规模不断扩大，也增加了电网控制运行的难度，安全稳定运行的风险日益加大。

（一）影响电网安全稳定运行的主要因素

（1）我国电网结构还比较薄弱，大容量远距离输电、弱联网和电磁环网的现状使电网抗扰动能力较弱，发生大面积停电的风险始终存在。

（2）台风、覆冰、地震、泥石流等自然灾害频发，使电网的发电、输变电、供配电基础设施遭到破坏，造成大范围、长时间停止电力供应。

（3）雷击、电力系统一次设备或二次设备故障、人员调度、操作过失、运行方式异常变化等原因造成短路、过负荷连锁反应，功率电压异常波动或振荡等冲击正常电力系统运行，可能产生公交、电压、频率稳定性破坏，形成大面积停电的电力安全事故。

（4）随着电网规模越来越大，电网的运行方式会越来越复杂，交直流混合送电、风电/光伏发电等新能源并网运行，使电网的安全稳定、控制、运行难度比以前更为复杂。

（二）电网大面积停电的预防措施

（1）建立坚强电网。加强电网规划设计工作，制定完备的电网发展规划和实施计划，规划电网应考虑留有一定的裕度，强化电网薄弱环节，重点加强特高压电网建设及配电网完善工作，确保电网结构合理、运行灵活、坚强可靠和协调发展。

（2）合理规划电源接入点。受端系统应具有多个方向的多条受电通道，电源点应合理分散接入，每个独立输电通道的输送电力不宜超过受端系统最大负荷的10%～15%，并保证失去任一通道时不影响电网安全运行和受端系统可靠供电。

（3）强化互联电网统一调度协调机制。要确保调度自动化系统可靠运行。系统调度员应能及时全面掌握系统运行状况，在系统处于警戒或紧急状态时（如重要线路过负荷）要及时采取措施处理，防止事故扩大。

（4）运行中电网要有足够的电源和网络备用。电源不仅要有足够的有功备用，还要有足够的动态无功储备。满足紧急情况下的动态无功支持需求，防止重要线路无功过负荷、电压崩溃和快速电压失稳；重要联络线的负载应有一定的安全储备系数。

（5）加强输电线路继电保护、发电机保护、系统保护（低频、低电压减负荷等）整定的协调配合，避免系统故障时大量机组过早退出、大量线路过负荷跳闸引发连锁反应、大面积停电。加强系统中关键线路、变电站的继电保护接线、整定定期检查。防止保护装置隐性失效对系统的危害。

（6）把好电网安全稳定第三道防线。在电网发生严重故障造成多条联络线跳闸后，应能通过适当解列、低频、低压减载，避免事故过大，减少损失，防止电网瓦解，为快速恢复系统创造条件。

（7）建设大型互联电网在线安全防御体系。加强在线监控功能和在线计算分析能力，实现网间实时数据交换和全网动态安全分析和预警，提高系统运行状态的可视化水平。建立应对台风、雷电等气象灾害风险预警机制和自动化系统。制定事故应对和黑启动方案，加强互联电网调度机构联合事故演练。

三、电厂垮坝事故

（一）垮坝事件类型

（1）水电厂大坝垮坝的发生和垮坝洪水。

（2）火电厂灰坝垮坝。

（二）垮坝原因分析

（1）流域发生暴雨、山体大面积滑坡或泥石流等自然灾害事件和上游发生水库垮坝时，因入库流量超过设计标准或水库突然淤积，导致库水位异常升高，进而破坏大坝稳定，或水淹道路造成交通中断，甚至发生洪水漫坝事故，严重影响正常的电力生产和职工生活。

（2）厂房、大坝排水系统（设备）、厂用电故障、因电网瘫痪或其他原因导致全厂停电时，溢洪闸门未及时开启，导致库水位异常升高，破坏大坝稳定性甚至漫坝等。

（3）流域发生异常暴雨时将大体积漂浮物冲入水库，或轮船失控时，在库区内未得到及时处理，对大坝的冲击可能导致泄洪闸门损坏或影响泄水，严重时可能破坏大坝稳定性等。

（4）大坝邻近发生超烈度超Ⅵ级的地震时，可能会造成大坝损坏、垮坝。

（5）发生战争、恐怖事件或人为破坏，会造成大坝损坏。

（6）大坝管理单位管理不善，大坝事故隐患未能得到及时处理。

（三）预防措施

1. 水电站大坝垮坝事故预防措施

（1）大坝安全应贯彻“预防为主、安全第一、综合治理”的方针。大坝的安全应从设计、施工到运行每个环节得到保证，并加强上述3个环节之间的协作和联系，遵守有关技术规程和规范，采用先进成熟的技术，提高科学管理水平，建立合理的检查制度。

（2）各主管单位和水电厂应负责所管大坝的运行和维护任务；编制水工建筑运行维护规程；编制大坝及其附属建筑物与设备的操作规程；按照防洪调度原则和设计规定的闸门开启程序，提出汛期发生洪水情况时，为确保大坝安全应遵循的运行方法。

（3）运行单位必须做好保卫工作，防止暴力和故意破坏及擅自操作各种设施（如泄洪闸门等）所造成的破坏。水电站大坝运行后，必须建立安全检查制度，以确保大坝结构和运行的安全可靠性，及时发现大坝的异常现象或存在的隐患和缺陷，提出补救措施和改善意见。

（4）对新建大坝初期蓄水3～5 a或高水位运行后应进行检查鉴定，运行期达40～50 a的老坝，应由主管单位组织进行全面复核，提出大坝安全鉴定报告；有潜在危险的重要大坝，主管单位应及时地根据现行技术规程规范，组织进行安全评价。

（5）为确保大坝安全，大坝观测、检查、监控、设备更新，大坝维护、修复、加固费用及科研和其他技术活动费等，应作为大修和更新项目列入计划，专款专用。水电站大坝，经分析检查、鉴定，确认必须进行修复、加固和改善时，主管单位应列入更新改造计划，所需资金优先予以保证。主管单位对已确认的险坝项目，要积极筹集资金和材料，确保大坝抢险加固工程的实施。

（6）对于可能在短期内发生垮坝迅速泄出库水的破坏性事故，水电厂在立即上报主管部门的同时有权采取应急措施。多年运行的老坝，如缺少必要的安全监测设施，或观测设备失效需要更新时，应由水电厂提出，经主管部门审核，予以改善。对于已建的有严重缺陷的大坝，应由水电厂会同原设计单位编出“险情预计及处理计划”报主管单位审批，并抄送水电站大坝安全监察中心。新建、在建大型工程的“险情预计及处理计划”由设计单位负责编制。

（7）大坝出现险情征兆时，水电厂应立即报告地方政府和上级主管部门，并按“险情预计及处理计划”中规定的程序采取抢险措施。确保大坝安全度汛是水电厂防汛工作的重点，由水电厂厂长负责大坝的安全度汛，并有一名熟悉水工、水务专长的副厂长、总工程师或副总工程师协助进行。要配备具有一定数量业务熟悉的水工、水务专业技术干部，加强防汛和大坝安全管理技术力量。

（8）加强水文预报工作。水电厂要根据需要逐步建立、完善水文测报预报系统，做好预报调度工作。要和地方水文、气象、邮电部门搞好协作，充分利用他们的水文、气象、预报资料和通信手段。如遇特大暴雨、洪水或其他严重险情危及大坝安全，而又来不及或通信中断无法与上级联系时，可按批准的度汛方案，采取非常措施，确保大坝安全。

2. 火电厂灰坝垮坝事故预防措施

（1）各火电厂要按照灰坝运行的各项规定，加强对灰坝的安全管理，保持灰场的正常运行，防止坝前积水，在每年汛期以前要及早采取灰坝安全度汛的可靠措施。

（2）在设计灰坝坝体时，应设置下游排水棱角、排水褥垫、排水盲沟，尽可能降低浸润位置，否则将造成浸润线升高引起溃坝事故。对初级坝、各子坝和最终坝高应有整体和局部的稳定计算，其安全系数应符合有关要求，在分期筑坝时，结合面要严格处理，使两者成为一体，渗透系数 K 值要防止上游大于下游、上部大于下部，使坝体渗透水畅通地排至坝体下游。要严防在柔性主坝上采用钢性材料堆筑子坝。为防止溃坝事故，还应注意防止穿过坝体的排水管漏水，填土既不夯实，又未采取止水措施，在管外与其土壤形成管涌流土。要防止因施工碾压不实，雨季时坝体大量下沉，压弯穿过坝体的排水管道。另外，造成溃坝的原因还有地质条件不清，坝端子岸边连接处没有嵌固长度，造成管涌流土；坝前积水太深或坝前水位距顶坝很近等。

（3）对于灰坝的安全运行，要求每一个灰场或灰坝根据其地质、坝的结构和材料不同，对于灰场的正常水位、警戒水位、坝前积水深度、坝的坡度等运行指标，严格按照灰场设计时的安全规定。灰场或灰坝应有正常水位、警戒水位的指示以及在防洪时短时允许的洪水位，值班人员对此应清楚。对灰坝的浸润线和沉降的观测应及时记录，发现问题及时采取措施。

四、电力设备事故

（一）设备事故类型及原因

1. 锅炉专业

（1）燃烧不稳或煤粉爆燃可能导致锅炉爆炸，造成设备损坏。

（2）管壁超温或者烟气磨损可能导致锅炉“四管”强度减弱，造成泄漏。

（3）送风机、引风机、一次风机故障，锅炉将不能满负荷运行，锅炉降低出力。

（4）锅炉安全阀、排污阀、隔绝阀、疏水阀因长期运行、冲刷造成阀门泄漏，影响机组安全运行，并有可能对人身安全造成影响。

（5）磨煤机长期运行，容易发生机械故障，影响制粉，对于直吹式锅炉，将导致降负荷运行。

（6）制粉系统、风烟系统阀门挡板较多，容易发生故障，影响锅炉运行。

（7）制粉系统由于煤粉较细，煤粉容易自燃，特别是挥发分较高的煤粉，更容易发生自燃，煤粉自燃发展到一定程度，就有可能导致煤粉爆炸，影响制粉系统安全运行。

（8）灰浆输送管道严重磨损或管道接头脱落导致灰浆泄漏，造成环境污染事故。

（9）电除尘器大面积故障，除尘能力降低，造成环境污染事故。

2. 汽机专业

（1）当汽机发生跳闸时，由于顶轴油泵、润滑油系统或盘车系统不正常，汽机大轴受力不均，将导致大轴弯曲，造成重大设备事故。

（2）当汽轮机发生甩负荷现象时，由于调速汽门、主汽门卡涩，导致汽轮机超速，造成重大设备事故损坏。

（3）汽轮机轴承由于间隙或动平衡不均，导致大机轴承振动超标，引起机组跳闸。

（4）当润滑油系统含有杂质，将造成大机瓦温超标，导致大机化瓦。

（5）循环水泵长期运行经常发生振动，影响安全运行。

（6）给水泵故障影响给水，进一步影响机组满负荷运行。

（7）由于汽机密封不严，真空降低，降低机组经济性。

3. 电气专业

（1）厂用电一旦消失，机组将失去一切动力和控制电源，对机组设备的安全将造成严重影响。

（2）发电机设备故障，将造成重大影响。

（3）发电机运行中由于密封不严，漏氢量超标，将会引起氢爆，严重影响机组安全运行。

（4）主变压器设备故障，将造成重大影响。

（5）高厂变、起备变、脱硫变设备故障，将给机组的安全运行造成严重影响。

（6）500 kV、220 kV 线路保护装置、安控装置，发变组保护装置故障，将会造成保护误动或拒动，严重影响机组的安全稳定运行。

（7）引风机、送风机、一次风机电机故障，将对机组的安全稳定运行造成严重影响。

（8）500 kV、220 kV 的 SF6 开关、隔离开关、PT、CT 设备故障，将影响输变电系统的安全运行。

4. 热控专业

（1）分散控制系统控制器 CPU 故障，将会影响分散控制系统的安全运行，进而影响机组的安全运行。

（2）CCS 控制系统故障，将造成部分或全部自动调节系统失灵。

（3）SCS 控制系统故障将造成顺序控制系统无法运行，重要辅机挡板不能实现联锁控制，严重影响机组的安全运行。

（4）DEH 控制系统故障，大机电液控制系统失灵，无法实现负荷和转速控制，汽轮机失去保护，安全运行受到严重影响。

（5）FSSS 控制系统故障，锅炉将失去保护，严重影响机组的安全运行。

（6）MEH 控制系统故障使小机失去控制，保证失灵，严重影响小机的安全运行。

5. 燃料专业

（1）上煤机一旦发生故障，将使燃煤失去供应，影响机组安全运行，甚至发生多台机组被迫停运的事故。

（2）输煤输送带断裂，将使输煤系统失去备用功能，影响输煤系统安全。

6. 化学专业

（1）制氢站爆炸。

（2）锅炉补给水处理系统设备损坏，不能正常制水或不能正常供给机组的除盐水，影响机组安全运行。

（3）炉内加药设备损坏，不能正常加药。

（4）水工供水设备损坏，不能正常供水，影响机组安全运行。

（5）雨水泵房设备损坏，不能正常排水泄洪。

（6）污水处理设备损坏，不能正常处理污水。

（二）预防措施

（1）必须认真贯彻有关安全规程，克服麻痹思想，人人有责任消除电力设备事故，牢固树立不伤害他人和自我保护的安全意识。

(2) 操作使用的电力设备，必须符合质量要求，带“病”设备未修复达标前严禁使用，使用设备的操作人员，必须熟知设备特性、掌握操作要领，经过培训考试合格，持证上岗。

(3) 排除设备故障或清理卡料前，必须停机。做好压力容器安全管理，防止压力容器爆炸事故发生；各类压力容器作业人员，要严格遵守有关压力容器安全操作规程和操作技术要求。

(4) 检修电力设备必须严格执行断电挂禁止合闸警示牌和设专人监护的制度。

(5) 各电力设备开关布局必须合理，必须符合两条标准：一是便于操作者紧急停车，二是避免误开动其他设备。

(6) 严禁无关人员进入危险因素大的电力设备作业现场，非本设备作业人员因事必须进入的，要先与当班设备作者取得联系，有安全措施才可同意进入。

(7) 操作各种电力设备人员必须经过专业培训，能掌握该设备性能的基础知识，经考试合格，持证上岗。

五、环境污染事故

(一) 环境污染事故类型

环境污染事故是指违反环境保护法规的经济、社会活动与行为，以及意外因素的影响或不可抗拒的自然灾害等原因，致使环境受到污染，人体健康受到危害，社会经济与人民财产受到损失，造成不良社会影响的突发性事件。

电力企业可能发生环境污染事故的事故类型主要有：

(1) 灰坝垮坝：造成大面积污染。

(2) 有毒有害气体扩散：严重污染环境。

(3) 脱硝系统异常：脱硝系统液氨是易燃、易爆、易中毒的危险化学品，氨大量泄漏对环境也会造成严重污染。

(4) 脱硫系统异常：烟气系统、吸收塔系统、气-气换热器（GGH）、浆液制备系统故障，造成烟气 SO_x 排放超标。

(5) 化学危险品泄漏：给环境造成严重的污染。

(6) 放射性物质泄漏：引起急性全身性损伤。

(7) 除灰系统异常：发生大量跑冒灰或渣、烟尘大量排放事故时，会造成环境污染，直接影响周围人民群众的生活，严重时影响企业形象。

(二) 主要环境污染危害因素

1. 电力企业基建过程中存在的主要环境污染危害因素

(1) 施工废水超标排放污染河流、水源地。

(2) 燃油、有毒化学品的运输、储存、使用过程中大量泄漏，造成海洋、河流、土壤等环境污染。

(3) 施工过程中突发环境地质灾害。

2. 电力企业生产过程中存在的主要环境污染危害因素

(1) 输灰管线泄漏事故，储灰场灰坝的局部管涌、滑坡、垮坝事故等，对所在地周围环境以及河流、海域造成的污染。

(2) 火电厂电除尘、脱硫设备非正常运行期间的锅炉烟气中含有的颗粒悬浮物、二氧化碳、硫化物、氮氧化物等对大气层造成的较短时间、突发性的污染。

（3）特殊天气时，火电厂储煤场扬尘对临近厂区的周边地域造成煤尘污染。

（4）电厂各种工业药剂、机油以及锅炉酸洗废液等处理不当或污水处理设施非正常运行造成非达标排放，对环境造成的污染。

（三）预防措施

（1）加强灰坝坝体安全管理。对危及大坝安全的缺陷、隐患及时处理和加固；安排专人按巡回检查路线和巡回检查内容，每天对灰场、灰坝及其排水设施进行检查，检查要详细、到位，确保灰坝无缺陷、水位正常、排洪沟畅通无阻，排水设施完好，没有扬尘现象；经常对与灰坝相连外延土山体巡视检查。发现异常应及时汇报处理。

（2）加强雨季汛期对灰坝、斜槽的重点巡视检查；观察竖井、斜井周围有无漩涡，灰坝周围的土崖有无渗水、裂纹及塌方；发现雨水冲刷形成的坑洞时，要及时进行回填。

（3）当大坝出现渗水时，立即找出漏点，用沙袋堵塞。

（4）如果灰坝竖井、斜槽的水位高，应组织人员打通排水口，疏通防洪渠，尽快加大排水量。

（5）保持灰坝前 120 ~ 150 m 以上干滩运行。坝前淤排灰浆时，进行人工引流并及时排除积水，充分保持坝前干滩。

（6）应定期对灰管进行检查，重点是灰管的磨损和接头处、各支撑装置（含支点及管桥）的状况等，防止管道断裂事故的发生。

（7）加强对灰水系统运行参数和污染物排放情况的监测分析，发现问题及时采取措施。

（8）废水应集中处理。冲洗水应引入灰水前池，其他废水和无法引入灰水前池的冲洗水应做到集中处理，处理后的废水应充分利用，禁止超标废水外排，对环境造成污染。

（9）保持煤场存煤相对湿度，定期进行储煤压实等防止自燃措施；大风暴雨之前，进行覆盖篷布等必要的防护措施，全面疏通排水沟，检查排水口处防止煤炭随水外流措施是否完好。

（10）按照“逢停必查、消除缺陷，定期检修，修必修好”的原则，对电除尘、脱硫系统、污水处理站等设备进行全面、高质量的维护、消缺、检修管理，提高设备健康水平，尽可能减少运行期间的故障概率，减少带病运行时间保证除尘器运行效率。

（11）锅炉进行化学清洗时必须严格按照相关规程制定废水处理方案，并经审批后执行，加强废液化学监督检测工作。处理的废液，必须经处理合格后方能排放。

（12）加强对燃油、化学品药剂、炸药、雷管等危险化学品和各类灭火物品的管理，健全制度，落实责任，定期组织对储油站、化学品仓库检查，及时消除存在的隐患，防止有害物质流入生活污水系统，衍生重大环境污染事故。

（13）加强对环保知识的培训和宣传，提高环保意识。

第五节　电力企业安全生产监测预警

监测预警是电力企业安全生产应急管理的重要工作内容，是指电力企业为有效预防和处置突发事件，识别、分析和研判各种风险，及时向相关人员和区域发布危险警示的过程和行为。电力企业应当按照国家有关规定加强电力安全监督检查，建立健全安全生产隐患排查治理长效机制，强化电力安全突发事件监测预警工作。

一、监测与预警概述

（一）监测与预警的含义

1. 监测

1）监测的基本含义

监测是指以科学方法，收集重大危险源、危险区域、关键基础设施和重要防护目标等的空间分布、运行状况及社会安全形势等有关信息，对可能引起突发事件的各种因素进行严密监测，搜集有关风险发生的信息，及时掌握风险和突发事件变化的第一手信息，为科学预警和及时采取有效措施提供重要信息基础。

2）监测的主体对象

电力企业安全生产监测主体对象是生产一线的人员和职能部室的管理人员，生产一线的人员侧重对电网、设备的运行状态监测，管理人员侧重对天气信息的收集，按照监测对象分类如下：

（1）自然灾害：主要是指地震、泥石流、冰雹、雷暴等自然灾害对电网、电力设备设施等有可能形成危害的情况进行监测。

（2）电网风险：主要指对电网运行方式、电网运行负荷、电网运行参数（例如电压、频率、系统潮流变化过程）等情况进行监测。

（3）设备隐患：主要指发生重大设备故障、家族性缺陷等情况时进行监测。

监测的关键是及时获取信息，通过分析判断，及时让相关部门和领导了解和掌握预警的事项，以便能及时采取应急处置措施。

3）监测的类型

监测从不同角度分析，可将其划分为多种不同的类型。一般可分为常规监测、特殊监测和随机监测。

（1）常规监测：一般的、定期的日常性风险信号的收集和监测。

（2）特殊监测：对特定突发事件的载体或危险源进行非常规监测，一般是对一些重大的危险源进行的监测或者是在突发事件发生的临近期或发生期间的监测。

（3）随机监测：根据现实需要而对某些可能发生的突发事件随机进行的抽样监测，对指定范围和对象进行突发性的风险信号采集。

根据监测的时间先后顺序，也可以把监测分为早期监测、中期监测和后期监测。

（1）早期监测：一般是风险还没有被感知和发现，或者刚刚被感知和发现时进行，按照一定的风险作用点和风险可能发展的路径，对指定的对象和承载体进行监测，力求尽早发现和控制风险蕴藏和生成的信息。

（2）中期监测：风险发展到一定阶段后，风险特性逐步显露出来，而且在发展方向上表现出无法更改的取向，此时对其进行进一步的监测，力争掌握风险产生的各个方面的变化情况。

（3）后期监测：当突发事件已经发生并可能造成一定的破坏，此时仍坚持监测是为了实时掌握突发事件发展变化的趋势。

2. 预警

预警是指在事故、自然灾害等各类突发公共事件发生之前采取的行动，目的是为了提高应对事故、自然灾害等各类突发公共事件应急行动的能力及其应急响应的效果。它是突发事件应对的一个重要阶段，是做好突发事件应对工作的基础。

1）预警的基本含义

电力企业安全生产预警是指电力企业通过各种突发事件信息系统，在发现突发事件即将发生，或发生的可能性增大，或已经发生但可能升级扩大时，向相关人员和区域发布警报信息的行为。反应迅速、调控灵活的预警机制一旦建立起来，就可以遇变不惊，处之泰然。

2）预警的对象、级别、内容

预警的对象包括自然灾害、事故灾难和公共卫生事件。因为社会安全事件比较特殊，比较敏感，其紧急程度、发展态势和可能造成的危害程度不易预测，因此《中华人民共和国突发事件应对法》（以下简称突发事件应对法）没有建立社会安全事件的预警制度。

突发事件的预警级别与突发事件本身的分级在分级数、分级对象、分级标准方面是相同的。突发事件的预警级别划分主要依据3个方面：突发事件发生的紧急程度、发展态势和可能造成的危害程度。《突发事件应对法》规定，可以预警的自然灾害、事故灾难和公共卫生事件的预警级别，按照突发事件发生的紧急程度、发展势态和可能造成的危害程度分为一级、二级、三级和四级，分别用红色、橙色、黄色和蓝色标识，一级为最高级别。

突发事件预警的内容包括突发事件的类别、预警级别、起始时间、影响范围、警示事项、应采取的措施和发布机关等。

3）预警的条件

对于自然灾害、事故灾难和公共卫生事件，预警的条件是“即将发生或者发生的可能性增大时”，而对于社会安全事件，预警的条件则是“即将发生或者已经发生”。对于预警的程序，一般来说包括3个方面：一是发布警报并宣布有关地区进入预警期，这适用于自然灾害、事故灾难和公共卫生事件。二是报告，即向上级主管部门、电力监管机构和相关政府部门报告，必要时可以越级上报，这适用于各种突发事件。三是通报，即向当地驻军和可能受到危害的毗邻或者相关地区的人民政府和公众通报，这适用于自然灾害、事故灾难和公共卫生事件。

4）预警发布手段及特征

预警发布的手段必须是有效的，具备以下特征：一是多样性。警报传播媒介既包括电话、手机、广播、网络、警报器，也包括鸣锣敲鼓、奔走相告等人际传播方式。当然，也可以多种手段并用。二是针对性。警报传播要针对不同的群体采取不同的手段，如在广播、电视信号无法接收的情况下，可采取发警报或奔走相告的方式，对警报盲区应当采取有针对性的公告方式。三是全覆盖性。警报的传播要确保可能受到突发事件影响的所有人员都能知晓警情。通常，电力企业应保持对特定群体发布警报手段的稳定性和经常性，使其能够密切关注相关信息。四是互动性。警报传递手段最好具备双向可达性，以便于相关人员及时反馈警报接收信息。

5）预警调整与解除

突发事件从孕育到发生有一个过程，各种要素是不断变化的，其发生发展往往具有确定性和随机性的双重特性，因而预警的级别也可能在不断变化中。有可能会出现突发事件的影响和危险可能增大的情况，需要提高预警级别；有可能会出现突发事件的影响和危险可能减少的情况，需要降低预警级别；有时会出现突发事件不可能发生的情况，需要解除预警；甚至有可能会作出错误的判断，发出错误的预警信息。

如果突发事件的事态发生变化，则电力企业应当适时调整预警级别并重新发布，这样既不会把低度紧张情况当成高度紧急情况来处理，造成应急资源和能力的浪费，甚至引起其他社会负面效应，影响电力企业的正常生产；也不会把高度紧张情况当成低度紧急情况来处理，造成应急资源和能力的不足，影响对突发事件的应对处置工作，使损失扩大。如果有事实证明不可能发生突发事件或者危险已经解除，电力企业应当立即宣布解除警报，终止预警期，并解除已经采取的有关措施。

（二）监测与预警的联系

监测与预警是突发事件应对工作的第一防线。在应急管理实际应用中，监测与预警包含了 3 个层面的内容：

（1）对日常风险信息监视，根据一系列前提条件和参数预测突发事件的发生发展和危害性，发布警报。

（2）对突发事件实施动态监视，对突发事件下一步发展的趋势、影响进行分析，调整警报级别并重新发布。

（3）对次生、衍生事件进行监视，根据事件链对当前事件可能引起的次生、衍生事件进行定性、定量分析，发布警报。突发事件的监测与预警贯穿于突发事件发生发展的全过程，但重在事发前的监测与预警，这也是“预防为主”的工作要求。

监测与预警是相辅相成、相互统一的关系。通过监测，及时搜集电力企业可能发生安全生产事件潜在风险的有关信息，监控掌握能够表示危机严重程度和进展状态的特征性信息，对事件发生的可能性、发生的时间、发生的地点、发生的原因、可能影响的范围、可能造成的危害，以及演化方向和变化趋势作出分析判断，发出预警信息，以便电力企业及时掌握和提前应对，避免突发事件或减少突发事件造成的损失。简而言之，监测获得相关的信息并进行风险评估，而预警则将风险评估的结果传递给相关部门和人员。一方面，科学的监测是精确预警的前提和基础；另一方面，只有通过有效地预警才能把监测得出的结论及时地传递给相关部门和人员。

电力企业安全生产监测与预警的基本流程是：对可能引发突发事件或导致突发事件发生变化的各种危险要素持续地进行监测并对其预兆进行客观分析，作出科学的风险评估；如果风险评估的结果显示突发事件不会发生，则继续监测；如果风险评估的结果显示突发事件可能发生，则发出警示信号；当电力企业公众采取有效的响应行动后，监测与预警的流程结束。

（三）监测与预警原则

1. 及时性原则

及时性原则就是在突发事件发生之前或在发展过程中，通过监测，及时识别存在的各种威胁，在此基础上，采取适当的措施快速发出警报，敦促相关部门和人员采取行动，避免突发事件的发生或者最大限度地减轻突发事件的影响。由于突发事件具有突然发生、迅速发展的特征，如果不能及时发现潜在的风险并传递警情，就不能为电力企业提前采取响应措施赢得宝贵的时间，其存在也就失去了意义和价值。因为预警信息尚未发出，突发事件很可能已经大规模爆发，很多有效措施根本来不及采取，也不可能实施防控，监测与预警就没有发挥任何作用。电力企业在获取突发事件的信息之后，要迅速作出分析、判断并及时向相关部门和人员发出预警。

2. 准确性原则

准确性原则就是监测得出的突发事件发生的可能性和危害性的判断必须准确无误，警报表达的突发事件的相关信息必须准确无误。能否准确发布预警信息，将决定整个应急工作的成败。必须从客观实际出发，尊重历史和现实情况，分析突发事件相关因素之间的本质联系以及突发事件的演化、发展趋势，在极短的时间内对应急信息进行评估、分析并形成科学、准确的判断，进行准确的报警。

3. 全面性原则

全面性原则就是要充分利用各种方法和各种手段进行监测，预警信息必须覆盖所有受到影响的区域，不能挂一漏万、顾此失彼。在突发事件中，损失的降低程度通常与获得警报的人数成正比。为此，在预警信息的传播中，要调用多样化的信息传递渠道，不仅要运用现代化的信息手段，如广播、电视、互联网、手机等；也要兼顾传统的预警方式，如高音喇叭、鸣锣敲鼓、奔走相告等。

4. 以人为本原则

在建设监测预警机制时，一定要以人为核心，以最终效果为导向。监测与预警多一些人性化的关怀，效果将会更加突出。

5. 常抓不懈原则

非常状态下的精确预警是要以正常状态下的持续监测为基础的。不仅如此，监测与预警的最终效果还要取决于电力企业是否接受了报警信息并采取了响应行动。因而，要处理好常态与非常态的关系，在正常状态下为迎接非常态的挑战做好全面的准备。

监测与预警的效果往往与其及时性、准确性和全面性成正比，与是否以人为本，是否常抓不懈息息相关。

（四）监测与预警内容

监测与预警的内容包括：对安全生产隐患进行排查和监控；通过各种监测手段获取丰富的实时数据支持预警；结合历史数据和各种信息进行风险分析，判断报警的临界点；采用电力企业员工容易接受的标准化预警术语，通过多种渠道，及时发送警报；教育、培训电力企业员工，使其有能力采取适当的行动；定期评估监测与预警的效能等等。

（五）监测与预警任务

（1）电网企业加强并细化电网安全分析，落实各项电网稳定运行措施，确保电力系统稳定运行，防范大面积停电事故的发生。火电企业密切关注电煤变化趋势，做好电煤和燃气储运工作；水电企业做好水情预测预警和防汛防洪工作，保障发电出力。

（2）电力调度机构科学、合理安排电网运行方式，按照有关规定进行报告，并及时通报有关发电企业。如需对电网运行方式进行重大调整，或存在重大电力系统安全风险的情况，电力调度机构需及时作出风险评估，协调消除隐患，并向政府有关部门和电力监管机构报告。

（3）电力监管机构定期发布监测预警信息，出现预警状态时，增加发布频度，并及时报各地政府和国家电监会。电力监管机构要因地、因网制宜，加强电力调度监管。按照相关规定，认真听取电网运行方式汇报，分析掌握辖区电力系统运行情况，大力完善电力调度信息披露制度，进一步促进厂网协调，及时解决存在问题。

各级电力监管机构应努力做好电力安全事故监测预警工作。一是及时转发国务院有关灾害天气等预警相关通知，提醒电力企业提前做好应急准备；二是加强应急值守工作，严格执行突发事件情况下 24 h 应急值班制度，密切关注相关预警信息；三是进一步完善同气象、地质部门的信息沟通机制，及时获取专业应急预警信息，督促电力企业做好自然地质灾害发生、发展的监测预警工作。

二、电力企业安全生产隐患排查体系

电力企业应当建立健全事故隐患排查治理和建档监控等制度，逐级建立并落实从主要负责人到每个从业人员的隐患排查治理和监控责任制，开展安全生产事故隐患排查治理体系建设。

（一）建立安全隐患排查治理体系的意义

安全生产事故隐患排查治理工作是《安全生产法》所规定的重要内容之一，是安全生产标准化建设的重要基础。《安全生产事故隐患排查治理暂行规定》（国家安全生产监督管理总局第 16 号令）对此项工作作出了具体的规定。建立健全安全隐患排查治理体系，贯彻落实了以人为本的科学发展观，充分体现了“安全第一、预防为主、综合治理”的方针，是安全生产工作理念、监管机制、监管手段和方法的创新与发展，把隐患排查治理和安全生产工作逐步纳入了科学化、制度化、规范化的轨道。

1. 建立安全隐患排查治理体系有助于落实电力企业安全主体责任

电力企业是安全生产的责任主体，理所当然地也是隐患排查治理的主体。通过建立隐患排查治理体系，实现了对电力企业安全生产的动态监控，使隐患排查治理从以政府为主向以企业为主转变，可以充分调动企业积极性，促使电力企业由被动接受监管变为主动排查治理隐患，主动加强安全生产。

2. 建立安全隐患排查治理体系有助于加强和改进政府安全监管

建立安全隐患排查治理体系是进一步明晰了监管职责，安全生产综合监管部门、行业监管部门和相关部门，在隐患排查治理体系中都有自己特定的位置和明确的职责，解决了政府部门在隐患排查治理和安全生产工作中“管什么，怎么管，谁去管”一系列实际问题；其次是改善了监管手段，提高了监管效率，有了体系和信息平台，就可以随时掌控企业隐患排查治理等基本情况，对相关信息进行实时统计，及时作出分析判断和督促指导，有效防止隐患恶化和事故发生。

3. 建立安全隐患排查治理体系有助于综合推进安全生产工作

隐患排查治理是一项涉及广泛、综合性很强的工作。隐患排查治理体系涵盖了安全生产责任制、安全监管信息化建设、企业安全生产标准化建设、打击非法违法和治理违规违章、群众参与和监督、安全培训教育等方面的工作。借助于这个抓手，可以把安全生产各方面工作都带动起来。

（二）安全生产事故隐患定义

安全生产事故隐患是指电力企业违反安全生产法律、法规、规章、标准、规程和安全生产管理制度的规定，或者因其他因素在生产经营活动中存在的、可能导致事故发生的物的不安全状态、人的不安全行为和管理上的缺陷。

定义中对隐患分为两类，一类是“违反”型隐患，所有违法、违标、违规等行为和状态均视为事故隐患。将各种“违反”的概念规定为事故隐患，为我国在安全生产管理领域加强对遵守各种规定的“执行力”奠定了坚实的基础；另一类是由于某些因素而引起的3种现实表现：

（1）物的危险状态。

（2）人的不安全行为。

（3）管理上的缺陷。

这就对事故隐患的起因给予了重视，对于“违反”之外的原因列为其他因素，也就从理论上对事故隐患的原因分析和管理有了相应依据。3种表现中的物是指生产过程或生产区域内的物质条件（如材料、工具、设备、设施、成品、半成品），行为是指人在工作过程中的操作、指示或其他具体行为，管理是指各种生产活动的开展所必需的各种组织、协调等行动。将管理方面的缺陷列入事故隐患的范围，充分说明当前我国安全生产工作更加重视对管理的要求和控制。

针对事故隐患的控制也应从以下3种现实表现开展。

1. 物的危险状态

对于可以尽快消除的缺陷，通过设备维护、检修予以消除；对于无法尽快消除的缺陷，应采取隔离、警告等措施予以控制。

2. 人的不安全行为

采取编制安全措施、技术措施、作业指导书、危险源预控卡等措施对人的不安全行为予以控制，同时采取培训手段，提高人的防范意识。

3. 管理上的缺陷

从保证管理制度的完善性、有效性、准确性、及时性和保证制度的有效执行方面制定措施。

（三）事故隐患分类

事故隐患分为一般事故隐患和重大事故隐患。一般事故隐患是指危害和整改难度较小，发现后能够立即整改排除的隐患。重大事故隐患是指危害和整改难度较大，应当全部或者局部停产停业，并经过一定时间整改治理方能排除的隐患，或者因外部因素影响致使电力企业自身难以排除的隐患。

电力企业作为安全生产的责任主体，要对本单位的安全生产隐患进行全面的排查治理，做到重点突出，不走过场、不留盲区、不留死角。一般事故隐患要立即整改，重大事故隐患要落实责任、资金和监控措施，限期整改到位。对一时难以整改又严重影响安全生产的，要采取停产整顿等措施。

电力企业应当加强对自然灾害的预防。对于因自然灾害可能导致事故灾难的隐患，应当按照有关法律、法规、标准和本规定的要求排查治理，采取可靠的预防措施，制定应急预案。在接到有关自然灾害预报时，应当及时向下属单位发出预警通知；发生自然灾害可能危及电力企业和人员安全的情况时，应当采取撤离人员、停止作业、加强监测等安全措施，并及时向当地人民政府及其有关部门报告。

此外，电力企业应当明确重大危险源中关键装置、重点部位的责任人或者责任机构，并对重大危险源的安全生产状况进行定期检查，及时采取措施消除事故隐患。事故隐患难以立即排除的，应当及时制定治理方案，落实整改措施、责任、资金、时限和预案。

电力监管机构要在督促电力企业做好事故隐患排查治理工作的同时，结合各个时段的重点工作，采取抽检、互检等多种方式，对电力企业事故隐患排查治理工作进行检查、督查，发现问题及时下达整改通知，督促整改。对重大事故隐患要协助当地人民政府实行公告公示、挂牌督办、跟踪治理和逐项整改销号。

（四）排查治理重点

1. 电网安全隐患排查治理

（1）跨省跨区域输电通道安全隐患排查治理。开展远距离、大容量、跨区域输电通道安全隐患排查，重点对集中落点直流输电系统、同塔双回、多回路及处于同一输电走廊双回、多回输电系统等安全情况进行督查检查和隐患治理。

（2）区域电网交直流混联运行的安全风险管控。加强交直流输电线路的协调运行与控制，重点对直流线路闭锁与换相失败情况及导致的切机、切负荷等情况进行督查检查，强化重要设备的运行维护，落实安全防护措施。

（3）典型受端电网安全隐患排查治理。开展以长三角、珠三角和京津唐等负荷密集、外受电比例高的受端电网安全隐患排查治理，重点对输电大通道中断运行安全状况和安全措施进行检查和风险评估，对可能引发受端电网安全风险的短路电流超标、局部配电网薄弱等问题进行排查治理。

2. 发电厂安全隐患排查治理

（1）大型发电企业安全隐患排查治理。重点对大型水电站、火力发电和燃气电厂的危险化学品管理、特种设备管理、重大隐患监控、水电站大坝和贮灰场大坝安全管理等情况进行督查检查和隐患治理。

（2）百万千瓦级机组隐患排查治理。重点针对百万千瓦级大型火力发电机组主辅设备运行安全、控制系统及热工和继电保护装置、运行规程制定和落实等情况进行督查检查和隐患治理。

（3）发电厂安全事件监督管理。加强百万千瓦以上容量的发电厂全厂对外停电安全事件调查工作，开展百万千瓦级机组的可靠性管理和非计划停运考核管理工作。

3. 电力建设安全隐患排查治理

（1）大型输变电和火力发电建设项目隐患排查治理。开展超高压及特高压输电工程、超临界及超超临界机组等电力建设项目督查检查，重点对坍塌、高坠、机械伤害等事故隐患进行排查治理。

（2）水电站建设工程隐患排查治理。开展对作业环境恶劣、地质灾害多发区在建和新建水电工程督查检查，重点对泥石流、山体滑坡、岩爆、洪水等自然灾害安全隐患进行排查治理。

（3）电力建设项目施工单位资质管理。开展电力建设项目施工单位资质管理专项督查检查，重点对工程非法分包、违法转包、无证施工、超越许可范围施工、无证上岗等情况进行排查治理。

4. 电力二次系统安全隐患排查治理

（1）重要电力二次设备和系统隐患排查治理。落实电力二次系统安全管理各项规章制度，重点对主网继电保护装置、安全自动装置等二次设备和系统存在的安全隐患以及新建项目图实相符等情况开展督查检查和隐患治理。

（2）电力二次系统安全事件监督管理。开展省级以上电力调度机构调管范围内电力二次系统安全事件监督管理工作，以安全稳定控制装置拒动或误动、330 kV 以上线路主保护拒动或误动等电力安全事件为重点开展督查检查和隐患治理。

（3）风电场、配电网二次系统安全防护隐患排查治理。针对风电场和配电网二次系统安全防护管理的薄弱环节，开展风电场、配电网二次系统安全防护隐患排查治理，防止因二次系统遭受攻击而引发的电力系统事故。

5. 风电场安全隐患排查治理

（1）大规模集中接入地区风电场隐患排查治理。贯彻落实电监会《关于印发加强风电安全工作意见的通知》，强化风电设计、建设、并网、运行和调度全过程安全管理，重点对华北、西北、东北以及东南沿海风电大规模集中接入地区新建风电场进行督查检查和隐患整改。

（2）《风电安全监管报告》披露问题整改。继续跟踪电监会《风电安全监管报告》中披露问题和隐患的整改情况，以机组并网技术性能改造和风电场运行管理为重点，加大督办力度，按计划完成已排查出风电隐患的整改任务。

（五）排查治理内容

全面排查治理电力企业的基础设施、技术装备、作业环境和防控手段等方面存在的事故隐患，以及安全生产体制机制、制度建设、安全管理组织体系、责任落实、劳动纪律、现场管理、事故查处等方面存在的薄弱环节。具体包括：

（1）安全生产法律法规、规章制度、规程标准的贯彻执行情况及安全生产责任制的建立及落实情况。

（2）安全生产费用提取和使用、安全生产风险抵押金交纳等经济政策的执行情况。

（3）安全生产重要设施和特种设备的日常管理维护、运行及检测检验情况，劳动防护用品的配备和使用情况。

（4）生产经营场所及重点环节、部位重大危险源普查建档、风险辨识、监控预警制度的建设及措施落实情况。

（5）事故报告、处理及对有关责任人的责任追究情况。

（6）安全基础工作及教育培训情况，特别是企业主要负责人、安全管理人员和特种作业人员的持证上岗情况和生产一线职工（包括农民工）的教育培训情况，以及劳动组织、用工等情况。

（7）应急预案制定、演练和应急救援物质、设备配备及维护情况。

（8）新建、改建、扩建工程项目的安全“三同时”（安全设施与主体工程同时设计、同时施工、同时投产和使用）执行情况。

（9）对企业周边或作业过程中存在的，易由自然灾害引发事故灾难的危险点的排查、防范和治理等情况。

（六）排查治理方式

电力企业要及时排查治理安全隐患，切实做到整改措施、责任、资金、时限和预案

"五到位"，建立以安全生产专业人员为主导的隐患整改效果评价制度，确保整改到位，充分运用带电检测、在线监测等手段，及时发现设备缺陷隐患，防止事故发生；加强设备全过程质量监督与管理，严格执行新设备交接验收规范规程，严把设备入网关。针对电力设施易受外力破坏的特点，电力企业应加强对输电线路、变电站等电力设施安全防护，防止发生外力破坏事件。

事故隐患排查治理工作要做到"三个结合"：

(1) 坚持把事故隐患排查治理工作与安全专项整治结合起来，狠抓薄弱环节，解决影响安全生产的突出矛盾和问题。

(2) 坚持把事故隐患排查治理工作与加强企业安全管理和技术进步结合起来，强化安全生产标准化建设和现场管理，加大安全投入，推进安全技术改造，夯实安全管理基础。

(3) 坚持把事故隐患排查治理工作与加强应急管理结合起来，建立健全应急管理制度，完善事故应急预案体系，落实事故隐患治理责任与监控措施，严防整治期间发生事故。

（七）安全隐患排查治理体系的构成

事故源于隐患，隐患是滋生事故的土壤和温床。"预防为主、综合治理"的前提，就是首先通过主动排查，全范围、全方位、全过程地发现存在的隐患，然后综合采取各种有效手段，治理各类隐患和问题，把事故消灭在萌芽状态。只有这样，"安全第一"才能得到真正地实现。从这个意义上说，排查治理隐患是落实安全生产方针的最基本任务和最有效途径。

安全隐患排查治理体系是一项系统工程，由电力企业承担主体责任，对生产经营过程中存在的人、物、管理等各方面的隐患依据隐患排查治理标准进行主动排查，并对发现的隐患实施治理，通过隐患排查治理信息系统上报、跟踪督导和统计分析，保证监管力度与效果，实现安全生产。具体来说，安全隐患排查治理体系由以下几个部分组成。

1. 实行分级分类监管

根据电力企业的性质和安全生产状况分类分级，负有安全生产职责的政府部门对监管职责范围内的企业按照不同等级进行监督管理。其核心内容概括为"各司其职，各负其责，按类分级，依级监管"，明确了企业、行业、属地、专项以及综合监管部门各方的安全生产工作职责。

2. 制定科学严谨的隐患排查治理标准

按照科学性、全面性和系统性的原则，考虑电力企业可能存在隐患的区别，将隐患特点相近的企业归为一类，制定隐患排查标准。

3. 建立清晰明确的工作职责

通过理顺电力企业、行业管理部门、属地管理部门、专项监管部门以及综合监管部门的安全生产工作职责，明确履行安全职责的范围、内容和要求，解决职责空缺、职责不清、职能交叉等问题，形成"分工负责、齐抓共管"的安全监管工作格局，从而实现安全隐患排查治理监管工作的全覆盖和无缝化管理。

4. 建立隐患排查治理考核制度

安全生产考核主要分为政府部门绩效考核和对电力企业的考核。对各级政府及各职能部门的绩效考核是推动政府各项政策措施贯彻执行的重要手段；对电力企业奖惩机制的建立是推动企业主体责任落实，真正开展隐患排查治理自查自报工作的重要保障。

5. 开发功能完善的信息系统

隐患排查治理信息系统是实现隐患自查自报工作的基础平台，需围绕各级安全监管部门监管监察工作和电力企业隐患排查治理的需求进行建设，以起到连通政府部门和电力企业的“桥梁”作用。

隐患排查治理信息系统建设主要包含政府端系统建设和企业端系统建设等两个部分。其中政府端系统从纵向的各级安全生产综合监管部门，横向扩展到各级安委会成员单位。企业端系统则对企业的隐患自查自报工作进行了明确。

6. 开展隐患自查自报

电力企业应逐级建立并落实从主要负责人到每个从业人员的隐患排查治理责任制、隐患治理登记及隐患治理专项资金使用等制度，并明确自查自报管理机构和责任人、联络人。根据相关行业监管部门出台的电力企业事故隐患自查标准，开展日常隐患排查、治理工作。建立隐患治理登记制度，留存登记档案。

电力企业要及时落实行业和属地管理部门提出的工作要求，实时更新本单位的基本情况信息。对排查出的事故隐患和治理情况，由电力企业负责人或者有关人员向政府安全生产监管部门汇报。

三、电力企业安全生产监测预警系统

（一）内容概述

安全生产监测预警系统，是对安全隐患发展到接近事故发生的临界点时进行预警处理，或者隐患已经转化为事故发生时的应急救援。

依靠对外部自然环境的监测、电网运行状态和设备运行状态的监测，综合分析、研判恶劣天气和重大设备故障时，达到或接近人身、电网和设备的事故临界点，必须发布预警信息，及时提醒人员加强现场的监护、电力企业运行和设备的监视和巡视，跟踪异常变化情况，最大限度地避免或降低人身、电网和设备事故的发生和造成的损失。

监测与预警活动主要解决的问题可分为以下 4 个方面：

（1）监测的技术手段不完善或落后，影响预警的及时性。

（2）预警目标设定不明确，出现该预警的事件未预警，不该预警的事件反而预警的现象。

（3）预警应对方案设置不齐全或针对性不强，在具体工作中操作性不强，延误预警处置的最佳时机。

（4）预警流程、渠道和方式设置不合理，未与实际工作相结合，出现预警工作混乱无序，较难取得预警效果。

（二）安全生产监测预警系统原则要求

1. 预防性要求

坚持预防与应急相结合，常态资源准备、预案建设、演练提高与非常态预警处置和事故应对相结合，以保证迅速从标识变化中识别出预警等级和应急方式，进而提升预警应急活动的效果。

2. 统一性要求

在统一指挥的基础上，统一实行分类管理、分级负责、条块结合的管理体制。只有统一指挥才能调集资源，只有分类管理才能明确责任，只有分级负责才能落实责任，只有条块结合才能协调行动。

3. 保障性要求

要求在安全预警应急过程中，必须事先确定人力、财力、物力的保障方式，通过层层落实，有计划、有预算地实施，以保障预警应急之所需。

4. 预演化要求

针对预警应急事件，无法在常态中取得实际经验的实际，必须把每一个可能面对的预警应急事件制定成预案后进行模拟演练，以锻炼队伍、检验水平、整改不足、完善预案，提高员工自救、互救和应对各类突发事件的综合能力。

5. 责任化要求

时间到分、空间到点、工作到人、组织到位，从平时的管理、资源、预案、演练、监测和判断，到战时的预警、处置、应急、响应，全面落实各个层次、各个专业的责任，把安全预警应急系统功能作用健全完整地发挥。

（三）安全生产监测预警系统内容

安全生产监测预警管理是安全生产风险管理的重要组成部分，其管理过程既遵循安全生产风险管理的普遍规律，也有其特殊性。一般而言，安全生产监测预警管理程序包括建立预警监测指标、危机监视、危机决策、风险干预、效果评估5个阶段。在这5个阶段中的具体任务包括信息收集、信息筛选、信息评价、阈值确定和报警。

1. 建立预警监测指标

通过对生产过程进行详细的分析和对生产总体状况的评价，辨识出生产过程中的危险有害因素和危险源，进行风险评估，确定各类危险源可能产生的风险。分析生产过程中对安全生产风险有影响的各类因素，评估这些因素对安全生产风险的影响程度，确定安全事故预警监测指标。在统计分析的基础上，根据实际生产情况，确定每个预警监测指标的阈值，建立安全事故预警监测指标的预备预警值和危机预警值。

2. 危机监视

安全事故预警监测系统对生产过程进行监视，识别安全危机监测指标，并与其预备预警值进行对比，当达到或超过预备预警值时，发出危机预备预警警报信号，否则继续监视生产过程。当达到或超过安全事故预备预警值时，在发出预备预警警报信号的同时，继续对生产过程进行监视，当达到或超过安全事故预警监测指标的预警值时，发出安全事故预警警报信号。该阶段是整个事故预警管理中最关键的环节，前面所有的准备工作都是为了该环节的有效进行。具体分析该阶段所需要进行的工作，又可分为以下几个子环节。

1）信息收集

这个阶段的任务是根据特定的预警现象把有关信息收集起来，重点在于收集信息的范围，覆盖面应尽量广泛。在该阶段要落实信息收集的具体责任人和对信息进行采样和记录的工作程序。

2）信息筛选

在这个阶段要对收集的全部信息进行系统分析处理，筛选出有用的信息，删除无用的、重复的冗余信息。本阶段要依托事故预警管理的信息系统，由具有相应信息处理资格的管理人员完成该项任务。

3）信息评价

完成了信息筛选工作之后，还必须进一步对信息进行评价，以确定这些信息的实际用途和重要性。该任务完成的关键依赖于是否建立完善了安全事故诊断系统，只有在平时完善决策支持系统数据库，才能在突发事故苗头发生时，及时作出正确的风险判断。

4）阈值确定

根据经验、理论和类比数据资料以及安全生产的实际情况，确定安全事故预警指标临界值，即阈值。当安全危机预警监测指标达到或接近这些阈值时，就意味着将有危机状态出现。该阈值的确定并非一成不变的，它将随着人们对应急事故处置能力的变化而相应进行调整。

5）报警

当安全预警监测指标达到或接近其阈值时，安全生产预警系统将发出危机状态警报。

从上述5个子环节可以看出，对于生产系统中某现象出现与是否进行报警时，最重要的是对生产系统中与该现象有关的各种信息收集处理，其处理的好坏直接关系到安全生产预警系统工作的成功与否。

3. 危机决策

在收到危机预警警报信号后，应立即启动安全事故危机决策系统，包括对危机预警指标值的确认、危机原因分析、危机后果评价等，并迅速决策是否已进入危机状态。如已进入危机状态，应立即宣布危机状态，并实施危机状态的安全生产风险管理。

4. 风险干预

在宣布进入危机状态后，应立即实施预定的风险干预对策措施，包括管理措施和技术措施。对实施干预对策措施后的生产过程进行监视，如果干预对策措施已产生了预期的效果，安全生产风险降低到可以接受的程度，危机被消除，则宣布解除危机，恢复正常的安全生产状态，并继续对生产过程进行监视；如果实施风险干预对策措施后，没有产生预期的效果，安全生产风险没有得到控制，而是继续增加，应立即发出应急救援警报信号，立即启动应急救援系统。

5. 效果评估

当风险得到控制，危机解除后，应对系统进行全面评价，以找出其存在的缺陷。由于生产过程的内部、外部环境是不断发生变化的，当内部或外部环境变化较大时，应重新建立危机预警指标，以确保安全生产预警系统的持续有效性和实用性。

第四章 电力应急救援体系与应急能力评估

电力应急救援体系是指应对电力突发事件所需的组织、人力、物力、财力等各种要素及其相互关系的总和。电力应急救援体系的建设和完善是一项复杂的系统工程，需要在国务院有关部门、电力监管机构、地方政府的领导下，以国情、各地情况、电力企业情况为依据，以专项公共资源的配置、整合为手段，以社会力量为依托，以提高突发事件应急救援能力和效率为目标，坚持常抓不懈、稳步推进。除此以外，还需对电力企业应急能力进行评估，辨识出电力企业应急工作中存在的不足和缺陷，并以此为依据，完善应急救援体系建设，提升电力突发事件应急能力。

第一节 电力应急救援体系建设原则

一、电力应急救援体系建设必要性

应急救援装备缺乏、救援人员素质不高、力量薄弱、应急救援资源分散割据、布局不合理、协调联动性差、应急救援预案编制不完善等已经成为影响电力突发事件应急救援工作顺利开展的重要问题，因此必须高度重视电力应急救援体系的建设工作。

（一）建设电力应急救援体系是电力安全生产形势的需要

当前电力安全生产存在一些薄弱环节和突出问题，电力突发事件时有发生，对人民生命财产和电力系统安全稳定运行造成影响。为此，必须建立功能齐全、协调有序、反应迅速、运转高效的电力应急救援体系，促进电力安全生产。

（二）建设电力应急救援体系是完善电力安全生产监管体系的需要

电力应急救援体系是电力安全生产监督管理体系的重要组成部分，它的运行状态直接关系到电力安全生产工作体系的完整性和有效性。电力安全生产工作包括电力突发事件预防、应急救援和突发事件处理 3 个主要方面，其中应急救援承上启下，与突发事件预防和调查处理密切联系。加强和完善我国电力安全生产监督管理体系，迫切需要建立健全电力应急救援体系。

（三）建设电力应急救援体系是高效应对电力突发事件的需要

迅速、高效实施应急救援是最大限度地减少电力突发事件损失的必要条件，为此，必须建立电力应急救援体系，提高突发事件应对能力。如果发生电力突发事件，不仅会威胁人员生命、财产安全，还可能造成恶劣的社会影响，严重威胁电力系统的有序运行。若电力企业能率先启动相应的应急预案，地方政府、电力监管机构迅速协调应急资源，社会救援力量积极参与，高效、迅速地作出应急响应，有针对性地采取应急处置措施，及时抢救受伤人员，尽快控制事态发展，防止其扩大蔓延，则将大幅度降低电力突发事件可能产生的负面后果。

（四）建设电力应急救援体系有利于预防电力突发事件发生

通过预先制定电力突发事件应急预案，指导电力企业加强隐患排查、事故预防和风险监测工作；通过建立健全电力应急救援组织体系和运行机制，明确电力安全生产工作的重大问题和工作重点，提出预防电力突发事件发生的思路和办法。

二、电力应急救援体系建设原则

电力突发事件具有涉及环节多，灾害源多、损失巨大、影响面广、次生灾害多等特点，这些对应急救援体系的建设提出了巨大的挑战。构建一套切实有效的电力应急救援体系应当遵循以下 4 个原则。

1. 统一领导、分级负责

在电监会统一领导下，各派出机构会同各省（自治区、直辖市）人民政府有关部门，组织、协调各电力企业应急资源，建立电力应急救援体系建设工作。

2. 统筹安排、分步实施

根据电力监管机构提出的应急救援体系建设要求，各电力企业应贯彻落实国家相关法律法规，结合电力企业实际情况，制定本企业应急救援体系建设规划或方案，逐步加强应急监测预警、应急处置、应急保障、恢复重建等方面的能力建设。

3. 整合资源、突出重点

充分利用现有资源，实现应急资源的有机整合。重点加强应急处置薄弱环节建设，优先解决应急响应时效不强、指挥协调不畅、信息共享困难等突出问题，提高第一时间快速应急响应的能力。

4. 先进适用、标准规范

根据应急工作的现状和发展需要，采用成熟技术和装备，做好应急物资和装备保障、技术保障等应急保障工作，注重实用性,兼顾先进性,保证应急救援体系高效、可靠运转。除此以外,应加强应急救援体系标准化建设,实现应急救援体系建设与运行的规范化管理。

第二节　电力应急救援体系组成

一、电力应急救援基本任务

1. 抢救受伤人员

在应急救援行动中，电力企业应及时、有序、有效地实施现场急救，并安全转送伤员，降低伤亡率、减少电力突发事件损失。

2. 抢修电力设备

如果事故造成电力设备损坏，检修人员应立即到现场，在保证自身人身安全的情况下，全力抢修，减少电力设备损坏造成的损失。

3. 抢修电网，恢复供电

发生停电事件后，电力调度机构和有关电力企业要尽快恢复电网运行和电力供应。

4. 控制危险源

发生电力突发事件后，电力企业在抢救受伤人员、抢修设备、抢修电网的同时，还应及时控制住危险源，防止事故蔓延扩展，发生次生灾害。

5. 指导群众应急，组织群众撤离

根据电力突发事件的性质、影响范围等，指导可能受事故影响的群众采取相应的应急措施。并根据需求，组织群众迅速撤离出危险区或可能受到危害的区域。在撤离过程中，应积极组织群众开展自救和互救工作。

二、电力应急救援体系结构

建设电力应急救援体系的总目标是控制事态发展，保障人员生命、财产安全，保障电力系统正常运行。应建设科学、完善的应急救援体系，实施规范有序的标准化运作程序，提高应对电力突发事件的应急处置能力。

电力应急救援体系由应急救援法规体系、应急救援组织体系、应急救援运行机制及应急救援保障体系4部分构成，如图4－1所示。

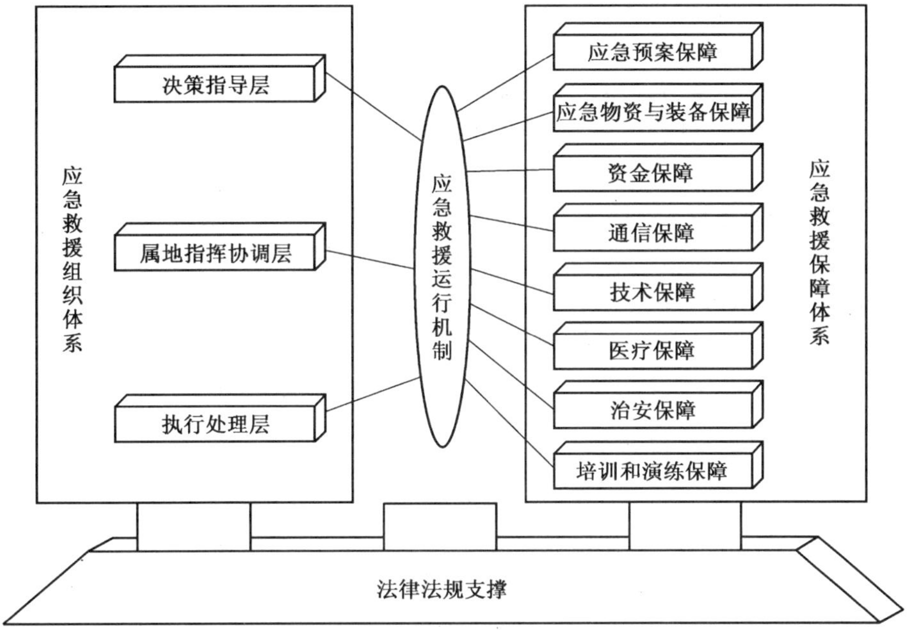

图4－1　电力应急救援体系

（1）应急救援法规体系是电力突发事件应急救援体系的法制基础和保障，是电力企业开展应急救援行动的依据。

（2）应急救援组织体系是电力突发事件应急救援体系的基础之一，由决策指导层、属地指挥协调层、执行处置层组成。

（3）应急救援运行机制是电力突发事件应急救援体系的重要保障，应明确并规范应急响应程序，保证应急救援体系高效运转，完成抢救受伤人员、抢修电力设备、抢修电网、控制危险源等应急救援基本任务。

（4）应急救援保障体系是电力突发事件应急救援体系的有机组成部分，是体系正常运转的保障，主要包括应急预案保障、应急物资与装备保障、资金保障、通信保障、技术保障、医疗保障、治安保障、培训和演练保障。

第三节 电力应急救援法规体系

电力应急救援法规体系是应急救援体系的基础和保障，也是开展各项应急活动的依据，对构建应急救援组织体系、建立应急救援运行机制、完善应急救援保障体系具有指导意义，发挥着重要作用。

一、电力应急救援法规体系的功能

（1）调动整合应急资源，形成统一合力。应急救援法规体系的一个重要功能就是通过配置权利和明确义务，协调各种可能的力量，形成统一合力，共同应对电力突发事件，以尽快平息事态。电力突发事件应急救援法规体系需要解决电力监管机构、电力企业以及社会救援力量之间的关系，明确各方面应急职责，协调各种应急资源，以最高的效率来处置各种电力突发事件。

（2）建立完善应急救援运行机制，规范应急处置过程。通过应急救援法规体系对突发事件应急救援工作加以规范化、制度化管理，以保证电力突发事件应急处置措施的科学性和高效性。

（3）约束限制应急权力，保障公民合法权益。通过应急救援法规体系的功能，使应急权力的运用控制在法规规定的范围之内，有权机构不能随意宣布所管辖区域处于应急状态，不能误用、滥用法定的应急权力。另外，还要通过应急救援法规体系保证应急权力的运用符合平息事态、尽快恢复秩序的原则。

二、电力应急救援法规体系的内容

（一）法律

《中华人民共和国安全生产法》（主席令第70号）、《中华人民共和国突发事件应对法》（主席令第69号）、《中华人民共和国电力法》（主席令第60号）、《中华人民共和国消防法》（主席令第6号）、《中华人民共和国防震减灾法》（主席令第7号）等是电力企业突发事件应急救援法规体系的基础，这些法律中关于应急救援的相关内容对于进一步建设和完善电力应急救援体系，提高应对电力企业突发事件的能力具有重要意义。

1.《中华人民共和国安全生产法》

第三十三条　生产经营单位对重大危险源应当登记建档，进行定期检测、评估、监控，并制定应急预案，告知从业人员和相关人员在紧急情况下应当采取的应急措施。

生产经营单位应当按照国家有关规定将本单位重大危险源及有关安全措施、应急措施报有关地方人民政府负责安全生产监督管理的部门和有关部门备案。

第五十条　从业人员应当接受安全生产教育和培训，掌握本职工作所需的安全生产知识，提高安全生产技能，增强事故预防和应急处理能力。

2.《中华人民共和国突发事件应对法》

第十八条　应急预案应当根据本法和其他有关法律、法规的规定，针对突发事件的性质、特点和可能造成的社会危害，具体规定突发事件应急管理工作的组织指挥体系与职责和突发事件的预防与预警机制、处置程序、应急保障措施以及事后恢复与重建措施等内容。

第五十六条　受到自然灾害危害或者发生事故灾难、公共卫生事件的单位，应当立即组织本单位应急救援队伍和工作人员营救受害人员，疏散、撤离、安置受到威胁的人员，控制危险源，标明危险区域，封锁危险场所，并采取其他防止危害扩大的必要措施，同时向所在地县级人民政府报告；对因本单位的问题引发的或者主体是本单位人员的社会安全事件，有关单位应当按照规定上报情况，并迅速派出负责人赶赴现场开展劝解、疏导工作。

（二）行政法规

行政法规是国家应急救援工作管理部门、专业应急救援工作管理部门根据相关法律制定有关电力企业突发事件应急救援的规范性文件，其内容是对法律中具体管理制度和措施的进一步细化，说明详细的实施办法。电力行业应急救援相关的行政法规包括《生产安全事故报告和调查处理条例》（国务院令第493号）、《电力安全事故应急处置和调查处理条例》（国务院令第599号）、《电力监管条例》（国务院令第432号）、《突发公共卫生事件应急条例》（国务院令第346号）、《信访条例》（国务院令第431号）、《国务院关于进一步加强企业安全生产工作的通知》（国发〔2010〕23号）、《国务院关于坚持科学发展安全发展　促进安全生产形势持续稳定好转的意见》（国发〔2010〕40号）等。

1.《生产安全事故报告和调查处理条例》

第九条　事故发生后，事故现场有关人员应当立即向本单位负责人报告；单位负责人接到报告后，应当于1小时内向事故发生地县级以上人民政府安全生产监督管理部门和负有安全生产监督管理职责的有关部门报告。情况紧急时，事故现场有关人员可以直接向事故发生地县级以上人民政府安全生产监督管理部门和负有安全生产监督管理职责的有关部门报告。

第十五条　事故发生地有关地方人民政府、安全生产监督管理部门和负有安全生产监督管理职责的有关部门接到事故报告后，其负责人应当立即赶赴事故现场，组织事故救援。

2.《电力安全事故应急处置和调查处理条例》

第六条　事故发生后，电力企业和其他有关单位应当按照规定及时、准确报告事故情况，开展应急处置工作，防止事故扩大，减轻事故损害。电力企业应当尽快恢复电力生产、电网运行和电力（热力）正常供应。

第十六条　事故造成电网大面积停电的，国务院电力监管机构和国务院其他有关部门、有关地方人民政府、电力企业应当按照国家有关规定，启动相应的应急预案，成立应急指挥机构，尽快恢复电网运行和电力供应，防止各种次生灾害的发生。

第二十条　事故应急指挥机构或者电力监管机构应当按照有关规定，统一、准确、及时发布有关事故影响范围、处置工作进度、预计恢复供电时间等信息。

3.《电力监管条例》

第十九条　国务院电力监管机构经商国务院发展改革部门、国务院安全生产监督管理部门等有关部门后，制定重大电力生产安全事故处置预案，建立重大电力生产安全事故应急处置制度。

第二十七条　电力企业发生电力生产安全事故，应当及时采取措施，防止事故扩大，并向电力监管机构和其他有关部门报告。电力监管机构接到发生重大电力生产安全事故报告后，应当按照重大电力生产安全事故处置预案，及时采取处置措施。

4.《国务院关于进一步加强企业安全生产工作的通知》

第一部分总体要求中规定：要尽快建成完善的国家安全生产应急救援体系，在高危行业强制推行一批安全适用的技术装备和防护设施，最大程度减少事故造成的损失。

5.《国务院关于坚持科学发展安全发展 促进安全生产形势持续稳定好转的意见》

第二十六条 加强应急救援队伍和基地建设。抓紧7个国家级、14个区域性矿山应急救援基地建设，加快推进重点行业领域的专业应急救援队伍建设。县级以上地方人民政府要结合实际，整合应急资源，依托大型企业、公安消防等救援力量，加强本地区应急救援队伍建设。建立紧急医学救援体系，提升事故医疗救治能力。建立救援队伍社会化服务补偿机制，鼓励和引导社会力量参与应急救援。

第二十七条 完善应急救援机制和基础条件。健全省、市、县及中央企业安全生产应急管理体系，加快建设应急平台，完善应急救援协调联动机制。建立健全自然灾害预报预警联合处置机制，加强安监、气象、地震、海洋等部门的协调配合，严防自然灾害引发事故灾难。建立完善企业安全生产动态监控及预警预报体系。加强应急救援装备建设，强化应急物资和紧急运输能力储备，提高应急处置效率。

（三）部门规章

国务院有关部门应根据有关法律和行政法规在各自权限范围内制定突发事件应急救援的规范性文件，内容应是对具体制度和措施的进一步细化，说明详细的实施办法。

（四）地方性法规及地方政府规章

地方政府根据当地电力企业突发事件的风险性质和种类，结合应急资源的实际情况根据有关法律法规，制定的地方性法规和地方政府规章。

（五）规范性文件

规范性文件是指法律法规范畴以外的其他具有约束力的非立法性文件，其内容具有约束和规范人们行为的性质。电力突发事件应急相关的规范性文件包括《国务院安委会办公室关于贯彻落实国务院〈通知〉精神进一步加强安全生产应急救援体系建设的实施意见》（安委办〔2010〕25号）、《国家安全监管总局关于印发安全生产应急管理“十二五”规划的通知》（安监总应急〔2011〕186号）、《突发事件应急演练指南》（国务院应急办函〔2009〕62号）、《关于加强电力应急体系建设的指导意见》（电监安全〔2009〕60号）、《电力企业应急预案管理办法》等。

1.《国务院安委会办公室关于贯彻落实国务院〈通知〉精神进一步加强安全生产应急救援体系建设的实施意见》

加强其他重点行业（领域）应急救援体系建设。各建筑（隧道）施工、军工、民用爆炸物品等重点行业（领域）企业要根据有关规定和要求，加强专兼职应急救援队的建设，提高应急救援能力。按规定不需建立或不具备建立专职应急救援队条件的企业，必须与当地具备相应能力的相关专职应急救援队签订应急救援协议。各级安全监管部门要加强综合协调，大力支持公安消防、公路交通、铁路运输、水上搜救、船舶溢油、民用航空、电力等行业（领域）专业应急救援体系建设，重点是搞好规划、合理布局、增加装备、健全队伍、提升素质，形成完善的专业应急救援体系。

2.《国家安全监管总局关于印发安全生产应急管理“十二五”规划的通知》

第三部分主要任务：建立完善政府部门、重点行业企业应急预案体系，实现政府部门与企业应急预案有效衔接。规范预案编制内容，提高预案编制质量，加强预案审查，建立健全预案数据库。编制应急演练评估标准，完善应急预案演练制度，规范应急预案演练，提高演练效果。

3.《突发事件应急演练指南》

总则：演练组织单位要根据实际情况，并依据相关法律法规和应急预案的规定，制订年度应急演练规划，按照“先单项后综合、先桌面后实战、循序渐进、时空有序”等原则，合理规划应急演练的频次、规模、形式、时间、地点等。

应急演练准备：所有演练参与人员都要经过应急基本知识、演练基本概念、演练现场规则等方面的培训。对控制人员要进行岗位职责、演练过程控制和管理等方面的培训；对评估人员要进行岗位职责、演练评估方法、工具使用等方面的培训；对参演人员要进行应急预案、应急技能及个体防护装备使用等方面的培训。

4.《关于加强电力应急体系建设的指导意见》

第二部分主要建设任务：提高电力企业应急物资保障能力。要优化完善电力企业应急物资储备体系，建立重要电力应急物资监测网络、预警体系和应急物资生产、储备及紧急配送体系，实现物资综合信息动态管理和共享。加强应急物资和装备日常维护管理，定期调整、轮换与更新储备物资，保证应急情况下的快速投入使用。

加强电力应急的专业培训与演练基地建设。电力监管机构要会同有关电力企业充分利用电力行业现有培训资源，设置国家级电力应急培训和演练基地，整合教师资源，完善培训方案，拟定培训教材，形成电力应急专业人员培训机制，具备形成大规模电力应急专业培训和演练的能力，为各级电力应急指挥机构和电力企业训练电力应急专业业务骨干。

5.《电力企业应急预案管理办法》

第二十条　电力企业应当每年至少组织一次预案培训。培训的主要内容应当包括：本单位的应急预案体系构成、应急组织机构及职责、应急资源保障情况以及针对不同类型突发事件的预防和处置措施等。

第二十三条　电力企业应当制定年度应急预案演练计划，增强演练的计划性。根据本单位的事故预防重点，每年应当至少组织一次专项应急预案演练，每半年应当至少组织一次现场处置方案演练。

第四节　电力应急救援组织体系

电力应急救援组织体系应设计为动态联动组织，通过紧密的纵向和横向联系，形成强大的应急救援组织网络。网络式组织以电力突发事件的类型和级别作为任务的结合点，常态下电力企业及各联动单位根据各自职责对突发事件进行预测与控制，非常态下迅速采取应急响应行动。

应急救援组织体系的构建应注重从组织体系的完备性及各组织之间相互协调性两方面加以考虑，从而形成“纵向一条线，横向一个面”的组织格局。纵向角度主要是以明确的上下级关系为核心，以行政机构为特点的命令式解决办法，横向角度主要是以信息沟通为核心的解决办法，部门平等相待，无明确的上下级关系。

电力突发事件应急救援组织体系中的决策指导层包括国务院应急管理办公室、国务院有关部门、国家应急救援指挥中心、国家电力监管委员会和中央电力企业应急指挥系统，属地指挥协调层包括电监会各派出机构、各级地方政府及其应急指挥中心和省级电网公司及地方各级电力企业，执行处置层包括国家（区域）应急救援队伍、电力企业应急救援队伍、社会救援力量。如图 4－2 所示。

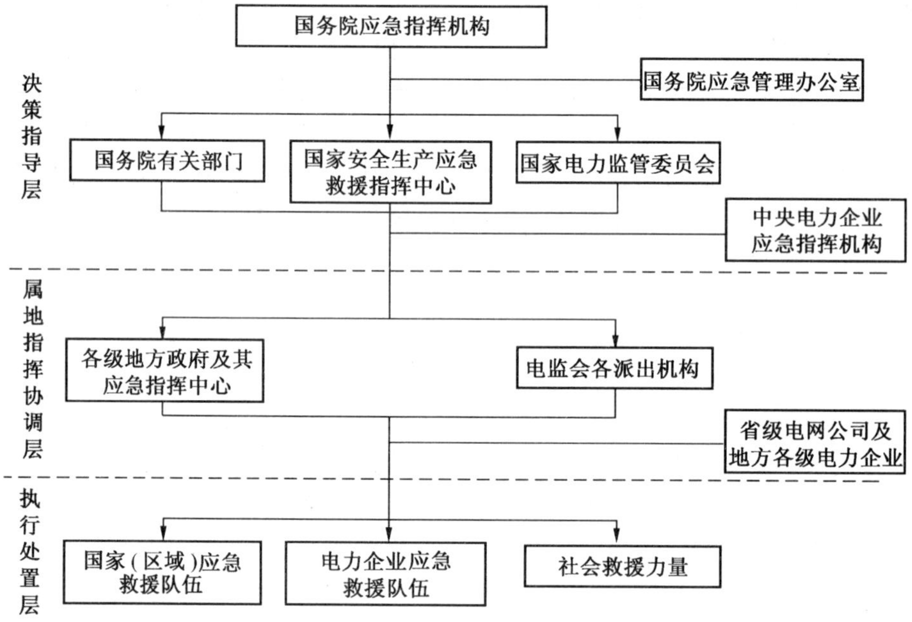

图 4－2 电力应急救援组织体系

一、决策指导层

1. 国务院应急指挥机构

国务院应急指挥机构负责国家突发公共事件的应急管理工作；必要时，派出国务院工作组指导有关工作。

2. 国务院应急管理办公室

国务院应急管理办公室负责研究提出关于全国应急救援工作的重大方针政策和措施，负责统一规划我国电力应急救援体系建设，负责对涉及多个部门或领域、跨多个地区的影响特别恶劣的电力应急救援实施协调指挥。

3. 国务院有关部门

国务院有关部门（国务院能源主管部门等）按照国家规定的权限和程序，组织、协调、参与电力突发事件应急处置工作。

4. 国家安全生产应急救援指挥中心

国家安全生产应急救援指挥中心履行全国安全生产应急救援综合监督管理的行政职能。指导、协调电力突发事件应急救援工作，对电力突发事件应急预案的实施进行综合监督管理。

5. 国家电力监管委员会

国家电力监管委员会在职责范围内领导电力安全生产应急管理和电力突发事件应急救援工作，加强电力监督安全管理，依法建立健全电力突发事件应急处置和调查处理的各项制度，组织或参与电力突发事件的调查处理。

6. 中央电力企业应急指挥机构

贯彻落实国家应急管理办公室、国务院有关部门、国家安全生产应急救援指挥中心及电监会有关电力突发事件应急救援与处置的法律、法规和规定，负责指导下属单位开展电力突发事件应急救援工作。

二、属地指挥协调层

1. 各级地方政府及其应急指挥中心

各级地方政府负责统一领导本行政区域内电力突发事件应急救援工作，应急指挥中心在各级地方政府的领导下，负责本地电力突发事件应急救援工作。

2. 电监会各派出机构

电监会各派出机构在上级电力监管机构的领导下，负责指挥、协调本区域电力突发事件的应急救援工作，加强本区域电力监督安全管理。

3. 省级电网公司及地方各级电力企业

贯彻落实电力监管机构、当地政府及其应急指挥中心、上级单位有关电力突发事件应急救援和处置的规定，负责做好本企业应急救援队伍培训工作，并负责指导本企业应急救援队伍迅速、有序开展电力突发事件应急救援工作。

三、执行处置层

根据电力企业的特点、危险源分布情况，通过整合资源、调整区域布局、补充人员和装备，形成以电力企业应急救援队伍为基础，以国家（区域）应急救援队伍为中坚力量，以应急救援志愿者等社会救援力量为补充的电力突发事件应急救援队伍体系。电力监管机构会同有关部门及地方各级政府，推进电力企业和其他单位建立应急互助机制，充分发挥各类应急队伍专业特长，实现电力应急队伍与其他应急队伍之间的相互配合，优势互补。

应急救援队伍中可设立应急专家组。在国家、地区、电力企业各层面建设多支具有较高专业水平的电力应急专家队伍。开展专家信息收集、分类、建档工作，建立相应数据库，逐步完善专家信息共享机制，形成分级分类、覆盖全面的电力应急专家资源信息网络；完善专家参与预警、指挥、抢险救援和恢复重建等应急决策咨询工作机制，开展专家会商、研判、培训和演练等活动。

1. 国家（区域）应急救援队伍

依托国务院有关部门和有关大中型企业现有的应急救援队伍，保证特别重大电力突发事件、跨省（自治区、直辖市）电力突发事件应急救援的需要。

2. 电力企业应急救援队伍

电力企业应在电力监管机构的指导下建立应急救援队伍，或按规定与专业应急救援队伍签订救援服务协议，以保证企业的自救能力。有关电力企业要加强对所属应急救援队伍的管理，组织开展应急演练与培训，提高专业理论水平和实战技能。

3. 社会救援力量

电力监管机构协同有关电力企业，积极掌握社会救援信息，组织具有相应资质的社会电力应急救援力量，开展必要的专业培训和演练，形成有能力、有组织、易动员、专业化的电力应急后备抢险救援队伍，在电力设施遭受大范围严重破坏的情况下，及时发动社会救援力量迅速投入到电力突发事件应急救援工作中。

电力突发事件发生后，应充分发挥电力应急专家组的作用，依靠国家（区域）应急救援队伍、电力企业救援队伍和社会救援力量开展应急救援。各级应急救援队伍承担所属企业以及有关监督管理部门划定区域内的电力突发事件应急救援工作，并接受地方政府、电力监管机构的协调指挥。

第五节 电力应急救援运行机制

一、运行原则

电力应急救援运行机制应遵循统一指挥、反应灵敏、功能齐全、协调有序、运转高效的基本原则。

（一）统一指挥

统一指挥是电力应急救援运行机制必须遵循的最基本原则，能保证应急救援正常有效地进行。应急指挥一般可分为集中指挥与现场指挥，场外指挥与场内指挥两种形式。无论采用哪一种指挥形式，都必须实行统一指挥的模式；无论应急救援活动涉及单位的行政级别和隶属关系是否相同，都必须在应急指挥部的统一组织协调下行动，有令则行，有禁则止，统一号令，步调一致。

（二）反应灵敏

反应灵敏是强调及时、迅速开展应急救援工作的原则。发生电力突发事件时，电力企业应在第一时间实施应急救援，电力监管机构、当地政府迅速调配管辖区域内的各种资源，保证电力突发事件应急所需资源能最快捷地到达事件现场。

（三）功能齐全

电力企业在日常应急管理工作中，应充分考虑应急救援工作开展的各个方面，针对不同的电力突发事件，明确应急指挥机构及其相应的应急职责，编制应急预案，明确应急响应级别、响应程序以及应急救援措施，保证电力突发事件应急救援工作能顺利开展。此外，电力企业需加强与电力监管机构、当地政府有关部门及机构的沟通与交流，保证扩大应急时，能够尽可能快地得到外部的援助。

（四）协调有序

协调有序是保证应急救援工作有条不紊开展的原则。现场应急总指挥需统筹规划应急救援工作，确保各应急救援队伍协调配合，所需的应急物资装备等及时到位。属地指挥协调机构在决策指导机构的领导下，协调电力突发事件现场应急救援工作。

（五）运转高效

在应急响应的初期，最重要的应急力量和响应在电力企业，企业应确保迅速、高效地实施应急救援，当事态扩大到已经超出了电力企业的应急响应能力时，必须扩大应急的范围和层次。不同的突发事件类型应有不同的响应级别，根据事件响应级别采取相应的救援措施，以确保应急救援的高效性，最大限度地降低风险后果。

二、运行程序

（一）信息报告和通报

按照信息先行的要求，建立统一的突发事件信息系统，有效整合现有的信息资源，拓宽信息报送渠道，规范信息传递方式，做好信息备份，实现上下左右互联互通和信息的及时交流。

（二）指挥决策

通过信息搜集、专家咨询来制定与选择方案，实现科学果断、综合协调、经济高效的应急决策和处置。应急救援指挥坚持条块结合、属地为主的原则，由地方政府以及电力监管机构负责，根据电力突发事件的可控性、严重程度和影响范围，由地方政府和电力监管机构组成现场应急救援指挥部，统一指挥应急救援行动。

（三）分级响应

在初级响应到扩大应急的过程中应实行分级响应的机制。扩大或提高应急响应级别的主要依据是突发事件的危害程度、影响范围和电力企业控制事态能力。扩大应急救援主要是提高指挥级别，扩大应急范围等，增强响应能力。

（四）应急处置

按照应急预案，各司其职，迅速、有效地实施应急处置，最大限度地减少人员伤亡、设备设施损坏等，保障公众利益。

（五）信息发布与舆论引导

在第一时间通过主动、及时、准确地向公众发布警告以及有关突发事件和应急管理方面的信息，宣传避免、减轻危害的常识，提高主动引导和把握舆论的能力，增强信息透明度，把握舆论主动权。

（六）恢复重建

积极稳妥地开展生产自救，做好善后处置工作，把损失降到最低，让受灾地区和民众尽快恢复正常的生产、生活和工作秩序，实现常态管理与非常态管理的有机转换。

第六节　电力应急救援保障体系

电力应急救援保障体系一般包括 8 个部分，即应急预案保障、应急物资与装备保障、资金保障、通信保障、技术保障、医疗保障、治安保障、培训和演练保障，如图 4－3 所示。

一、应急预案保障

在电力监管机构的指导下，电力企业应遵循科学性、针对性、实效性和可操作性原则编制本企业应急预案，且综合应急预案、专项应急预案和现场处置方案应上下衔接，并与当地政府有关部门、电力监管机构的应急预案相互衔接。加强应急预案演练与培训，及时

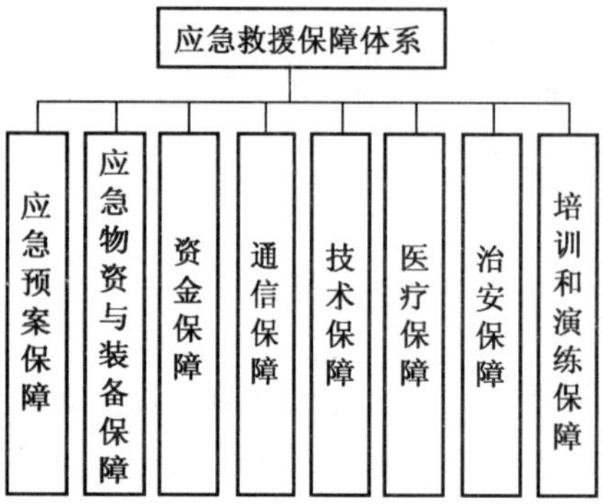

图4-3　电力应急救援保障体系

修订预案内容，确保应急预案的科学性和先进性。

二、应急物资与装备保障

电力企业应根据应急工作需要，配备必要的应急物资与装备，并统计本企业物资与装备的名称、规格、型号、数量等数据，建立台账，上报地方政府、电力监管机构。此外，电力企业应建立应急物资与装备管理、调用制度，加强日常维护管理，定期调整、更新储备物资与装备，保证应急情况下的快速投入使用。

电力监管机构会同有关电力企业，充分利用电力企业现有应急物资与装备，设置若干国家级电力应急物资储备库。通过建立实行运行管理制度，调整储备品种和数量，增加库容和储备量，补充必要的电力应急抢险救灾物资和装备，实现在发生重大电力突发事件的情况下，对电力应急物资进行统一、合理调配，满足跨省、跨区域电力突发事件的应急处置需求。

（一）通信设备

通信设备是应急救援的重要信息传送手段，通过有线、无线广播和电视台等媒介可对电力突发事件进行预警，以便应急救援组织及时做好应急准备工作；在突发事件处置期间，真实报道应急处置情况，正确引导舆论。发生电力突发事件时，可以采用的通信设备包括移动电话网设备、集群通信网设备、计算机网络设备、指挥调度台、海事卫星电话、手机、广播器材、广播车、扩音器、电视转播车、电话机等。

（二）交通工具

交通工具包括两大类，一类属于运载型交通工具，另一类属于交通疏通工具。运载型交通工具包括救护车、救生直升机、救生船、运输机、运输车、载重汽车、拖拉机、火车、舰艇、气垫船等用于救援的运载工具，用于应急人员和应急物资、设备的运输。交通疏通工具包括舟桥、浮桥、推土机、挖土机、装载机、平土机、压路机、汽车塔吊、轮胎式吊车、履带式吊车、叉车、牵引车、拖车、拖船等，用于保证交通运输线的畅通。

（三）照明装置

重大突发事件现场情况较为复杂，在实施救援时需要良好的照明。因此，需配备必要的照明工具，保证应急救援工作的顺利进行。

照明装置的种类较多，在配备照明工具时，除了应考虑照明的亮度外，还应根据突发事件现场的特点进行选择，如易燃易爆气体泄漏事故现场处置所用的电筒应选择防爆型电筒。

（四）消防设备

消防设备包括水罐车、消防车、消火栓、消防水池、灭火器、水带、水枪、消防斧、救生绳等，它们在应急救援行动中也是必不可少的。

根据电力企业的规模，应设置必要的消火栓和消防水池。应急预案中应明确消火栓的位置和定期维护的要求，以及消防水池的具体位置和其储水量。

（五）个人防护用品

个人防护用品包括空气呼吸器、隔热服、消化服、安全帽、绝缘手套、绝缘鞋（靴）、防护服、防护面罩、呼吸保护装置等。

（六）医疗物资与装备

医疗物资与装备包括救护车、担架、防护口罩、氧气瓶（枕）、三通吸氧管、氧气呼吸器、外固定夹板、绷带、纱布、手电筒、止血带、缝线、剪刀、体温表、听诊器、简易呼吸球囊、氧气面罩等。

（七）重型设备

装载机、车载升降台、翻卸车、推土机、起重机、叉车、破拆设备、开孔器、挖掘机、大型抢修机械等重型设备能够帮助应急人员完成使用人工或是简易的设备不可能完成的任务，许多重型设备只能由经过特殊培训的人员进行操作。电力企业应明确本企业重型设备购置情况，以及如果需要可以从哪些单位获得重型设备的支援。

（八）电力供应设备

电力企业应根据需要配备应急发电设备、应急电源车、备用变压器、快速组塔装置、电缆对接分配箱、抢修车辆等。

三、资金保障

电力企业应将应急救援经费纳入财务预算，建立应急救援专项资金，明确应急救援专项资金的数量、使用范围及监督管理措施，保证应急救援行动能顺利开展。

四、通信保障

在应急救援行动中，通信器材是不可缺少的应急资源。它不仅是报警的一种方式，而且是应急指挥部对现场进行指挥作战的协调手段，是保证各应急响应人员和部门之间高效联系和交流的重要工具。要保证通信资源充分、信号良好，确保通信和信息的畅通，电力企业要加强局域网络专线的维护和管理，加强与对外通信管理部门的联系。

电力企业突发事件应急救援行动中用到的通信工具包括：电话（包括手机、可视电话、座机等）、无线电、电台、传真机、移动通信、卫星等。

应急救援行动中，通信的内容主要包括以下几个方面：

（1）电力企业内部的通信联络。保证各部门之间信息传递的流畅性，保证发生突发事件时，内部事故报告通信无阻。

（2）电力企业与电力监管机构或政府部门的通信联络。保证电力企业能及时将突发事件情况报告给上级，能及时、准确地接收并落实上级关于突发事件应急救援的指示。如果突发事件的严重程度超过了企业本身的应急救援能力，需立即向电力监管机构或政府部门寻求增援。

（3）向公众、媒体通报突发事件基本情况及相关的应急救援信息。为了避免公众因不知情而产生的恐慌和猜疑，防止媒体误报道，电力企业应向公众、媒体告知突发事件的真实情况，并向公众说明需要采取的防护和预防措施。

五、技术保障

当电力企业发生电力安全事故，尤其是发生电网大面积停电等重、特大事故时，电力企业可聘请电力生产、管理、检修、科研等各方面的专家，组成重大电力突发事件专家咨询小组，对应急处置进行技术咨询和决策支持。除此以外，还应认真分析和研究电力重、特大突发事件可能造成的社会危害和损失，增加技术投入，研究、学习国内外先进经验和技术，推进电力应急救援平台建设，不断完善电力企业突发事件应急技术保障体系。

结合电力生产的特点和突发事件规律，建立覆盖突发事件发生、发展、处理、恢复全过程的应急预案，制定并落实防止发生如电网大面积停电等突发事件的预防性措施、紧急控制措施和电网恢复措施，完善常态机制，建立预警机制，健全应急机制。

各电网调度中心、各省（区）电网调度机构组织要有针对性地组织联合反事故演练，并网发电厂应按照要求积极参加联合反事故演练，制定保厂用电措施，落实电网事故应急预案的有关要求。

各类电力用户可根据电力企业发生突发事件造成突然停电可能带来的影响、损失或危害，制定外部电源突然中断情况下的应急保安措施和应急预案。矿井、医院、地铁、金融、通信中心、新闻媒体、高层建筑等特别重要用户，必须自备保安电源。

六、医疗保障

电力企业应组建医疗机构或与当地医疗部门签订协议，保证企业发生突发事件时，医务人员和医疗救治药物、设备设施等能迅速就位，开展受伤人员救治工作。相关救援人员应尽量掌握基本的急救措施，如人工呼吸法、胸外心脏按压法、心肺复苏法等，为突发事件现场提供医疗救援。在现场进行简单救治后，如有需要，应立即将受伤人员送往医院治疗。

七、治安保障

当突发事件发生时，现场可能出现比较混乱的局面，尤其是重、特大突发事件的发生，不仅会引起企业内部员工的恐慌，而且也会引起企业周边群众的恐慌，现场除了应急救援人员以外，还可能会涌入很多其他人群，如新闻记者、受难人家属等。在这种情况下，应调用现场保安队伍（包括企业内部保安队伍、当地公安部门等）对事故区域依法采取有效的管制措施，加强对重点地区、重点场所及重要物资和装备的安全保卫，防范和打击各种犯罪活动，禁止与应急救援无关人员进入突发事件现场，维护突发事件现场的社会治安和公共安全。

八、培训和演练保障

电力企业应健全应急培训和演练管理制度，建立分层次、分类别、多渠道、多形式、重实效的培训和演练工作格局。优化培训、演练资源，完善培训、演练方案，将先进的应急管理理念与应急处置技术纳入培训计划，定期开展应急演练，以提高本企业应急处置和安全防范能力。

第七节 电力企业应急能力评估

电力企业应急能力评估是指以电力突发事件应急管理工作为评估对象，以全面应急管理为指导，以科学的方法构造评估指标体系，建立评估模型，进行综合评估。应急能力评估主要用于评估资源准备状况的充分性和从事应急救援活动所具备的能力，并明确应急救援的需求和不足，以便及时采取完善的纠正措施。

一、应急能力评估目的

应急管理工作对象的核心是突发事件，但是应急管理工作中非常规的工作所占比例远小于常规工作的比例，这是由突发事件的特性决定的。电力突发事件并非每时每刻都发生，特别是重大突发事件，都是发生概率很小，但是造成损失很大的事件。因此，应急管理绝大部分的工作都是准备、等待突发事件的发生，而非应急处置突发事件。电力突发事件的这种特性给应急管理工作造成了很大的困难，首先，缺少推动日常应急管理工作的抓手，应急管理日常工作容易陷入"无意义"的状态；其次，因为电力突发事件具有的随机性和不确定性，应急处置工作的好坏与日常工作缺乏有效的直接联系；第三，随时准备响应电力突发事件，特别是重大突发事件的工作能力和工作状态难以保持；第四，在加强应急管理工作时，无法有针对性地对薄弱环节进行重点加强。

开展电力企业应急能力评估恰恰是为了督促电力企业做好预防和准备阶段的应急管理工作，找出薄弱环节，加强整改，确保发生突发事件时应急资源能迅速到位。其具体目的如下：

(1) 开展电力企业应急能力评估工作，能够促进电力企业贯彻落实应急管理相关的法律法规、规章规定。电力企业对日常应急管理工作进行评估的过程，实际上就是贯彻落实法律法规、规章规定的过程。首先，对电力企业应急能力进行评估时，必须以应急管理相关的法律法规、规章规定为参照，对电力企业日常应急管理工作进行检查和分析，看哪些方面符合要求、哪些方面不符合要求，存在什么样的危险因素，原因症结是什么；其次，对电力企业应急能力进行评估时，不论是应急基础能力评估等级的确定，还是存在的危险程度的判断，都离不开应急管理法律法规、规章规定的指导；此外，电力企业需要依据应急管理法律法规、规章规定制定整改措施。

(2) 开展电力企业应急能力评估工作，可以更加科学、有效、可信地辨别电力企业应急管理工作中存在的不足和缺陷。通过对电力企业日常应急管理工作进行全面分析、判断和评价，能及时发现应急管理工作中存在的问题，并辨识出哪些问题是客观原因或应急管理能力不足所致，哪些问题是应急处置本身的问题，从而采取相应的整改措施，提升电力企业应急能力，有力地解决电力突发事件应急处置与电力企业日常应急管理工作之间缺乏有效联系的问题。

(3) 对电力企业应急能力进行评估，可以督促电力企业维持并增强应急管理能力。根据评估结果，能使电力企业了解其应急能力水平，认识到日常应急管理工作中哪些未落实到位，哪些被忽视，从而有针对性地弥补应急管理工作中存在的不足，以保持企业应对电力突发事件的工作状态，提升企业应急能力。

二、应急能力评估指标

电力企业应急能力评估是以电力企业应急管理工作为评估对象，以应急管理相关法律法规、规章规定为指导，以科学的方法构造评估指标体系，建立评估模型，就预防、准备、响应、恢复各方面进行综合评估，找到问题和不足，不断进行完善和改进。对电力企业应急能力进行评估时，应包含以下指标。

（一）法律法规

法律法规是电力企业应急管理工作的法律根据，其中规定了主要应急相关人员在应急过程中的权力、权限和责任。

（二）企业规章制度

结合电力企业应急管理工作实际，制定应急管理相关规章制度，电力应急救援体系建设规划或方案。电力企业应当按照“总体设计，分步实施”的原则做到应急管理与企业发展同步规划、同步实施、同步推进。根据有关法律、法规、标准的变动情况及人员变动，应急演练情况，及时更新相应的规章制度。

（三）组织机构

组织机构是日常与应急状态时进行应急处理的枢纽，评估时主要是了解企业应急领导机构、日常应急管理机构、应急功能组等的建设情况。

（四）风险预控

风险预控是进行应急能力评估的基础工作，评估该项指标时，主要是对企业危险源管理、隐患排查、风险分析等方面进行评估。

（五）监测与预警

监测与预警工作是及早发现并判断是否会发生电力突发事件的前提。

（六）应急预案编制

电力企业需按照《生产经营单位安全生产事故应急预案编制导则》、《电力企业综合应急预案编制导则（试行）》、《电力企业专项应急预案编制导则（试行）》、《电力企业现场处置方案编制导则（试行）》的要求编制应急预案。

（七）应急救援队伍

电力突发事件应急救援队伍包括专职（专业）应急队伍、兼职救援队伍、电力抢修队（针对电网）、应急专家队伍、社会应急队伍等。专职（专业）应急队伍是应急救援过程中的主要力量，兼职救援队伍是应急救援过程中的重要补充力量，电力抢修队（针对电网）是应急救援过程中的重要力量，其他应急队伍是应急救援过程中的重要补充力量。评估时主要是对企业应急人员职责划分、日常管理、业绩考核等情况进行考查。

（八）应急保障

应急保障包括应急物资保障、装备与设施保障、通信与信息保障、交通运输保障、资金保障及医疗治安保障等，应急保障对于迅速、有效地开展电力突发事件应急救援和处置工作有着至关重要的作用。

（九）信息报告

企业发生电力突发事件后，应按规定及时向上级单位、电力监管机构、地方政府有关部门报告，并妥善保护突发事件现场及有关证据，必要时向相关单位和人员通报。

（十）应急培训

应急培训是应急功能顺利实施的有力保证，评估时主要是对企业培训计划、应急知识宣传及应急队伍培训情况等进行考查。

（十一）应急演练

应急演练主要验证预案的有效性，评估时主要对演练计划、演练实施、演练评估等方面进行考查。

三、应急能力评估流程

（一）成立评估工作组

电力企业开展应急能力评估工作时，首先应成立评估工作组，确定评估工作人员。评估工作人员应具备以下基本条件：

（1）熟悉本企业应急管理工作业务。

（2）具有较丰富的应急管理专业知识。

（3）有较强的综合分析判断能力与沟通能力。

（4）坚持原则、秉公办事。

（二）制定评估工作方案

评估工作组应制定评估工作方案，方案中包括所用的查评方法、访谈提纲、调查问卷、实施计划等内容。实施评估前，应向企业各部门下达评估通知书，明确评估的目的、必要性、要求等事项。

（三）评估人员培训

对评估工作人员集中培训，明确考评的目的、必要性、指导思想和具体开展方法，解决为什么要开展、怎样开展的问题，为电力企业正确、顺利地开展应急能力评估创造有利条件。

（四）开展评估工作

收集、整理、评价基础数据和资料，结合访谈、问卷调查、召开座谈会、查阅有关资料和档案等形式，对企业日常应急管理工作进行评估，确定评估等级，并及时记录评估过程中发现的问题。

（五）撰写评估报告

评估工作组应整理评估结果，撰写电力企业应急能力评估报告。在评估报告中总结电力企业应急管理现状，说明评估目的、评估依据等，指出企业应急管理工作中存在的不足，并提出改善建议。

第五章 电力企业应急预案体系

随着我国经济和社会的发展，电力企业在社会生产、生活中的地位越来越突出。在历经抗击南方雪灾的斗争之后，人们开始认识到，尽管突发事件预防体系在不断发展和完善，但自然灾害、事故灾难等导致的突发事件仍严重威胁着人类的安全和健康，干扰着电力企业正常的生产活动。为了减少电力企业突发事件的发生，从根本上提高安全、应急管理水平，针对电力企业目前应急预案存在的可操作性不够、职能交叉、衔接不够等问题，建立灵活适用、方便快捷、行之有效的应急预案体系已经成为当前电力企业生产发展的迫切需要。

第一节 应急预案概述

一、应急预案概念

应急预案，又称“应急计划”或“应急救援预案”，根据《生产经营单位安全生产事故应急预案编制导则》，应急预案是指针对可能发生的事故，为迅速、有序地开展应急行动而预先制定的行动方案。应急预案实际上是标准化的反应程序，以使应急救援活动能迅速、有序地按照计划和最有效的步骤来进行。应急预案在辨识和评估潜在重大危险、事故类型、发生的可能性及发生的过程、事故后果及影响严重程度的基础上，对应急机构职责、人员、技术、装备、设施、物资、救援行动及其指挥与协调方面预先作出的具体安排。

应急预案主要包括以下3方面的内容。

（一）事故预防

通过危险辨识、事故后果分析，采用技术和管理手段降低事故发生的可能性，或将已经发生的事故控制在局部，防止事故蔓延。

（二）应急处置

一旦发生事故，通过应急处理程序和方法，可以快速反应并处置事故或将事故消除在萌芽状态。

（三）抢险救援

通过编制应急预案，采用预先的现场抢险和救援方式，对人员进行救护并控制事故发展，从而减少事故造成的损失。

二、电力企业应急预案编制目的

为在突发事件发生后能及时予以控制，防止突发事件蔓延，有效地组织抢险和救援，电力企业应在对初步认定的危险场所和部位进行风险分析的基础上编制应急预案。事先对认定的危险有害因素和重大危险源可能造成的后果进行模拟分析，预测突发事件发生后的状态、人员伤亡情况及设备破坏和损失程度，以及由于物料的泄漏可能引起的火灾、爆炸和有毒有害物质泄漏对电力企业可能造成的影响。依据预测，提前制定应急预案，组织、培训应急队伍，配备应急救援资源，以便在突发事件发生后，能快速、有序、高效地按照预定方案进行救援，在最短时间内使突发事件得到有效控制。

电力企业应急预案编制的主要目的有以下两个方面：

(1) 采取预防措施使突发事件控制在局部，消除蔓延条件，防止突发性重大或连锁突发事件发生。

(2) 能在突发事件发生后迅速控制和处理，尽可能减轻突发事件对人员及财产的影响，保障人员生命和财产安全。

三、应急预案作用

编制应急预案是应急救援准备工作的核心内容，是及时、有序、有效地开展应急救援工作的重要保障。电力企业编制各项应急预案对于帮助指导突发事件的应急救援行动，提高人员应急能力，帮助灾后重建、恢复生产等具有重要作用，主要体现在以下几个方面：

(1) 制定应急预案有利于电力企业的应急人员及时作出应急响应，降低突发事件后果。应急行动必须快速高效，不允许有任何拖延。应急预案预先明确了应急各方的职责和响应程序，在应急力量和应急资源等方面做了大量的准备，可以指导应急救援迅速、高效、有序地开展，将人员伤亡、财产损失和环境破坏降到最低限度。此外，预先制定了预案，有利于解决突发事件发生后必须快速解决的一些应急恢复问题。

(2) 应急预案是电力企业应对各种突发事件的响应基础。通过编制综合应急预案，可以对那些事先无法预料的突发事件，起到基本的应急指导作用，成为保证应急救援的“底线”。在此基础上，电力企业可以针对特定危害，编制专项应急预案和现场处置方案，并定期组织演练。

(3) 应急预案是电力企业应急管理的依据，使电力企业的应急准备和应急管理不再是无据可依、无章可循。尤其是培训和演练，它们依赖于应急预案：培训可以促使应急响应人员熟悉自己的责任，具备完成指定任务所需的相应技能；演练可以检验预案和行动程序，并评估应急人员的技能和整体协调性。

(4) 制定应急预案有利于提高电力企业员工的风险防范意识。应急预案的编制，实际上是辨识企业重大风险和防御决策的过程，强调各方面的共同参与。因此，预案的编制、评审以及发布和宣传，有利于电力企业员工了解可能面临的重大风险及其相应的应急措施，有利于提高他们的风险防范意识和能力。

电力企业针对各种不同的突发事件制定不同的有针对性的应急预案，不仅可以指导应急人员的日常培训和应急演练，保证各种应急资源处于良好的备战状态，而且可以指导应急行动按计划有序地进行，防止因行动组织不力或现场救援工作的混乱而延误事故应急，从而最大限度地减少人员伤亡和降低财产损失。

四、电力企业应急预案分类

为贯彻落实《国务院关于全面加强应急管理工作的意见》（国发〔2006〕24 号）和

《生产经营单位安全生产事故应急预案编制导则》以及《电力企业综合应急预案编制导则（试行）》、《电力企业专项应急预案编制导则（试行）》、《电力企业现场处置方案编制导则（试行）》的规定，电力企业应做好应急预案的编制工作，改善目前电力企业编制的应急预案要素不全、针对性和可操作性不强、体系不健全和应急预案之间的衔接性不够的问题，达到规范电力企业应急预案的编制工作，提高应急预案实用性，增强电力企业应急管理能力。

根据《生产经营单位安全生产事故应急预案编制导则》、《电力企业综合应急预案编制导则（试行）》、《电力企业专项应急预案编制导则（试行）》和《电力企业现场处置方案编制导则（试行）》的规定电力企业应急预案可分为综合应急预案、专项应急预案和现场处置方案，如图5－1所示。

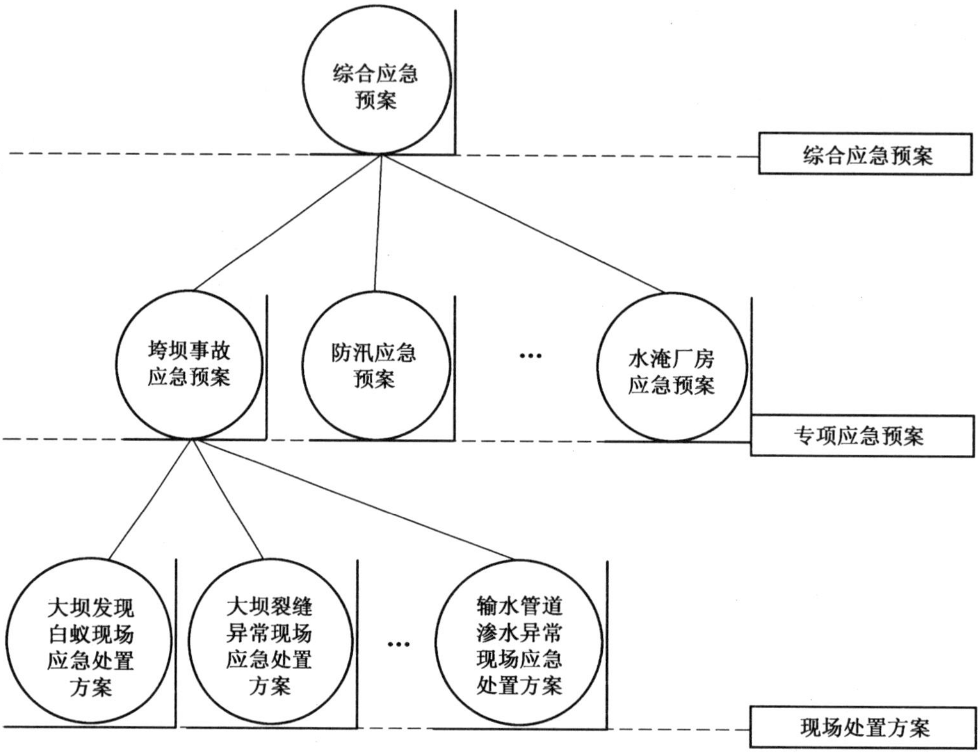

图5－1　电力企业应急预案分类

1. 综合应急预案

综合应急预案是从总体上阐述处理突发事件的应急方针、政策，应急组织结构及相关应急职责，应急行动、措施和保障等基本要求和程序，是应对各类突发事件的综合性文件。原则上每个电力企业都应编制一个综合应急预案。更重要的是，综合应急预案可以作为应急救援工作的基础和“底线”，对那些没有预料的紧急情况也能起到一般的应急指导作用。

综合应急预案用以指导电力企业明确应对各类突发事件的基本程序和基本要求。原则上每个电力企业都应编制一个综合应急预案。

2. 专项应急预案

专项应急预案是针对具体的突发事件类别、危险源和应急保障而制定的计划或方案，是综合应急预案的组成部分，应按照综合应急预案的程序和要求组织制定，并作为综合应急预案的附件。专项应急预案用以指导电力企业针对不同类别的突发事件或风险制定相应的预防、处置和救援措施。

专项应急预案用以指导电力企业针对不同类别的事故或风险制定相应的预防、处置和救援措施。电力企业应在分析总结企业自身特点以及面临的主要风险和事故类型的基础上合理确定所需编制的专项应急预案的数量和内容。电力企业的专项应急预案体系应涵盖自然灾害、事故灾难、公共卫生事件和社会安全事件等主要突发事件类型。

3. 现场处置方案

现场处置方案是针对具体的装置、场所或设施、岗位所制定的应急处置措施，是应急预案体系的重要组成部分，其核心是发生突发事件时，现场人员能够按照应急处置程序采取有效处置措施，开展自救和互救工作，以控制、延缓事件的发展，为后续处置工作赢得先机和主动，提高整体应急处置工作的质量和效果。

现场处置方案主要用以指导电力企业针对具体的事故、风险、装置、场所或设施明确具体的、详细的应急处置措施。电力企业应对本单位存在的风险和危险源逐一评估后制定。基层电力企业要特别加强现场方案的编制工作。

现场处置方案应具体、简单、针对性强，应根据风险评估及危险性控制措施逐一编制，做到事故相关人员应知应会，熟练掌握，并通过应急演练，做到迅速反应、正确处置。为使现场处置方案发挥现场的指导性，可把现场处置方案进行可视化设计。

综合应急预案从整体上把握，专项应急预案和现场处置方案是针对各级各类可能发生的突发事件和所有危险源而制定的，须明确事前、事发、事中、事后的各个过程中相关部门和有关人员的职责。电力企业可根据现场情况，详细分析现场具体风险（如某处易发生火灾事故），编制现场处置方案。

由于综合应急预案是综述性文件，因此需要要素全面，而专项应急预案和现场处置方案要素重点在于制定具体救援措施，对于单位概况等基本要素不做强制要求。

第二节 电力企业应急预案编制

一、电力企业应急预案编制原则

编制应急预案是进行事故应急准备的重要工作内容之一，编制应急预案不但要遵守一定的编制程序，同时应急预案的内容也应满足下列原则。

（一）针对性

应急预案应结合风险分析的结果，针对重大危险源、各类可能发生的突发事件、关键的岗位和地点、薄弱环节等进行编制，确保其有效性。

（二）科学性

编制应急预案必须以科学的态度，在全面调查研究的基础上，在专家的指导下，开展科学分析和论证，制定出决策程序、处置方案和应急手段先进的方案，使应急预案具有科学性。

（三）可操作性

应急预案应具有可操作性或实用性。即突发事件发生时，有关应急组织、人员可以按照应急预案的规定迅速、有序、有效地开展应急救援行动，降低事故损失。

（四）合法合规性

应急预案中的内容应符合国家相关法律、法规、标准和规范的要求，应急预案的编制工作必须遵守相关法律法规的规定。

（五）权威性

应急救援工作是一项紧急状态下的应急性工作，所制定的应急预案应明确救援工作的管理体系，救援行动的组织指挥权限和各级救援组织的职责和任务等一系列的行政性管理规定，保证救援工作的统一指挥。应急预案还应经本单位负责人批准后才能实施，保证预案具有一定的权威性。同时，应急预案中包含应急所需的所有基本信息，需要确保这些信息的可靠性。

（六）相互协调一致、相互兼容

应急预案应与上级部门应急预案、当地政府应急预案、下级单位应急预案等相互衔接，确保出现紧急情况时能够及时启动各方应急预案，有效控制事故的蔓延和扩大。

二、电力企业应急预案编制步骤

应急预案参照《生产经营单位安全生产事故应急预案编制导则》、《电力企业综合应急预案编制导则（试行）》、《电力企业专项应急预案编制导则（试行）》和《电力企业现场处置方案编制导则（试行）》进行编制。应急预案的编制过程大致可分为以下5个步骤，其他层次和类型的应急预案可参照此步骤编制。

（一）编制准备

编制应急预案应做好以下准备工作：

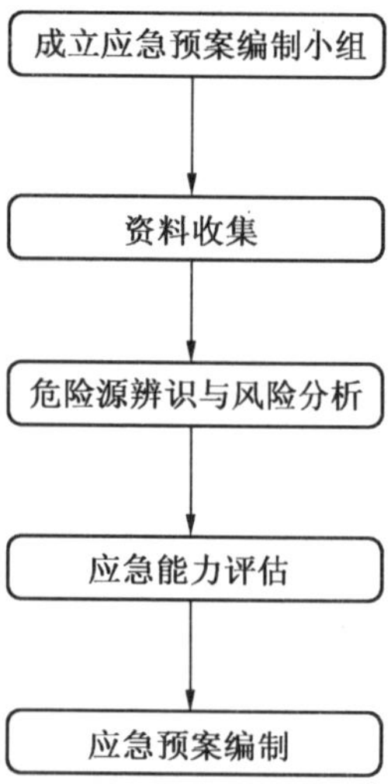

图5－2　应急预案编制程序

（1）全面分析本单位危险因素、可能发生的事故类型及事故的危害程度。

（2）排查事故隐患的种类、数量和分布情况，并在隐患治理的基础上，预测可能发生的事故类型及其危害程度。

（3）确定事故危险源，进行风险评估。

（4）针对事故危险源和存在的问题，确定相应的防范措施。

（5）客观评价本单位应急能力。

（6）充分借鉴国内外同行业事故教训及应急工作经验。

（二）编制程序

应急预案编制程序主要包括成立预案编制小组、收集相关资料、危险源辨识与风险分析、应急能力评估、应急预案编制，如图5－2所示。

1. 成立预案编制小组

结合电力企业职能分工，成立以主要负责人为组长的应急预案编制小组，明确编制任务、职责分工，制订工作计划。应急预案编制小组应由各方面的专业人员或专家组成，包括预案制定和实施过程中所涉及或受影响的部门负责人及具体执笔人员。必要时，编制小组也可以邀请当地电力监管机构、地方政府相关部门代表作为成员。

2. 收集相关资料

收集应急预案编制所需的各种资料是一项非常重要的基础工作。掌握相关资料的多少、资料内容的详细程度和资料的可靠性将直接关系到应急预案编制工作是否能够顺利进行，以及能否编制出质量较高的应急预案。

电力企业编制应急预案时需要收集的资料包括：

（1）适用的法律、法规、标准和规范。

（2）本企业事故资料及事故案例分析。

（3）本企业区域布局，主要装置、设备、设施布置，本企业区域主要建（构）筑物布置等。

（4）本企业事故隐患排查资料、危险点、控制措施、风险评估资料、主要危险源理化性质及危险特性、应急组织机构、应急资源、培训和演练计划等。

（5）周边情况及地理、地质、水文、环境、自然灾害、气象资料。

（6）突发事件应急所需的各种资源情况。

（7）政府的相关应急预案。

（8）上级或下级应急预案。

（9）其他相关资料。

3. 电力企业危险源辨识与风险分析

危险源辨识与风险分析是编制应急预案的关键，所有应急预案都建立在风险评价基础之上。在危险因素分析、危险源辨识及事故隐患排查、治理的基础上，确定本企业的危险源、可能发生突发事件的类型和后果，进行风险分析，并指出可能产生的次生、衍生突发事件及后果，得出分析结果并形成分析报告，分析结果将作为应急预案的编制依据。

电力企业进行危险分析主要从生产设备、设施，场所的地理、气象条件，主要设备和仪表，作业环境以及危险源进行辨识，分析可能发生的事故类型，提出安全对策措施。

4. 电力企业应急能力评估

应急能力评估就是依据风险分析的结果，对应急资源准备状况的充分性和从事应急救援活动所具备的能力评估，以明确应急救援的需求和不足，为应急预案的编制奠定基础。针对电力企业可能发生的突发事件及抢险的需要，实事求是地评估本企业的应急装备、应急队伍等应急能力。

应急能力一般包括以下几个方面：

（1）应急人力资源（各级指挥员、应急队伍、应急专家等）。

（2）应急通信与信息能力。

（3）人员防护设备（防护口罩、绝缘手套、绝缘鞋、安全帽、其他辅助工具等）。

（4）消灭或控制突发事件发展的设备（消防器材等）。

（5）防止污染的设备、材料。

（6）检测、监测设备。

（7）医疗救护机构与救护设备。

（8）应急运输与治安能力。

（9）其他应急能力。

电力企业应急能力评估主要包括法制基础、组织机构、危险认定评估、监测与预警、指挥与协调、应急预案、防灾减灾、信息发布、应急保障等。应急能力评估可以采取检查表的形式通过专家来进行打分，从而对其具有的应急能力进行评价，同时还可以根据评价结果以及专家的意见通过各种渠道和方式不断地增强企业的应急能力。

5. 电力企业应急预案编制

在以上工作的基础上，针对电力企业可能发生的突发事件，按照有关规定和要求，在充分借鉴国内外同行业应急工作经验的基础上，编制本企业的应急预案。应急预案编制中应遵循“5W1H”原则，即 What、When、Why、Who、Where 和 How，即明确在事故发生前、事故过程中以及事故发生后，谁负责做什么，何时做，怎么做，以及相应的策略和资源准备等。

应急预案编制过程中，除了要分阶段对编制进度、质量进行检查控制，还应注重编制人员的参与和培训，充分发挥他们各自的专业优势，使他们掌握危险分析和应急能力评估结果，明确应急预案的框架、应急过程行动重点以及应急衔接、联系要点等。同时，应急预案应充分考虑和利用社会应急资源，与地方政府预案、相关部门的应急预案相衔接。电力企业应急预案编制如图 5－3 所示。

图 5－3　电力企业应急预案编制

（1）电力企业应急预案编制时，应首先进行框架设计，对整个预案体系进行分类。

（2）预案编制人员根据预案框架进行分工，然后分别依据框架设计要求进行编制。

（3）预案汇总阶段时，首先把编写整理出的各部分内容集合成为一个统一有机的预案体系，其次是检查评估预案间互相交叉、重复和遗漏、失误等。

三、电力企业应急预案编制要素

电力企业应急预案的编制内容参照《生产经营单位安全生产事故应急预案编制导则》、《电力企业综合应急预案编制导则（试行）》、《电力企业专项应急预案编制导则（试行）》和《电力企业现场处置方案编制导则（试行）》的有关要求，并结合电力企业的实际情况进行适当调整。综合应急预案的编制内容应更简要。专项应急预案编制内容要素应更完整、更充实。现场处置方案编制内容应更实用、更具体。电力企业可将电力生产运行中的故障紧急处理作为现场处置方案的重要组成部分，并加强应急演练，成为应急预案体系的基础。

应急预案的要素要根据电力企业的实际进行设置，具体情况具体分析，例如重大危险源储存量、组织架构、部门职责等。一般来说，为使应急预案中的事件分级、预警分级、响应分级清晰，内容连贯，编制过程中要注意相互对应。分级标准在此不做统一要求，各电力企业可根据以往事故案例及地域特征，自行规定。

综合应急预案、专项应急预案和现场处置方案的主要要素分别见表5－1、表5－2、表5－3。

表5－1　综合应急预案要素

要　素	具体内容
总则	编制目的、编制依据、适用范围、应急预案体系、应急工作原则
组织机构及职责	应急组织体系、指挥机构及职责
预防与预警	危险源监控、预警行动、信息报告与处置
应急响应	响应分级、响应程序、应急结束
信息发布	—
后期处置	—
保障措施	通信与信息保障、应急队伍保障、应急装备物资保障、经费保障、其他保障
培训与演练	培训、演练
奖惩	—
附则	术语和定义、应急预案备案、维护和更新、制定和解释、应急预案实施

表5－2　专项应急预案要素

要　素	具体内容
事故类型和危害程度分析	—
应急处置基本原则	—
组织机构及职责	应急组织体系、指挥机构及职责
预防与预警	危险源监控、预警行动
信息报告程序	—
应急处置	响应分级、响应程序、处置措施
应急物资与装备保障	—

表5－3　现场处置方案要素

要　素	具体内容
事故特征	—
应急组织与职责	—
应急处置	事故应急处置程序、现场应急处置措施
注意事项	—

四、电力企业应急预案编制注意事项

电力企业编制应急预案应特别注意以下几个问题。

1. 应急预案内容要“全面”

内容上，不仅要包括应急处置，还要包括预防预警，恢复重建；不仅要有应对措施，还要有组织体系、响应机制和保障手段。

2. 应急预案内容要“准确”

预案务必切合实际、有针对性。要根据突发事件发生、发展、演变规律，针对本企业风险隐患的特点和薄弱环节，科学制定和实施应急预案。预案务必简明扼要、有可操作性。

3. 应急预案内容要“适用”

预案内容要适用，也就是务必切合实际。应急预案的编制要以风险分析为前提。要结合本单位的管理模式、生产规模、风险种类等实际情况，充分借鉴国际、国内同行业的事故经验教训，在充分调查、全面分析的基础上，确定本单位可能发生事故的危险因素，制定有针对性的救援方案，确保应急科学合理、切实可行。对于电力企业可能出现的危险，专项应急预案和现场处置方案要结合实际情况具体制定。

4. 应急预案表述要“简明”

编制应急预案要本着“通俗易懂、便于操作”的原则。要抓住应急管理的工作流程、救援程序、处置方法等关键环节，制定出看得懂、记得住、用得上，真正管用的应急预案，坚决避免把应急预案编成只重形式不重时效、冗长烦琐、晦涩难懂的东西。

5. 应急预案责任要“明晰”

明晰责任是应急预案的基本要求。要切实做到责任落实到岗、任务落实到人，流程牢记在心。只有这样才能在发生突发事件时实施有效、科学、有序的报告、救援、处置等程序，防止突发事件扩大或恶化，最大限度地降低其造成的损失或危害。

6. 应急预案内容要“保鲜”

预案不是一成不变的，务必持续改进。要认真总结经验教训，根据作业条件、人员更替、外部环境等不断发展变化的实际情况，及时修订完善应急预案，实现动态管理。

预案不是孤立的，务必衔接配套。各级各类企业都要逐步建立健全应急预案报备管理制度，实现企业与政府、企业与关联单位、企业内部之间预案的有效衔接。

7. 应急预案要“衔接”

应急救援是个复杂的系统工程，一般情况下，要涉及企业上下，企业内外多个组织、多个部门。特别是不可能完全确定的状态，使应急救援行动充满变数，使应急救援行动在很多情况下必须寻求外部力量的支援。因此，在编制预案时，必须按照“上下贯通、部门联动、地企衔接、协调有力”的原则，将所编应急预案从横向、纵向上与相关应急预案进行有机衔接。

8. 应急预案要“演练”

预案只是预想的作战方案。实际效果如何，还需要实践来验证。同时熟练的应急技能也不是一日可得。因此，必须对应急预案进行经常性演练。验证应急预案的适用性、有效性，发现问题，改进完善。这样可以不断提高预案的质量，而且，可以锻炼应急人员具有过硬的心理状态和熟练的操作技能。

9. 应急预案改进要“持续”

要加强应急预案的培训、演练，通过培训和演练及时发现应急预案存在的问题和不足。同时，要根据安全生产形势和企业生产环境。技术条件、管理方式等实际变化，与时俱进，及时修订预案内容，确保应急预案的科学性和先进性。

第三节　电力企业应急预案管理

一、电力企业应急预案评审与发布

《生产安全事故应急预案管理办法》（国家安全生产监督管理总局令第17号）及《电力企业应急预案管理办法》明确指出应急预案编制完成后，应进行评审或者论证。并依据《生产经营单位生产安全事故应急预案评审指南（试行）》中的评审方法、评审程序和评审要点，由本企业主要负责人组织有关部门和人员进行应急预案评审。外部评审由上级主管部门或地方政府负责组织审查。评审后，按规定报有关部门备案，并经主要负责人签署发布。

（一）评审方法

应急预案评审分为形式评审和要素评审，评审可采取符合、基本符合、不符合3种方式简单判定。对于基本符合和不符合的项目，应提出指导性意见或建议。

1. 形式评审

依据有关规定和要求，对应急预案的层次结构、内容格式、语言文字和制定过程等内容进行审查。形式评审的重点是应急预案的规范性和可读性。

2. 要素评审

依据有关规定和标准，从符合性、适用性、针对性、完整性、科学性、规范性和衔接性等方面对应急预案进行评审。要素评审包括关键要素和一般要素。为细化评审，可采用列表方式分别对应急预案的要素进行评审。评审应急预案时，将应急预案的要素内容与表中的评审内容及要求进行对应分析，判断是否符合表中要求，发现存在问题及不足。

关键要素指应急预案构成要素中必须规范的内容。这些要素内容涉及日常应急管理及应急救援时的关键环节，如应急预案中的危险源与风险分析、组织机构及职责、信息报告与处置、应急响应程序与处置技术等要素。

一般要素指应急预案构成要素中简写或可省略的内容。这些要素内容不涉及日常应急管理及应急救援时的关键环节，而是预案构成的基本要素，如应急预案中的编制目的、编制依据、适用范围、工作原则、单位概况等要素。

（二）评审程序

应急预案编制完成后，应在广泛征求意见的基础上，采取会议评审的方式进行审查。会议审查应由电力企业组织，会议审查规模和参加人员根据应急预案涉及范围和重要程度确定。

1. 评审准备

应急预案评审应做好以下准备工作：

（1）成立应急预案评审组，明确参加评审的单位或人员。

（2）通知参加评审的单位或人员具体评审时间。

（3）将被评审的应急预案在评审前送达参加评审的单位或人员。

2. 会议评审

会议评审可按照以下程序进行：

(1) 介绍应急预案评审人员构成，推选会议评审组组长。

(2) 应急预案编制单位或部门向评审人员介绍应急预案编制或修订情况。

(3) 评审人员对应急预案进行讨论，提出修改和建设性意见。

(4) 应急预案评审组根据会议讨论情况，提出会议评审意见。

(5) 讨论通过会议评审意见，参加会议评审人员签字。

3. 意见处理

评审组组长负责对各位评审人员的意见进行归纳，综合提出应急预案评审的结论性意见。电力企业应按照评审意见，对应急预案存在的问题以及不合格项进行分析研究，对应急预案进行修订或完善。反馈意见要求重新审查的，应按照要求重新组织审查。

(三) 评审要点

应急预案评审应包括以下内容：

(1) 符合性：应急预案的内容是否符合有关法规、标准和规范的要求。

(2) 适用性：应急预案的内容及要求是否符合本企业实际情况。

(3) 完整性：应急预案的要素是否符合指南评审表规定的要素。

(4) 针对性：应急预案是否针对可能发生的事故类别、重大危险源、重点岗位部位。

(5) 科学性：应急预案的组织体系、预防预警、信息报送、响应程序和处置方案是否合理。

(6) 规范性：应急预案的层次结构、内容格式、语言文字等是否简洁明了，便于阅读和理解。

(7) 衔接性：综合应急预案、专项应急预案、现场处置方案以及其他部门或单位预案是否衔接。

二、电力企业应急预案备案

电力企业应依照《生产安全事故应急预案管理办法》及《电力企业应急预案管理办法》，对已报批准的应急预案备案。

依据《生产安全事故应急预案管理办法》，对已报批准的应急预案进行备案。中央管理的总公司（总厂、集团公司、上市公司）的综合应急预案和专项应急预案，报国务院国有资产监督管理部门、国务院安全生产监督管理部门和国务院有关主管部门备案；其所属单位的应急预案分别抄送所在地的省、自治区、直辖市或者设区的市人民政府安全生产监督管理部门和有关主管部门备案。

依据《电力企业应急预案管理办法》，电力企业应急预案还对已报批准的应急预案进行备案。国家电监会城市电监办辖区内的电力企业向城市电监办备案，未设立城市电监办的省、自治区、直辖市范围内的电力企业，直接向所在区域电监局备案。中国南方电网有限责任公司、国家电网公司所属区域电网公司向区域电监局备案。

电力企业申请应急预案备案，应当提交以下材料：

(1) 应急预案备案申请表。

(2) 应急预案评审意见。

(3) 应急预案文本目录。

(4) 应急预案电子文档。

受理备案登记的部门应当对应急预案进行形式审查，经审查符合要求的，予以备案并出具应急预案备案登记表；不符合要求的，不予备案并说明理由。

三、电力企业应急预案宣传与培训

应急预案宣传和培训工作是保证应急预案贯彻实施的重要手段，提高事故防范能力的重要途径。

电力企业应当每年至少组织一次应急培训。培训的主要内容应当包括本单位的应急预案体系构成、应急组织机构及职责、应急资源保障情况以及针对不同类型突发事件的预防和处置措施等，使应急预案相关职能部门及其人员提高危机意识和责任意识，明确应急工作程序，提高应急处置和协调能力，对本单位负责应急管理工作的人员以及专职或兼职应急救援人员进行相应知识和专业技能培训。

同时，还应加强对安全生产关键责任岗位的员工的应急培训，使其掌握生产安全突发事件的紧急处置方法，增强自救互救和第一时间处置突发事件的能力。在此基础上，确保所有从业人员具备基本的应急技能，熟悉企业应急预案，掌握本岗位事故防范与处置措施和应急处置程序，提高应急水平。

四、电力企业应急演练

应急演练是应急准备的一个重要环节。应急演练是指来自多个机构、组织或群体的人员对假设事件，执行实际紧急事件发生时各自职责和任务的排练活动。通过演练，可以检验应急预案的可行性和应急反应的准备情况。通过演练，可以发现应急预案存在的问题，完善应急工作机制，提高应急反应能力。通过演练可以锻炼队伍，提高应急队伍的作战能力，熟悉操作技能。通过演练，可以教育广大员工，增强危机意识，提高安全生产工作的自觉性。为此，预案管理和相关规章中都应有对应急预案演练的要求。

五、电力企业应急预案修订与更新

应急预案必须与企业规模、机构设置、人员安排、危险等级、管理效率及应急资源等状况相一致。随着时间推移，应急预案中包含的信息，可能会发生变化。因此，为了不断完善和改进应急预案，并保持应急预案的时效性，电力企业应根据本企业实际情况，应急预案内容变化的实际情况，及时对应急预案进行更新和定期对应急预案进行修订。如2011年电监会组织开展的应急预案示范工程的建设项目，指导电力企业应急预案修订与更新。

如存在下述情况应对应急预案进行定期和不定期的修改或修订：

（1）企业生产规模发生较大变化或进行重大技术改造的。

（2）企业隶属关系发生变化的。

（3）周围环境发生变化、形成重大危险源的。

（4）应急指挥体系、主要负责人、相关部门人员或职责已经调整的。

（5）依据的法律、法规和标准发生变化的。

（6）应急预案演练、实施或应急预案评估报告提出整改要求的。

（7）电力监管机构或有关部门提出要求的。

（8）其他情况。

应急预案修订前，电力企业应组织对应急预案进行评估，以确定应急预案是否需要进行修订和哪些内容需要修订。电力企业对应急预案进行更新与修订是一项经常性工作。通过对应急预案更新与修订，可以保证应急预案的持续适应性。同时，更新的应急预案内容应通过有关负责人认可，并及时通告相关部门和人员。修订的预案应经过相应的审批程序，并及时发布和备案。

第四节　电力企业应急预案范例

一、人身事故应急预案

（一）总则

1. 编制目的

为正确、有效和迅速地应对××电厂人身伤亡事故，最大限度地控制事故发展并最大程度地降低其造成的人员伤亡的损失，保护人民生命安全，维护正常的生产、工作和生活秩序，制定《××电厂人身事故应急预案》。

2. 编制依据

（1）《企业职工伤亡事故分类》（GB 6441—1986）。

（2）《电力行业紧急救护技术规范》（DL/T 692—2008）。

（3）《电力企业专项应急预案编制导则（试行）》（电监安全〔2009〕22 号）。

3. 适用范围

本应急预案适用于××电厂厂区内发生的达到Ⅰ级响应的人身事故的应急处置和应急救援工作。

（二）应急处置基本原则

电厂所有职能部门和员工在人身事故预防与应急处理工作中，遵守“统一领导、值长负责，密切配合、分工协作，各司其职、各尽其责，厂内自救、外部援助，信息准确、响应迅速”的原则。

（三）事件类型及危害程度分析

针对××电厂生产、施工现场实际，经过危险性辨识、分析和评价，当前存在的人身事故风险主要如下：

（1）物体打击：因交叉作业、防护措施不完善或物体坠落造成的人身伤亡，危险等级一般。

（2）车辆伤害：员工在生产区域内遭遇厂内机动车辆或其他车辆伤害导致的人身伤亡，危险等级一般。

（3）机械伤害：因机械异常运行或工器具使用不当导致的人身伤亡，危险等级中等。

（4）起重伤害：行车、汽车吊等起重机械或起吊物体在运行或起吊过程中造成工作场所人身伤亡，危险等级中等。

（5）触电：电气操作、检修，或电动工器具的使用不当，或日常操作中出现的误操作、违章行为等，可能造成的现场作业人员人身伤亡，危险等级较高。

(6) 淹溺：码头工作人员或运行、检修人员工作不当失足落水造成人身伤亡，危险等级一般。

(7) 灼烫：蒸汽、热水、热焦、高温灰渣等烫伤，酸、碱等化学物品及电、气焊等造成人员的灼伤所引起的人身伤亡，危险等级一般。

(8) 火灾：制氢站、氧气站、乙炔站、油罐区、卸油站台、生产及行政办公楼等处发生火灾和火灾扑救过程中，因烧、摔、砸、炸、窒息、伤亡、高温、辐射等原因导致的人身伤亡（包括电气火灾导致的人身伤亡），危险等级较高。

(9) 高空坠落：安全设施不合格、违章作业造成人员坠落导致的人身伤亡，危险等级一般。

(10) 坍塌：厂房建筑、构筑物倒塌、灰场垮坝等造成的人身伤亡，危险等级一般。

(11) 爆炸：氢气、氧气、煤粉、可燃气体等易燃、易爆物的爆燃、爆炸，或锅炉、热力管道、天然气管道等压力容器、压力管道的爆炸造成的人身伤亡，危险等级中等。

(12) 生产性急性中毒、窒息：因化验、水处理、管道清洗等生产过程中接触酸、碱、氨等刺激、过敏或有毒有害等物质造成急性中毒或窒息，危险等级中等。

(13) 其他：上述以外的其他人身伤亡事故。

(四) 事件分级

按照事件性质、严重程度、可控性和影响范围等因素，人身事故一般分为Ⅰ级、Ⅱ级两级。

(1) Ⅰ级：出现人员重伤，或超出值长处理能力的。

(2) Ⅱ级：出现轻伤3人以上，或人员失踪、受伤、受困，且在值长处理能力范围内的。

(五) 组织机构及职责

1. 应急领导小组

组　长：××公司董事长

副组长：××公司总经理

组　员：××公司监事会主席

××公司副总经理

××公司工会主席

××公司总工程师

××公司总经济师

××公司总会计师

××公司生产管理部长

××公司行政管理部长

××电厂厂长

××电厂总工程师

××电厂运行总监

××电厂维修总监

××电厂安全环保总监

××电厂行政主任

××电厂安全监察主任

2. 应急通信

领导小组组长、副组长：××

日常管理办公室电话：××

办公室主任手机：××

医院门诊：××

市医急诊：120

厂总机：××

厂部值班：××

3. 应急领导小组职责

应急领导小组在本专项预案的主要职责有：

（1）统一指挥××电厂的人身事故应急处理、事故抢险工作。

（2）做好应急救援经费、物资、人员、通信等的计划、储备、调配和管理，协助事故处理与调查。

（3）研究人身事故抢险中重大应急处理的决策和部署。

（4）决定实施和终止应急预案，宣布进入何种应急状态，发布应急命令。

4. 各部门职责

1）安全环保部职责

（1）监督人身事故应急救援现场的安全措施的执行。

（2）负责组织人员的疏散、撤离，并进行人员清点。

2）医疗中心职责

对伤员进行救治，及时与××医院联系，协调外部救护。

3）运行部职责

事故处理期间，要求各岗位尽职尽责，根据情况对设备采取相应保护、隔离措施，对可能产生的不良影响提出事故处理方案。

（六）预防与预警

1. 危险源监控与预防

（1）各级人员应贯彻执行电厂的安全生产责任制、安全规章制度等文件的要求，预防人身事故的发生。

（2）工作或作业场所的各项安全措施必须符合《电力安全工作规程》、《火力发电企业生产安全设施配置》等的有关要求。

（3）狠抓习惯性违章的纠正、治理，切实做到无管理性违章，消除装置性违章，杜绝因人员违章造成的人身事故。

（4）在安全风险较大、易引起人身伤害作业中，如防止触电、高处坠落、机器伤害、灼烫伤等事故方面，应认真贯彻安全组织措施和技术措施，并配备经有关质检机构检测合格的、可靠性高的安全工器具和防护用品。

（5）完善生产现场安全设施。

（6）开展安全教育和安全生产技能培训，提高各级员工安全素质。

2. 预警发布与预警行动

由应急领导小组办公室对可能导致人身事故的信息进行预警。进入预警状态后，电厂应当采取如下措施：

（1）检查确认各类抢险、抢救的个人防护用品、医疗设备、交通用具、通信装备等是否处于可用状态。

（2）检查确认通信工具的报警方法、联络方式和信号规定，明确队伍，熟悉各类人身事故的应急处理方法和步骤。

（3）检查确认人员疏散通道、集合地点安全可靠。适时转移、撤离或者疏散可能受到危害的人员，并妥善安置。封闭、隔离或者限制使用有关的场所，中止可能导致危害扩大的作业或活动。

可能造成人身事故的预警解除后，由应急领导小组办公室宣布结束预警。

（七）信息报告

电厂24 h应急值班电话：××。

人身事故发生后，应立即上报××市安全生产监督管理局、××电监局等有关部门，同时按照××集团公司突发事件报告制度的规定进行报告。

（八）应急响应

1. 响应分级

对响应事件分级，将应急响应分为两级，响应条件对照事件分级标准。

2. 响应程序

1）Ⅱ级事故响应行动

（1）现场人员进行紧急救护，立即报告安环部，并通知厂医疗中心人员。

（2）厂医疗中心人员提供医疗服务，保证受伤人员及时得到救治。

2）Ⅰ级及以上事故响应行动

（1）当发生人身事故时，应急小组组长或其授权人启动本应急预案，按照职责进入应急状态，并进行信息传递。

（2）一旦启动本应急预案，各部门应根据职责分工，各就各位，全面开展应急行动。

（3）若伴有火灾事故，则启动相应应急预案。

（4）根据人身事故的具体情况，调配事故应急体系的各种救援力量和资源开展事故现场救援工作，必要时向上级或政府有关部门请求援助。

3. 应急处置

针对不同类型的伤亡事故，应采取人员疏散及其他不同的现场应急救治措施。

（1）紧急疏散：建立警戒区，按规定的安全疏散路线，迅速将警戒区内与事故应急处理无关的人员撤离。

（2）人员急救：现场急救时应注意选择有利地形，按规定穿戴好所有个体防护品，防止发生继发性损害。现场应急救治主要措施包括烫伤急救措施、创伤急救措施、触电急救措施以及中毒急救措施等。

若同时发生电力设备事故、火灾事故等，应启动相关应急预案。

事故超出电厂应急处置能力，迅速报告集团和地方政府等相关部门请求支援，并配合做好应急救援工作。

4. 应急结束

现场应急人员抢救、工程抢险工作完成后，现场总指挥应立即召开现场会议，了解各部门、各有关单位人员抢救、工程抢险工作情况，根据现场实际做好次生、衍生事故隐患的消除工作，布置好现场警戒，并将有关情况向电厂主要领导进行汇报。

在达到以下条件后，由应急领导小组组长或其授权人宣布应急行动结束：

（1）紧急疏散人员基本得到安置。

（2）事故受伤人员得到妥善解救，病情趋于稳定。

（3）事故造成的死亡和失踪人数已经查清。

（4）采取了有效措施，防止突发事件继续扩大或蔓延。

应急工作结束后，事故发生部门应着手准备事故应急工作总结报告，主要内容包括事故情况，各部门人员抢救、工程抢险工作情况，以及经验教训。

（九）后期处置

发生人身伤亡事故后，应急领导小组及时向有关政府部门汇报事故及其情况，安抚遇难人员家属，看望慰问伤员和事故抢险人员，布置恢复生产工作。

安全环保部及有关部门对事故抢险过程和应急能力进行评估，提出应急预案的修订、完善意见。

应急领导小组积极协助集团公司或配合有关主管部门对突发事件进行调查评估，同时将所掌握的资料移交事故调查组。明确事故责任的处理意见和针对同类事故的防范措施，杜绝伤亡事件再次发生。

（十）保障措施

电厂各类应急保障，除必备应急设备外，还应包括医疗设备，生产现场与流动作业车配备简易急救箱或存放相应的急救物品；酸、碱、氨、液氯等化学药品使用场所，按有关要求装设应急救护设施，配备必要的防护用品。

（十一）培训与演练

1. 培训

电厂定期组织各类人身伤亡事故应急预案的宣贯、培训、教育工作。包括应急人员专业知识教育、员工应急基本知识教育。

2. 演练

每年至少进行一次本预案的演练。演练结束后，需要对演练的结果进行总结和评估，并对本预案在演练中暴露出的问题和不足及时解决、完善。

二、电网企业处置电网大面积停电事件应急预案

（一）总则

1. 编制目的

为了正确、有效和快速地处理大面积停电事件，最大限度地减少大面积停电造成的影响和损失，维护国家安全、社会稳定和人民生命财产安全，保证公司正常生产经营秩序，制定本预案。

2. 编制依据

依据有关法律、行政法规，并结合公司实际制定本预案。

3. 适用范围

适用于公司应对和处理因电力生产重特大事故、电力设施大范围破坏、严重自然灾害、电力供应持续危机等引起的对国家安全、社会稳定和公司正常生产经营秩序构成重大影响和严重威胁的大面积停电事件。

用于指导和规范公司系统制定大面积停电事件应急预案。

（二）工作原则

（1）预防为主。坚持“安全第一、预防为主、综合治理”的方针，有效防止重特大电力生产事故发生；依靠地方政府和公安机关，加强电力设施保护宣传工作和行政执法力度，提高公众保护电力设施的意识，维护电力设施安全；组织开展有针对性的事故演练。

（2）统一指挥。在国家处置电网大面积停电应急领导小组（以下简称国家应急领导小组）的统一指挥和协调下，通过公司各级应急领导小组和电力调度机构，组织开展各项应急工作。

（3）分层分区。按照分层分区、统一协调、各负其责的原则建立事故应急处理体系。发电企业完善保“厂用电”措施。电力用户根据重要性程度，自备必要的保安电源，避免在突然停电情况下发生次生灾害。

（4）保证重点。在电网事故处理和控制中，将保证大电网的安全放在第一位，采取一切必要手段，限制事故范围进一步扩大，防止发生系统性崩溃和瓦解。在电网恢复中，优先保证重要电厂厂用电源和主干网架、重要输变电设备恢复，提高整个系统恢复速度。在供电恢复中，优先考虑对重点地区、重点城市、重要用户恢复供电。

（5）依靠科技。开展大电网理论和技术研究，加强电网建设和改造，强化电网结构，提高电网安全运行水平。开展大面积停电恢复控制研究，统筹考虑电网恢复方案和恢复策略。

（三）事件分级

按照电网停电范围和事故严重程度，将××电网公司大面积停电事件分为预警状态和应急状态两个状态等级。

（四）组织机构与职责

1. 应急领导小组

××电网公司成立大面积停电应急领导小组（以下简称公司应急领导小组）。公司应急领导小组成员名单报国家应急领导小组。

2. 应急领导小组办公室

应急领导小组下设办公室，负责日常工作。办公室设在安全监察部。

3. 电力调度机构

各级电力调度机构是电网事故处理的指挥中心，值班调度员是电网事故处理的指挥员，统一指挥调度管辖范围内的电网事故处理。

（五）事件报告与发布

1. 信息报告

（1）当电力生产发生突发性重特大事故、电力设施大范围破坏、严重自然灾害、电力供应持续危机时，电力调度机构立即启动电网应急预案，同时将有关情况尽快报告公司应急领导小组办公室。

（2）公司应急领导小组办公室在接到有关事故报告之后，根据需要报告公司应急领导小组，通知相关部门。

（3）公司应急领导小组研究决定是否进入预警状态或应急状态，并就有关重大应急问题作出决策和部署，启动相应应急预案。

（4）公司应急领导小组在研究决定进入预警状态和应急状态之后，立即将有关情况报告国家应急领导小组，国家应急领导小组视情况请求给予必要的支持和援助。

2. 信息发布

公司应急领导小组研究决定发布大面积停电信息，根据国家应急领导小组要求做好新闻发布工作。

（六）应急响应

1. 预警控制

（1）在预警状态下，公司系统各相关单位立即启动大面积停电的应急准备工作，按照公司应急领导小组的要求，落实各项预警控制措施。

（2）当电力供应持续出现严重危机，并有可能导致系统性供需破坏和大面积停电时，公司系统各级应急领导小组应及时向国家及地方政府应急领导小组提出申请，研究决定实施特殊时期限电方案。各级电力调度机构和供电部门应按照特殊时期限电方案，严格落实限电措施。

（3）在紧急情况下，为保证主网安全稳定，为保证重点地区、重要城市、重要用户的供电，电网值班调度员有权决定采取拉限负荷、解列电网、解列发电机组、临时中止电力市场交易等一切必要手段，防止事态进一步发展和扩大。任何单位和个人不得干扰、阻碍值班调度人员、运行值班人员进行事故处理。

（4）在同时满足下列条件下，公司应急领导小组经研究决定宣布解除预警状态：

（a）电网接线恢复正常方式，电网运行参数保持在稳定限额之内。

（b）事故停电负荷及事故拉限电负荷基本恢复供电。

（c）无其他对电网安全稳定运行和正常电力供应存在重大影响或严重威胁的各类事件。

2. 事故抢险

（1）发生重特大电力生产事故、严重自然灾害、电力设施大范围破坏时，公司系统各级应急领导小组应迅速调度事故抢险队伍和物资储备，组织抢险，排除险情，修复事故设备。

（2）在电力事故抢险过程中，公司系统各级应急领导小组视情况请求国家有关部门及地方政府部门和相关单位提供交通、通信、医疗、物资、人员等方面的保障和支持，必要时请求军队给予支持。

3. 电网恢复

（1）在发生大面积停电之后，要尽快恢复电网供电。

（2）在电网恢复过程中，要优先恢复核电厂、大型电厂和仍能保持热态启动能力机组的厂用电源。对于有自启动能力的发电厂，应根据情况自行启动发电机组。

（3）在电网恢复过程中，要协调好电网、电厂、用户之间的恢复，保证电网安全稳定留有一定裕度。

（4）在对停电发电厂和变电站恢复送电之后，要有计划有步骤地恢复对重点地区、重要城市、重要负荷的电力供应。对于分区进行的恢复，在条件具备时应尽快恢复联网运行。

(5) 在电网恢复过程中，各发电厂应严格按照电力调度命令恢复机组并网运行，调整发电出力。各电力用户应严格按照调度指令要求恢复用电。

4. 应急救援

(1) 发生大面积停电时，公司系统各级应急领导小组根据情况需要，请求国家和地方政府应急领导小组启动社会应急机制，组织开展社会停电应急救援与处置工作。

(2) 发生严重自然灾害及公司外特大安全生产事故时，根据国家和地方政府应急领导小组的要求，参加应急救援与处理，保证事故抢险和应急救援的电力供应，保证重要用户的安全可靠供电。

5. 应急结束

公司应急领导小组经研究决定宣布解除应急状态。

(七) 后期处置

1. 事故调查

大面积停电之后，按照国家政府部门要求配合进行事故调查。

2. 改进措施

(1) 大面积停电之后，公司及时组织联合攻关，研究事故发生机理，分析事故发展过程，吸取事故教训，提出具体措施，进一步完善和改进大面积停电应急预案。

(2) 公司系统各单位应及时总结大面积停电应急工作的经验和教训，进一步完善和改进大面积停电应急救援、事故抢险与紧急处置体系。

(八) 应急保障

1. 技术保障

(1) 公司系统各单位应结合电力生产特点和事故规律，建立事故应急预案，制定并落实防止大面积停电的预防性措施、紧急控制措施和电网恢复措施，不断完善应急机制。

(2) 公司系统各单位应督促各类电力用户根据突然停电可能带来的影响、损失或危害，制定外部电源突然中断情况下的应急保安措施和救援预案。矿井、医院、地铁、金融、通信中心、新闻媒体、高层建筑、军事设施等特别重要用户，必须自备保安电源。

2. 装备保障

公司系统各单位应投入必要的资金，配备大面积停电应急所需的各类设备和电力抢险物资；做好备品备件和生产资料的储备和管理工作，以及事故抢修的准备工作。

3. 人员保障

公司系统各单位应结合应急工作需要，聘请由电力生产、管理、科研等各方面专家组成的电力应急专家组，调查和研究电力应急预案的制定、完善和落实情况，及时发现存在问题，提出改进工作的意见和建议。

(九) 培训与演练

1. 宣传

公司系统各单位应加强应急工作宣传和教育，提高各级人员尤其是领导干部对应急预案重要性的认识。采用各种通俗易懂方式普及停电后的正确处理方法和应对办法，提高公众应对停电的能力。

2. 培训

公司系统各单位应加强队伍建设和人员技能培训，提高各类人员的应急处理能力。

3. 演练

公司系统各单位至少每年组织一次大面积停电联合演练。演练邀请并网电厂、重要用户参加，以加强电网、电厂和用户之间的协调和配合，完善大面积停电应急预案。

（十）附则

1. 预案备案

本预案报备××。

2. 预案修订

随着应急救援相关法律法规的制定和修订，部门职责或应急资源发生变化，以及实施过程中发现存在问题或出现的情况，及时修订完善本预案。

本预案有关数量的表述中，“以上”含本数，“以下”不含本数。

3. 制定与解释

本预案由××部门制定和解释。

4. 预案实施

本预案自印发之日起实施。

三、高处坠落伤亡事故现场处置方案

（一）事件特征

1. 危险性分析

高处坠落是指人们日常工作或生活中，从高处坠落，受到高速的冲击力，使人体组织和器官遭到一定程度破坏而引起的人身伤害。高处坠落伤亡事故可分为高处坠落伤害和高处坠落死亡。

对高处坠落事件的危险性做如下分析：

（1）洞口坠落（预留口、楼梯口、通道口、电梯口、阳台口等）。

（2）脚手架上坠落。

（3）悬空高处作业坠落。

（4）石棉瓦等轻型屋面坠落。

（5）拆除作业中发生的坠落。

（6）登高过程中坠落。

（7）梯子上作业坠落。

（8）屋面作业坠落。

（9）其他高处作业（铁塔上、电杆上、设备上、构架上以及其他各种物体上坠落等）。

2. 高处坠落事件发生区域

（1）汽机侧：空冷岛、水塔、汽机厂房、主厂房玻璃维护等。

（2）锅炉侧：锅炉厂房、烟风道、炉膛脚手架、厂房玻璃维护等。

（3）升压站：升压站构架、变压器、电抗器等。

（4）除灰渣：除尘室、捞渣机等。

（5）土建：脚手架、建筑物等。

（6）其他：除盐水箱顶部、机加池等机器顶部。

3. 发生高处坠落事件可能造成的危害程度

高处坠落事故直接伤害是身体器官的破坏，严重时有昏迷、呼吸窘迫、面色苍白和表情淡漠等症状，可导致胸、腹腔内脏组织器官发生广泛的损伤。

高处坠落时，足或臀部先着地，外力沿脊柱传导到颅脑而致伤；由高处仰面跌下时，背或腰部受冲击，可引起腰椎前纵韧带撕裂，椎体裂开或椎弓根骨折，易引起脊髓损伤。脑干损伤时常有较重的意识障碍、光反射消失等症状，也可有严重合并症的出现。因此高处坠落是一种非常严重的人身伤害。

4. 事前可能出现的征兆

（1）高处作业时，下方没有架设安全防护网。

（2）高处作业人员没有持证上岗。

（3）作业人员精神不佳或疲劳作业。

（4）搭设拆除脚手架不符合标准。

（5）作业平台不牢固，有空洞或检修不完善。

（6）自然条件恶劣情况下作业。

（7）高处作业安全防护设施没有定期检查等。

（二）应急组织机构及职责

1. 应急救援组织

组长：值长

成员：现场人员、事发部门主要负责人、运行人员、安监人员、行政人员、医务人员

2. 应急救援工作组职责

应急救援工作组由事件发生的部门及班组成员构成。

（1）在发生高处坠落事件后，组长赶赴事故现场进行现场指挥，成立现场指挥部，批准现场救援方案，组织现场抢救。

（2）事发部门的分管总监组织协调本部门人员参加应急救援和处置工作。

（3）值长汇报有关领导进行先期处置工作。

（4）现场工作人员发现异常情况及时报告，进行先期应急处置工作。

（5）医护人员接到通知后立即赶赴现场进行急救处理。

（6）安检人员监督安全措施落实和人员到位情况。

（7）其他部门领导根据事故情况，立即按本预案规定程序，组织力量对现场进行事故处理。

（三）应急处置

1. 现场应急处置程序

（1）高处坠落伤亡突发事件发生后，值长应立即向应急救援小组汇报。

（2）该方案由应急救援小组组长宣布启动。

（3）应急救援小组成员接到通知后，立即赶赴现场进行应急处理。

（4）高处坠落伤亡事件发生后，同时启动《人身事故应急预案》。

2. 现场应急处置措施

（1）在接到事故现场有关人员报告后，凡在现场的应急工作组成员（包括组长、成员）必须立即奔赴事故现场组织抢救，保护好现场，并采取积极措施保护伤员生命，减轻伤情，减少痛苦，同时根据伤情需要，迅速联系医院救治。

（2）认真观察伤员全身情况，防止伤情恶化。发现受伤人员有呼吸、心跳停止时，应立即在现场就地抢救，对伤员进行止血、包扎、转移搬运伤员、处理急救外伤等。

（3）救护人员到达现场后，应立即与救护负责人取得联系并交代现场有关情况，然后协助救护人员进行抢救。

（4）人身轻伤事件应采取以下措施：

（a）轻微伤：

①停止伤者的工作。

②实施简易处置。

③伤势为创口时，迅速将伤者送医院医疗。

④班组向伤者所在部门或单位安全负责人进行简要汇报。

（b）轻伤：

①立即停止伤者的工作。

②实施简易处置。

③伤势较重或伤情难以确定时，根据伤者意见送医院救治。

车辆值班调度接到报警电话后，应在 1 min 之内安排驾驶员紧急出车，驾驶员接到调度命令后，必须在 5 min 内将救护车开至事发现场。在确保安全、不盲目快速的原则下，车速可不受厂内限速规定限制。

（5）人身重伤事件应急预案实施处置、汇报的程序有：

（a）救助伤者。

（b）停止他人及伤者工作，保护事故现场，防止他人进入。

（c）电话要求医生赶赴事发地点实施紧急救治。

（d）由医生作出伤势诊断或根据伤者意见作出送市级医院决定。

（e）迅速向本部门或单位负责人、安全负责人汇报，要求对事故现场拍照和进行事故调查。

3. 事件报告流程

1）事故报告流程

（1）发生高处坠落事故后，事故现场人员应立即向主管部门报告，主管部门向分管总监报告，并及时逐级报告电厂安全生产部。

（2）事故单位应在 1 h 内将事故原因、处理经过、人员伤亡、抢救情况以快报形式逐级报告电厂安全生产部。

2）事故报告信息

电厂安全生产部接到事故报警后，应做到迅速准确地询问清事故的以下信息：

（1）事故的类型、发生时间、发生地点。

（2）事故的原因、性质、范围、严重程度。

（3）事故已造成的影响和发展趋势等。

（4）已采取的控制措施及其他应对措施。

(5) 报告单位、联系人员及通信方式等。

（四）注意事项

1. 使用抢险救援物资装备注意事项

(1) 作业现场应配置必要的应急材料，如简易担架、跌打损伤药品、包扎纱布。

(2) 各种应急物资要配备齐全并加强日常管理。

2. 应急救援后期处置注意事项

现场作业人员应配合医疗人员做好受伤人员的紧急救护工作，安全生产部人员应做好现场的保护、拍照、事故调查等善后工作。事故的调查和处理按照本电厂相关规定进行。

3. 应急救援结束后的预防措施

(1) 对从事高空作业人员，定期组织体检，身体不适应于高空作业的人员严禁登高作业。

(2) 加强对高处作业人员的安全教育，增强高处作业人员对高空坠落事件的防范和自我保护意识。

(3) 加强高处作业工地的安全监察工作，高处作业人员必须正确使用安全用具包括安全帽、安全网、安全绳。

(4) 高处作业要使用合格的登高工具，佩戴工具袋。

(5) 高处作业前要认真检查确认脚手架、平台、走道坚实牢固，架板稳定可靠，符合安全规程要求；对于空洞、沟道等应铺设好盖板或采取隔离措施，如隔离网、隔离层、栏杆等。

(6) 高空作业人员必须持证上岗，在施工时按作业环境做好防滑、防坠落事故发生的措施。

(7) 发现隐患要立即整改，在隐患没有消除前必须采取可靠的防护措施，如有危及人身安全的紧急险情，应立即停止作业。

第六章 电力企业应急演练与培训

应急演练是各类事故及灾害应急准备过程中的一项重要工作，对于评估应急准备状态，检验应急人员实际操作水平，发现并及时修改应急预案中的缺陷和不足等具有重要意义。通过不同形式的应急演练，可以解决电力企业之间以及有关部门的协同配合问题，增强应急预案的科学性、可行性和针对性，完善应急准备，提高应急处置能力。

应急培训是电力企业提高安全生产应急管理水平与应急处置能力的一项重要措施，是增强应急管理人员和公众的危机意识和责任意识，提高事故防范能力的重要途径，是保证突发事件应急预案贯彻实施的重要手段。按照《突发事件应对法》和《国务院关于全面加强应急管理工作的意见》的要求，采取不同方式开展应急管理知识培训和应急预案演练，可以确保从业人员具备基本的应急能力。

第一节 电力企业应急演练

一、应急演练概述

（一）应急演练目的

电力企业开展应急演练，目的是验证应急预案的适用性，找出应急预案存在的问题，完善应急准备，建立和保持可靠的信息渠道及应急人员的协同性，确保所有应急组织都熟悉并能够正确履行其职责。应急演练目的可以概括为以下几点：

（1）检验突发事件应急预案，提高应急预案针对性、实效性和操作性。

（2）完善突发事件应急机制，强化政府、电力企业、电力用户相互之间的协调与配合。

（3）锻炼电力应急队伍，提高电力应急人员在紧急情况下妥善处置突发事件的能力。

（4）推广和普及电力应急知识，提高公众对突发事件的风险防范意识与能力。

（5）发现可能发生事故的隐患和存在问题。

（二）应急演练原则

应急演练有多种类型，不同类型的应急演练虽有各自的特点，但在策划演练内容、演练情景、演练频次、演练评估等方面具有共同原则，具体包括：

（1）依法依规，统筹规划。应急演练工作必须遵守国家相关法律、法规、标准及有关规定，科学统筹规划，纳入各电力企业、电力用户应急管理工作的整体规划，并按规划组织实施。

（2）突出重点，讲求实效。应急演练应结合本单位实际，有针对性地设置演练内容。演练应符合事件发生、变化、控制、消除的客观规律，注重过程、讲求实效，提高突发事件应急处置能力。

（3）协调配合，保证安全。应急演练应遵循“安全第一”的原则，加强组织协调，统一指挥，保证人身、电网、设备及人民财产、公共设施安全，并遵守相关保密规定。

（三）应急演练内容

应急演练依据应急预案和应急管理工作重点，通常包括以下内容：

（1）预警与报告。根据事故情景，向相关部门或人员发出预警信息，并向有关部门和人员报告事故情况。

（2）指挥与协调。根据事故情景，成立应急指挥部，调集应急队伍和相关资源，开展应急救援行动。

（3）应急通信。根据事故情景，在应急救援相关部门或人员之间进行音频、视频信号或数据信息互通。

（4）事故监测。根据事故情景，对事故现场进行观察、分析或测定，确定事故严重程度、影响范围和变化趋势等。

（5）警戒与管制。根据事故情景，建立应急处置现场警戒区域，实行交通管制，维护现场秩序。

（6）疏散与安置。根据事故情景，对事故可能波及范围内的相关人员进行疏散、转移和安置。

（7）医疗卫生。根据事故情景，调集医疗卫生专家和卫生应急队伍开展紧急医学救援，并开展卫生监测和防疫工作。

（8）现场处置。根据事故情景，按照相关应急预案和应急指挥部要求对事故现场进行控制和处理。

（9）社会沟通。根据事故情景，召开新闻发布会或事故情况通报会，通报事故有关情况。

（10）后期处置。根据事故情景，应急处置结束后，开展的事故损失评估、事故原因调查、事故现场清理和相关善后工作。

（11）其他。根据电力行业（领域）安全生产特点所包含的其他应急功能。

（四）应急演练分类

根据《突发事件应急演练指南》，应急演练按组织形式分为桌面演练和实战演练，按内容分为单项演练和综合演练，按目的与作用分为检验性演练、示范性演练和研究性演练。

1. 桌面演练

桌面演练通常在室内完成，是指参演人员利用地图、沙盘、流程图、计算机模拟、视频会议等辅助手段，针对事先假定的演练情景，讨论和推演应急决策及现场处置的过程，从而促进相关人员掌握应急预案中所规定的职责和程序，提高指挥决策和协同配合能力。

根据桌面演练的情景设置，利用计算机技术制作 flash 动画或“3D”模拟场景，提高桌面演练的现场感，如图 6-1 所示。

桌面演练的主要作用是使演练人员在检查和解决应急预案中存在的问题的同时，获得一些建设性的讨论结果，并锻炼演练人员解决问题的能力，解决应急组织相互协作和职责划分的问题。

桌面演练方法成本低，针对性强，主要为功能演练和全面演练服务，是应急行动单位

图6－1 将计算机模拟技术应用于桌面演练

为应对生产安全事故做准备常采用的一种有效方式，也是政府、电力企业或者负有应急职责的单位、部门独立组织演练活动的一种方式。

2. 实战演练

实战演练是指事先设置突发事件情景及其后续发展情景，参演人员调集可利用的应急资源，针对应急预案中的部分或所有应急功能，通过实际决策、行动和操作，完成真实应急响应的过程，从而检验和提高相关人员的临场组织指挥、队伍调动、应急处置和后勤保障等应急能力的演练活动。实战演练按照事前是否先通知演练单位和人员，可进一步分为“预知”型演练与“非预知”型演练。

实战演练的场面较大、真实、复杂，为保证演练的正常进行和现场秩序的稳定，需要进行充分准备，其内容主要包括：

（1）设施设备的准备。现场演练需要准备大量设施，除了演练需要的应急器材、设备、人员配备以外，还包括维护现场秩序装备、保障生命财产设施等。

（2）演练工作的准备。现场演练准备过程包括演练的申请和报批、演练方案制定、演练计划安排、演练脚本编制以及人员、资源分配等。

（3）善后工作的准备。演练结束后，必须对演练现场进行清理恢复，将演练设备整理归库；对演练进行总结，除口头、书面汇报以外，还需要将演练过程和结果制成一份正式的演练总结报告提交给上级各部门和各参演组织部门。

3. 单项演练

单项演练是指为检验和评价应急预案中特定应急响应功能，或现场处置方案中一系列应急响应功能而进行的演练活动，主要针对一个或少数几个特定环节和功能进行检验。

单项演练除了可以像模拟实战一样在应急指挥中心内举行，还可以同时开展小规模的现场演练，调用有限的应急资源，主要目的是针对特定的应急响应功能，检验应急人员以及应急救援系统的响应能力。

单项演练主要针对部分应急响应功能进行，演练侧重点明显，工作细致深入。单项演练主要内容包括：

（1）充分准备。准备的内容包括模拟器材、应急设备、演练计划等，必要时可以向相关政府部门和机构提出技术支持请求。

（2）有效实施。单项演练主要检验特定应急功能的响应水平，技术性强，整个演练过程需要应急演练相关专家亲自参与，参演人员具有事故处置经验，保证演练过程顺利进行。

（3）重点评估。专项演练要成立专门的演练评估小组，对演练过程进行详细记录并评估其结果，评估人员数量视演练规模而定。

4. 综合演练

综合演练是指针对电力安全生产应急预案中全部或者大部分应急功能，为检验、评价应急救援体系进行整体应急处置能力的演练活动。综合演练要求应急预案涉及的组织单位、部门都要参加，以检验他们之间协调联动能力，检验各个组织机构在紧急情况下能否充分调用现有的人力、物力等各类资源来有效控制事故并减轻事故带来的严重后果，确保人员人身财产安全。

综合演练涉及较多的应急组织部门和各类资源，综合演练主要内容包括：

（1）演练的申请和报批。应急演练组织单位需要提前向电力监管部门或政府其他相关部门提出演练申请，在得到批准回复后方可进行正式演练准备。

（2）演练方案的制定。要使演练活动顺利实施并达到预期效果，就必须在演练准备过程中制定完善的演练方案，保证演练过程按计划进行。

（3）参演组织协调合作。综合演练一般涉及多个应急组织单位或机构部门，各部门人员必须坚守自己的岗位，相互之间协调合作，才能保证演练活动稳定有序开展。

（4）演练资源的调用。综合演练涉及器材、设备等资源众多，演练过程中须确保所需的各类资源齐全。

（5）演练后期工作。演练结束后，需对演练场所进行恢复处置，对演练结果进行评估。

5. 检验性演练

检验性演练是指为检验应急预案的可行性、应急准备的充分性、应急机制的协调性及相关人员的应急处置能力而组织的演练。

6. 示范性演练

示范性演练是指为向观摩人员展示应急能力或提供示范教学，严格按照应急预案规定开展的表演性演练。

7. 研究性演练

研究性演练是指为研究和解决突发事件应急处置的重点、难点问题，试验新方案、新技术、新装备而组织的演练。

（五）演练类型选择依据

应急演练类型的选择，应当根据电力企业安全生产要求、资源条件及客观实际情况，符合当地演练水平、气候等方面要求。应急演练方法的选择过程中，应充分考虑下列因素：

（1）国家法律法规及地方政府部门颁发的有关应急演练规定、准则等文件，如《生产经营单位安全生产事故应急预案编制导则》、《生产安全事故应急演练指南》、《国家突发事件总体应急预案》、《电力突发事件应急演练导则》和《突发事件应急演练指南》等。

（2）电力企业长期或短期的演练规划和安排，如规划确定的演练方式和开展时间、频次等。

（3）电力企业综合应急预案、专项应急预案编制与执行工作的进展情况。

（4）电力企业常见的事故类型及所面临风险的性质和大小，如事故发生的原因、规模、概率等。

（5）电力企业当前应急救援能力建设和发展的情况。

（6）演练单位现有应急演练资源状况，包括人员、物资、器材设备、资金筹措等实际情况。

总之，应急演练类型、频次的选择应依据法律、法规、标准和应急预案的要求，有针对性地组织开展电力企业应急演练活动。对于可能发生重大事故的电力企业，应适时联合当地政府或其他单位，组织开展全面演练，全面提高企业自身应急预案的有效性，人员应急状态下的自救互救能力和应急处置能力。

二、电力企业应急演练准备

电力企业应针对演练题目和范围，做好下述演练准备工作。

（一）成立组织机构

根据需要成立应急演练领导小组以及策划组、技术保障组、后勤保障组、评估组等工作机构，并明确演练工作职责、分工。

1. 领导小组职责

（1）领导应急演练筹备和实施工作。

（2）审批应急演练工作方案和经费使用。

（3）审批应急演练评估总结报告。

（4）决定应急演练的其他重要事项。

2. 策划组职责

（1）负责应急演练的组织、协调和现场调度。

（2）编制应急演练工作方案，拟定演练脚本。

（3）指导参演单位进行应急演练准备等工作。

（4）负责信息发布。

3. 技术保障组职责

（1）负责应急演练安全保障方案制定与执行。

（2）负责提供应急演练技术支持，主要包括应急演练所涉及的调度通信、自动化系统、设备安全隔离等。

4. 后勤保障组职责

（1）负责应急演练的会务、后勤保障工作。

（2）负责所需物资的准备，以及应急演练结束后物资清理归库。

（3）负责人力资源管理及经费使用管理等。

5. 评估组职责

（1）负责根据应急演练工作方案，拟定演练考核要点和提纲，跟踪和记录应急演练进展情况，发现应急演练中存在的问题，对应急演练进行点评。

（2）负责针对应急演练实施中可能面临的风险进行评估。

（3）负责审核应急演练安全保障方案。

（二）编制演练文件

1. 编制演练工作方案

电力企业在进行演练之前，应编制演练工作方案，其主要内容包括：

（1）应急演练目的与要求。

（2）应急演练场景设计。按照突发事件的内在变化规律，设置情景事件的发生时间、地点、状态特征、波及范围以及变化趋势等要素，进行情景描述。对演练过程中应采取的预警、应急响应、决策与指挥、处置与救援、保障与恢复、信息发布等应急行动与应对措施预先设定和描述。

（3）参演单位和主要人员的任务及职责。

（4）应急演练的评估内容、准则和方法，并制定相关具体评定标准。

（5）应急演练总结与评估工作的安排。

（6）应急演练技术支撑和保障条件，参演单位联系方式，应急演练安全保障方案等。

演练工作方案的主题内容见表6－1。

表6－1　演练工作方案的主题内容

标　题	说　　明
演练背景	阐述整个演练举办的原因、意义和必要性
演练目标	列出演练所需达到的预期目标
演练时间	明确演练日期和当天具体的开始、结束时间
演练地点	明确演练的地点、现场范围
演练控制及分工	列出所有参演应急组织、部门、单位及人员，落实控制人员、演练人员、模拟人员、评估人员的职责
事故情景介绍	较详细地介绍演练情景事件，包括所模拟的事故类型、情景启动的方式等
演练特点	本次演练的特点

2. 编制演练脚本

根据需要，可编制演练脚本。演练脚本是应急演练工作方案具体操作实施的文件，帮助参演人员全面掌握演练进程和内容。演练脚本一般采用表格形式，主要内容包括：

（1）演练模拟事故情景。

（2）处置行动与执行人员。

（3）指令与对白、步骤及时间安排。

（4）视频背景与字幕。

（5）演练解说词等。

如2012年中国华能集团公司在华能日照电厂举行的“防台防汛防强对流天气应急实战演练”的脚本样式见表6-2、表6-3。

表6-2 演练脚本编写样式（一）

场景1	演练总指挥宣布实战应急演练开始	画面安排
地点	应急演练指挥中心	
实战演练开始	【演练对话】 应急办主任：报告演练总指挥，我厂防台防汛防强对流天气应急实战演练人员已全部就位，各项工作准备就绪，请指示 演练总指挥：我宣布，××电厂2012年防台防汛防强对流天气应急实战演练现在开始	第1屏【直播】 【应急演练指挥中心】 演练总指挥宣布完后，画面切至下一屏（集控室）

表6-3 演练脚本编写样式（二）

计划开始时间	场景	地点	对话/处置动作
13：55	就位准备	应急演练指挥中心、各部门	全体参加演练的部门、人员及观摩人员在本部门集中待命
14：00	演练总指挥宣布实战应急演练开始	应急演练指挥中心	【演练对话】 应急办主任：报告演练总指挥，我厂防台防汛防强对流天气应急实战演练人员已全部就位，各项工作准备就绪，请指示 演练总指挥：我宣布，××电厂防台防汛防强对流天气应急实战演练开始
14：03	接到市气象局台风暴雨预警信号	集控室	【演练对话】 演练值长（接电话）：你好！我是××电厂值长（约10 s后点头）：明白

3. 编写评估指南

依据演练工作方案及演练脚本编写评估指南，供演练观摩、评估人员对演练进行评估。评估指南的内容主要包括：

（1）相关信息：应急演练目的、情景描述，应急行动与应对措施简介等。

（2）评估内容：应急演练准备、应急演练方案、应急演练组织与实施、应急演练效果等。

（3）评估标准：应急演练目的实现程度的评判指标。

（4）评估程序：针对评估过程作出的程序性规定。

（5）附件：演练评估所需要用到的相关表格等。

4. 情景设计

情景设计过程中，演练策划小组应考虑如下注意事项：

（1）编写演练方案或设计演练情景时应将演练参与人员、公众的安全放在首位。演练方案和情景设计中应说明安全要求和原则，以防演练参与人员或公众的安全健康受到危害。

（2）负责编写演练方案或设计演练情景的人员必须熟悉演练地点及周围各种有关情况。一般来说，应由技术专家和组织指挥专家（管理专家）联合参与此项工作。

（3）设计演练情景时应尽可能结合电力企业实际情况，具有一定的真实性。为增强演练情景的真实程度，策划小组可以对历史上发生过的真实突发事件进行研究，将其中一些信息纳入演练情景中，或在演练中采用一些道具或其他模拟材料等手段。

（4）设计演练情景时应详细说明气象条件。如果可能，应使用当时当地的气象条件。但是依照气象预报在情景设计时描述的气象条件很可能与演练开始后出现的天气情况不一致，使得事先设定的响应程序在演练中会因为天气变化而无法执行。因此，演练时不必一定使用当时当地气象条件，必要时可根据演练需要假设气象条件。

（5）设计演练情景时应慎重考虑公众卷入的问题，避免引起公众恐慌。必要时，对公众作出详尽说明，并明确规定新闻媒体进行宣传的内容、时间和方法。

（6）设计演练情景时应考虑通信故障问题，检测备用通信系统。备用通信系统检测应采取实际演练方式，而不是仅仅以模拟或口头演练作为备用通信系统。

（7）设计演练情景时应对演练顺利进行所需的支持条件加以说明。如通信保障、技术与生活保障、物资器材保障等。关于演练结束后仍需完成某些任务的单位、部门或个人也必须在演练情景中予以明确。

（三）制定演练现场规则

演练现场规则是指为确保应急演练安全而制定的对有关演练和演练控制、参与人员职责、实际突发事件、法规符合性、演练结束程序等事项的规定或要求。应急演练安全既包括演练参与人员的安全，也包括公众和环境的安全。确保应急演练安全是电力企业演练策划过程中的一项极其重要的工作，演练策划组应制定演练现场规则，该规则中应包括如下方面的内容：

（1）演练过程中所有消息或沟通应有“演练”二字，比如“报告演练总指挥”、“报告演练值长”等，“非预知”型演练必须有足够的安全监督措施，以便保证演练人员和可能受其影响的人员都知道这是一次模拟突发事件。

（2）应指定应急演练的现场区域，参与演练的所有人员不得采取降低保证人身安全条件的行动，不得进入禁止进入的区域，不得接受不必要的危险，也不得使他人遭受危险。

（3）演练过程中不得把假想突发事件、情景事件或模拟条件错当成真，特别是在可能使用模拟的方法来提高演练真实程度的地方，如使用烟雾发生器、虚构伤亡突发事件和灭火地段等。当计划这种模拟行动时，事先必须考虑可能影响企业设施安全运行的所有问题。

（4）不应为了模拟真实场景的需要而污染大气或造成类似危险。

（5）除演练方案或情景设计中列出的可模拟行动，以及控制人员的指令外，演练人员应将演练事件或信息当做真实事件或信息作出响应，应将模拟的危险条件当做真实情况采取应急行动。

（6）演练过程中不应妨碍发现真正的突发情况，应同时制定发生真正突发事件时可立即终止、取消演练的程序，迅速、明确地通知所有响应人员从演练到真正应急的转变。

(7) 演练人员没有启动演练方案中的关键行动时，控制人员可发布控制消息，指导演练人员采取相应行动，帮助演练人员完成关键行动。

(8) 演练人员应统一着装，整齐、正确穿戴劳动防护用品，佩戴演练袖标，根据应急预案的相关规定按章操作。

(四) 落实保障措施

1. 组织保障

落实演练总指挥、现场指挥、演练参与单位（部门）和人员等，必要时考虑替补人员。

2. 资金与物资保障

落实演练经费、演练交通运输保障，筹措演练器材、演练情景模型。

3. 技术保障

落实演练场地设置、演练情景模型制作、演练通信联络保障等。

4. 安全保障

落实参演人员、现场群众、运行系统安全防护措施，进行必要的系统（设备）安全隔离，确保所有参演人员和现场群众的生命财产安全，确保运行系统安全。

5. 宣传保障

根据演练需要，对涉及演练单位、人员及社会公众进行演练预告，宣传电力应急相关知识。

6. 其他准备事项

根据需要准备应急演练有关活动安排，进行相关应急预案培训，必要时可进行预演。

三、电力企业应急演练实施

(一) 熟悉演练任务和角色

电力企业在应急演练前应进行演练动员，确保所有演练参与人员了解演练情景、演练现场规则和演练计划中与各自工作相关的内容。必要时可分别召开控制人员、评估人员、演练人员的情况介绍会，演练模拟人员和观摩人员一般参加控制人员情况介绍会。

1. 控制人员

1) 控制人员情况介绍会

控制人员情况介绍会主要是根据演练方案讲解演练情景的所有内容，包括响应人员的预期行动，各控制人员（含模拟人员）的工作岗位、任务及其详细要求，控制人员之间的通信联系，有关演练工作的行政与保障工作管理措施，演练现场规则及有关演练安全及安保工作的详细要求，有关情景事件中复杂和敏感部分的控制细节。

2) 控制人员的主要任务

(1) 确保演练充分和演练进度。

(2) 确保演练既具有一定的工作量，又富有一定的挑战性。

(3) 解答演练人员的疑问，解决演练过程中出现的问题。

(4) 保障演练过程的安全。

2. 演练人员

1）演练人员情况介绍会

根据演练方案，演练人员情况介绍会需要讲解演练人员在演练前应当知道的事项，一般包括演练现场规则，有关演练安全及安保工作的详细要求，演练目标和演练范围，演练过程中已批准的模拟行动，各类演练参与人员的识别方式，演练开始的初始条件，演练过程中有关行政事务、保障事务或联系方式的特殊要求。

2）演练人员的主要任务

根据模拟场景和紧急情况作出反应，执行具体应急任务，如：抢救伤员或被困人员、保护财产或公众健康、获取或管理资源、与其他应急人员共同控制事态等，尽可能按真实事件一样决策或响应，应熟悉应急响应体系和所承担的任务及行动程序。

3. 评估人员

1）评估人员情况介绍会

评估人员情况介绍会主要是根据演练方案讲解演练情景的所有内容，包括响应人员的预期行动，场外应急响应活动的指导思想与原则，演练目标、评估准则、演练范围及演练协议，企业演练现场规则及有关演练安全及安保工作的详细要求。

2）评估人员的主要任务

（1）观察重点演练要素并收集资料。

（2）记录事件、时间、地点详细演练经过。

（3）观察行动人员的表现并记录。

（4）在不干扰参演人员工作的情况下，协助控制人员确保演练按计划进行。

（5）根据观察，总结演练结果并出具演练报告。

4. 模拟人员及观摩人员

1）模拟人员

模拟事故的发生过程，如释放烟雾、模拟气象条件、模拟泄漏等，模拟受害或受影响人员，扮演、替代某些由于特殊原因未能参加演练的部门。

2）观摩人员

可以邀请有关领导、部门、外部机构及旁观演练过程的观众作为观摩人员。

（二）安全检查和组织预演

（1）确认演练所需的工具、设备、设施、技术资料以及参演人员到位。对应急演练安全保障方案以及设备、设施进行检查确认，确保安全保障方案可行，所有设备、设施完好。

（2）在综合应急演练前，演练组织单位或策划人员可按照演练方案或脚本组织桌面演练或合成预演，熟悉演练实施过程的各个环节。

（三）演练启动

所有演练参与人员应按照各自的职责各就其位，并确认目前具备演练条件。

对于桌面演练，以主持人的一段简单介绍开始。首先介绍演练的目的、范围、所持续的时间以及应遵守的规则等关于本次演练的基本信息；然后进入突发事件情景的描述部分，内容包括假想突发事件的发生地点、突发事件类别以及严重程度等内容，并辅之以演示材料（地图、图片、视频、软件模拟、沙盘等），把演练人员带入虚构的事件场景，然后由演练主持人提出第一个问题，开始桌面演练。

对于现场演练，通过事先设计好的方式将演练情景呈现给演练参与人员，由演练总指挥宣布演练正式开始，然后通过消息导入触发演练活动。

演练开始前，应确认各项条件都已具备。

（四）演练执行

1. 演练指挥与行动

所有演练参与人员应按照各自的职责各就其位，并确认目前具备演练条件，演练开始后，原则上应严格按照演练方案及脚本执行演练的各项活动。

（1）演练总指挥负责演练实施全过程的指挥控制。当演练总指挥不兼任总策划时，一般由总指挥授权总策划对演练过程进行控制。

（2）按照演练方案的要求，应急指挥机构指挥各参演队伍和人员，开展对模拟演练事件的应急处置行动，完成各项演练活动。

2. 演练过程控制

总策划负责按演练方案控制演练过程。

1）桌面演练过程控制

在讨论桌面演练中，演练活动主要是围绕对所提出问题进行讨论。由总策划以口头或书面形式，部署引入一个或若干个问题。参演人员根据应急预案及有关规定，讨论应采取的行动。

在角色扮演或推演式桌面演练中，由总策划按照演练方案发出控制消息，参演人员接收到事件信息后，通过角色扮演或模拟操作，完成应急处置活动。

2）实战演练过程控制

在实战演练中，要通过传递控制消息来控制演练进程。总策划按照演练方案发出控制消息，控制人员向参演人员和模拟人员传递控制消息。参演人员和模拟人员接收到信息后，按照发生真实事件时的应急处置程序，或根据应急行动方案，采取相应的应急处置行动。

控制消息可由人工传递，也可以用对讲机、电话、手机、传真机、网络等方式传送，或者通过特定的声音、标志、视频等呈现。演练过程中，控制人员应随时掌握演练进展情况，并向总策划报告演练中出现的各种问题。

3. 演练解说

在演练实施过程中，演练组织单位可以安排专人对演练过程进行解说。解说内容一般包括演练背景描述、进程讲解、案例介绍、环境渲染等。对于有演练脚本的大型综合性示范演练，可按照脚本中的解说词进行讲解。

4. 演练记录

演练实施过程中，一般需安排专门人员，采用文字、照片和音像等手段记录演练过程。文字记录可由评估人员完成，主要包括演练实际开始与结束时间、演练过程控制情况、各项演练活动中参演人员的表现、意外情况及其处置等内容，尤其是要详细记录可能出现的人员“伤亡”（如进入“危险”场所而无安全防护，在规定的时间内不能完成疏散等）及财产“损失”等情况。

照片和音像记录可安排专业人员和宣传人员在不同现场、不同角度进行拍摄，尽可能全方位反映演练实施过程。

5. 演练宣传报道

演练宣传组按照演练宣传方案做好演练宣传报道工作。认真做好信息采集、媒体组织、广播电视节目现场采编和播报等工作，扩大演练的宣传教育效果。对涉密应急演练要做好相关保密工作。

（五）演练结束与终止

演练完毕，由总策划发出结束信号，演练总指挥宣布演练结束。演练结束后所有人员停止演练活动，按预定方案集合进行现场总结讲评或者组织疏散。后勤保障组负责组织人员对演练现场进行清理和恢复。

演练实施过程中出现下列情况，经演练领导小组决定，由演练总指挥按照事先规定的程序和指令终止演练：

（1）出现真实突发事件，需要参演人员参与应急处置时，要终止演练，使参演人员迅速回归其工作岗位，履行应急处置职责。

（2）出现特殊或意外情况，短时间内不能妥善处理或解决时，可提前终止演练。

四、电力企业应急演练评估与总结

（一）应急演练评估

演练评估是指观察和记录演练活动、比较演练人员表现与演练目标要求、提出演练发现问题、形成演练评估报告的过程。演练评估的目的是确定演练是否已经达到演练目标的要求，检验各应急组织指挥人员及应急响应人员完成任务的能力。

1. 评估方法

应急演练评估方法是指演练评估过程中的程序和策略，包括评估组组成方式、评估目标与评估标准。评估人员较少时可仅成立一个评估小组并任命一名负责人。评估人员较多时，则应按演练目标、演练地点和演练组织进行适当的分组，除任命一名总负责人，还应分别任命小组负责人。评估目标是指在演练过程中要求演练人员展示的活动和功能。评估标准是指供评估人员对演练人员各个主要行动及关键技巧的评判指标，这些指标应具有可测量性。评估目标与演练目标相一致，评估标准则与演练目标的评估准则相一致。

情景设计时，策划人员应编制评估计划，应列出必须进行评估的演练目标及相应的评估准则，并按演练目标进行分组，分别提供给相应的评估人员，为了确保评估结果全面，可采用评估人员审查和参加者汇报相结合的方式。

1）现场点评

应急演练结束后，在演练现场，评估人员或评估组负责人对演练中发现的问题、不足及取得的成效进行口头点评。

2）书面评估

评估人员针对演练中观察、记录以及收集的各种信息资料，依据评估标准对应急演练活动全过程进行科学分析和客观评价，并撰写书面评估报告。

2. 评估报告

书面评估报告的主要内容包括：演练执行情况，预案的合理性与可操作性，指挥人员的指挥能力，参演人员的处置能力，演练的设备与装备的先进性、适用性，应急物资、通信、交通、安全等保障是否充分，演练的成本效益等。

评估报告重点对演练活动的组织和实施、演练目标的实现、参演人员的表现以及演练中暴露的问题进行评估。

1）不足项

不足项是指演练过程中观察或识别出的，可能使应急准备工作不完备，从而导致在突发事件发生时不能确保应急组织采取合理应对措施保护人员安全的项目。不足项应在规定的时间内予以纠正。演练发现确定为不足项时，策划小组负责人应对该不足项作出详细说明，并给出应采取的纠正措施和完成时限。

2）整改项

整改项是指演练过程中观察或识别出的不完备项目。整改项应在下次演练时予以纠正。在两种情况下，整改项可列为不足项：

（1）某个应急组织中存在两个以上整改项，其共同作用可妨碍公众生命安全健康。

（2）某个应急组织在多次（两次以上）演练过程中反复出现前次演练识别出的整改项。

3）改进项

改进项是指应急演练过程中应予改善的问题。改进项不同于不足项和整改项，而是对部分演练项目进行改进，使应急演练更加科学、合理、有效。改进项一般不会对人员生命安全或健康造成严重影响。

（二）应急演练总结

演练结束后，进行总结与讲评是全面评价演练是否达到演练目标、应急准备水平及是否需要改进的一个重要步骤，也是演练人员进行自我评价的机会。演练总结与讲评可以通过访谈、汇报、协商、自我评价、公开会议和通报等形式完成。

策划组负责人应在演练结束规定期限内，根据评价人员演练过程中收集和整理的资料，以及演练人员和公开会议中获得的信息，编写演练报告。演练报告是对演练情况的详细说明和对该次演练的评价，应包括如下内容：

（1）本次演练的背景信息，含演练地点、时间、气象条件等。

（2）参与演练的应急组织。

（3）演练情景与演练方案。

（4）演练目标、演示范围和签订的演示协议。

（5）应急情况的全面评价，含对前次演练不足项在本次演练中表现的描述。

（6）演练发现与纠正措施建议。

（7）对应急预案和有关执行程序的改进建议。

（8）对应急设施、设备维护与更新方面的建议。

（9）对应急组织、应急响应人员能力与培训方面的建议。

策划小组在演练总结与讲评过程结束之后，安排人员督促电力企业应急管理部门继续解决其中尚待解决的问题或事项。为确保参演应急组织能从演练中取得最大益处，策划小组应对演练发现问题进行充分研究，确定导致该问题的根本原因、纠正方法和纠正措施完成时间，并指定专人负责对演练发现中的不足项和整改项的纠正过程实施追踪，监督检查纠正措施进展情况。

第二节 电力企业应急培训

应急培训是增强电力企业危机意识和责任意识，提高事故防范能力的重要途径，是提高应急救援人员和职工应急能力的重要措施，是保证应急预案贯彻实施的重要手段。因此，电力企业应按照《国家安全监管总局办公厅关于进一步加强安全生产应急管理培训工作的通知》（安监总厅应急〔2011〕108号）、《电力突发事件应急演练导则（试行）》、《突发事件应急演练指南》提出的要求，根据自身特点，定期组织本企业的应急培训，加强和完善电力企业员工的协调配合工作能力，并通过专业人员的技术交流和研讨，提高应急处置的业务知识水平。

一、电力企业应急培训的任务

通过采取不同方式开展安全生产应急管理知识和应急预案的宣传教育和培训工作，确保所有从业人员具备基本的应急技能，熟悉企业应急预案，掌握本岗位事故防范措施和应急处置程序，锻炼和提高队伍在突发事故情况下的快速抢险、及时营救伤员、正确指导和帮助群众防护或撤离、有效消除危害后果、开展现场应急急救和伤员转送等应急救援技能和应急反应综合素质，有效降低事故危害，减少事故损失。

二、电力企业应急培训主要内容

电力企业应急培训应当采取理论教学和实践教学相结合的方式。内容可包括以下几个方面：

（1）电力应急法律法规。
（2）电力安全技术知识。
（3）心理素质训练。
（4）自救呼救知识。
（5）应急避险与逃生。
（6）典型应急预案编制与推演。
（7）事故案例分析。
（8）其他相关知识。

三、电力企业应急培训实施

（一）制定应急培训计划

1. 需求分析

制定培训与教育计划之前，首先要对应急管理系统各层次和岗位人员进行工作和任务分析，确定应急培训与教育的内容及培训方式。培育与教育应该系统辨识和分析实现高效应急响应的所有重要的工作岗位及其职能，以明确培训目标和培训后受训人员的培训效果。

2. 课程设计

对于电力企业不同类型的人员，应进行具有针对性的应急培训。

1）电力企业中高层管理人员应急培训重点内容

（1）电力企业应急管理现状及发展趋势。

（2）电力企业应急救援体系建设的必要性与重要意义。

（3）电力企业领导决策层、管理部门、职能部门以及应急救援队伍的主要应急管理职责。

（4）电力企业预警机制、应急响应机制、信息发布机制。

（5）电力企业通信信息系统、技术支持系统、物资与装备保障系统、培训演练系统。

（6）电力企业事故隐患辨识和应急预案编制方法，应急预案体系的基本内容以及应急预案的概念、目的和作用。

（7）电力企业应急演练的基本要求、任务与目标。

（8）其他需要了解和掌握的内容。

2）电力企业基层管理人员及一线作业人员培训重点内容

（1）电力企业应急预案的概念、目的和作用。

（2）电力企业综合应急预案、专项应急预案和现场处置方案的基本要求。

（3）事故报警、应急响应行动过程的基本要求。

（4）电力企业危险源点的识别方法。

（5）正确使用应急资源，正确选择和使用个人防护用品。

（6）其他需要了解和掌握的内容。

3. 培训方式

从培训技巧的种类来说，可以划分为讲课型、研讨型、演练型和综合型，每一类培训技巧中所包含的内容各有不同。讲课型培训主要是对某一或某几个问题向受训的对象进行讲解，这种培训方法主要用于应急培训的早期入门培训；研讨型培训主要是就某一或某几个问题由培训对象进行讨论，通过集体智慧找出解决问题的方法，这种培训方法主要应用于各级应急救援负责人之间的协调问题的培训；演练型培训是针对预案的某一部分或整体进行演练，以便发现问题、解决问题。针对培训不同的对象、内容，所采取的培训方法也有区别。在各种训练方法中，选择哪些方法来实施训练，是培训计划的主要内容之一，也是培训成败的关键因素之一。

4. 课程准备

课程准备包括准备标准授课计划、辅助设施、学习材料等。

（1）初次培训应准备的课程计划和教学辅助内容包括：每章节课程的简要说明，参考资料，授课方法，培训过程中的事件顺序，教学内容、工作要求和培训计划之间相互关系的说明，学习任务和培训达到的目标任务。

（2）重新培训应准备的课程计划和教序辅助内容包括：评估现有教学状况（例如授课计划、学习资料、视听辅助设施），必要时改动或加入新的媒介以辅助完成学习任务，使用已有的方法和开发新的教学内容以支持计划。

（二）应急培训实施

培训与教育应按照制定的培训计划，认真组织，精心安排，合理安排时间，充分利用不同方式开展，使参与培训的人员能够在良好的培训氛围中学习、掌握有关应急知识。

（三）应急培训效果和修订

电力企业对培训结束后的效果评价，可通过两种方式进行，一是通过各种考核方式和手段，评价受训者的学习效果和学习成绩。电力企业可以组织有关专家、高级技术人员以及授课老师共同编制一份试卷，试卷的内容应包括基本的理论知识和事故案例分析两部分，不仅可以考察受训的基础知识，同时也可以测试受训人员的现场反应能力和解决问题的综合能力，从而达到检验受训人员的培训效果。二是在培训结束后，通过考核受训者在演练中或实践中的表现来评价培训的效果。如可对受训者前后的工作能力有没有提高或提高多少，效率有没有提升或提升多少等进行评价。对于培训考核效果很差完全达不到应急培训要求的人员，电力企业应当对其进行再次培训，直至考核合格。互联网应急知识的培训，是受训者自我培训的新型途径。

根据效能标准和评估准则，培训者应该根据考试与工作保持一致性与相关性的指导原则制定合适的测试。最终学习任务和辅助学习任务都应该进行考试。每项考试要求展示与学习任务和工作任务直接相关的知识和技能。首先，培训者应该确定每项考试的效能标准以确定出学习任务掌握是否充分；其次，培训者应该提供评判答案和解释说明以详细说明每项考试的必要程序和资源；最后，培训者还应该系统分析测试结果，给受训者效能的反馈。这种分析不仅帮助受训者改进缺点，还可以帮助培训者辨识出培训计划的缺陷，以便在以后的计划中进行改动。

对于系统的经常定期评估的计划，培训者应当根据受训者在实际应急或训练背景中的表现对培训计划进行评估，进而对培训计划进行修订和更新。

第三节　某地处置大面积停电事件应急联合演练实例

依据《××省处置电网大面积停电事件应急预案》、《××市处置电网大面积停电事件应急预案》，依托现有各级政府和电力行业的应急指挥体系、应急救援力量，以处置大面积停电事故和社会应急联动为主要内容组织演练。通过演练，检验各级政府和电力管理部门处置大面积停电事件应急预案的科学性、合理性和可操作性，磨合各级政府和电力行业处置大面积停电事故的应急机制，锻炼各级处置大面积停电事故应急指挥机构和应急救援队伍，提高应急指挥和事故处置能力，教育广大群众增强停电危机意识，提高××主网在发生功率缺额情况下的事故支援能力，确保完成电力保障任务。

一、演练课题设置

（1）××省××市发生Ⅰ级停电事件时，演练各级政府及电网企业、社会公众应急联合处置。

（2）在主网及部分地区发生较大功率缺额情况下，主网通过事故拉限负荷，支援供电的应急处置。

二、演练内容

根据省、市两级停电应急预案的要求，演练主要分为故障发布和先期处置、信息报告和启动预案、应急处置、应急结束4个环节，整体演练时间为50 min左右。

（一）故障发布和先期处置

故障发布和先期处置包括电网事故的发生、电力调度机构先期处置、95598客服中心向用户做解释说明以及用户停电后瞬间场景。

（二）信息报告和预案启动

信息报告和预案启动重点展现电网企业、政府应急机构、企事业单位在停电事故发生后的信息报送及启动各级应急响应的过程。主要包括省、市电力公司根据事故情况宣布启动应急响应，省、市、县应急办公室在接到电力部门汇报后，分别启动本级应急响应，以及社会联动部门分别启动停电应急响应。

（三）应急处置

应急处置重点展现政府有关部门、电力部门及社会联动单位在省、市应急指挥中心的指挥下，开展应急处置。主要包括省、市政府召开新闻发布会，省、市应急指挥中心向政府有关部门、电力企业发布应急处置指令，省、市电力公司应急指挥中心下达抢修、恢复供电的指挥场景。社会联动方面，选取具有典型性的企业单位开展应急联动处置，主要包括机场、医院、交通路口、化工企业、银行等场景。

（四）应急结束

应急结束主要内容包括省、市电力应急指挥中心向省、市应急指挥中心汇报事故恢复情况，在供电负荷恢复到90%以上时，各级应急指挥中心先后宣布终止应急状态，省、市政府召开新闻发布会，通报电网恢复情况等。

三、演练形式

（1）省、市应急领导小组成员分别在省、市应急指挥中心组织指挥和观摩演练，邀请省、市政府有关领导，国家电网公司、电监局、省电力公司及有关企事业单位领导到主会场观摩，邀请有关专家组成演练评估小组在主会场观摩评估；省、市电力公司应急领导小组成员分别在省、市电力应急指挥中心组织指挥和观摩演练。

（2）演练以《××省处置电网大面积停电事件应急预案》和《××市处置电网大面积停电事件应急预案》组织体系流程的运转为主线，依据两级政府电力应急领导小组的应急指挥、决策和部署，按照时间顺序把停电后电力部门及政府部门的应急处置、民众的反应、企事业单位的反应、市政应急反应等有序组织穿插起来，将具有典型性的场景传送到主会场及各分会场，供领导及专家观摩指导。

（3）制定演练总体方案及各个演练场景的子方案，在分别进行各子方案预演后，进行整体合练预演。演练采取同步和分步、模拟和实战、局部和整体、上调下演相结合的方式整体联动，按照预定的进程，将各个演练现场音视频信息以直播和录像两种方式传送到主会场。

（4）演练全程有专人做现场讲解。

四、演练总结

（一）本次演练所取得的成绩

通过本次跨行业跨部门的演练，有效地检验了××省处置电网大面积停电事件应急预案的科学性和有效性，集中展示了各级政府和企事业单位应对电力公共突发事件的应急处置和组织协调能力，达到了预期目的。

（1）引导周密，组织有力，体现了较高的水准。本次演练由省人民政府、国家电力监管委员会、国家电网公司主办，省发改委、省电监局、省电力公司承办，由省政府××担任总指挥，同时，国务院应急办公室、国家发改委、国家电监会、国家安全救援中心以及国家电网公司有关部门的领导亲临现场指导。参演单位涉及政府机关、电力、医院、通信、公安、消防、司法、银行、交通、厂矿、工业、事业单位等多个部门和单位的联合行动，参与面广，代表性强。

（2）定位准确，针对性强。本次演练针对电力企业安全性存在的薄弱环节和潜在的风险，设置有雷雨、大风天气，引发电网部分输电线路故障跳闸并造成部分地区大面积停电。这次演练的情境设定实战性和针对性较强。在演练过程中，电网调度人员沉着冷静应对；故障抢修人员迅速出动，果断处置；电力客服人员积极响应，认真做好服务工作。从整体上看，××电力企业应急反应迅速，相关信息的收集、报道及时准确，应急指挥条理清楚，命令传达通畅，应急行为规范，服务细致周到，体现了较高的整体素质和专业水平。

（3）内容丰富，重点突出，符合应急管理常规要求。根据《国家处置电网大面积停电事件应急预案》和《××省大面积停电事件应急预案》的有关要求，本次演练重点突出了对事件报告以及应急启动、应急响应、应急处置和应急结束的机制的检验，演练设置了先期处置、应急报送、应急响应、应急恢复4个阶段，环节明确、真实、完整，流程清晰，参加演练的各个单位准备充分、训练有素，较好地完成了演练任务。

（4）锻炼队伍，提高战力。通过这次演练。通过开展这次应急联合演练，锻炼了电力企业应急队伍，提高了电力企业应对突发大面积停电事故的能力，取得较好效果。

（5）不断完善，持续改进，提高应急管理水平。本次带有实战性的联合演练，进一步提升了应急演练的实战性，是这次演练中突出的亮点和特色，但也发现个别单位应急准备不够，应急处置的措施还不够完善，制备应急电源尚不能完全满足要求，电力设施的维护还不到位等问题。

（二）评估专家意见

专家组对本次演练提出几点建议和想法，仅供参考：

（1）通过多种渠道，加强电力应急的宣传、教育，提高全社会和公众应对大面积停电事件的应急处置能力。

（2）在政府主导下，多部门联合督导，本次电力实战应急演练，进一步提高各级政府和企事业单位的风险意识，弥补应急薄弱环节，增强应急的准备能力，共同保证电力的安全，以有效地降低突发大面积停电事件造成的损失。

（3）加强应急指挥平台的资源整合，确保事故状态下能够有效地整合各种信息资源，为迅速开展应急指挥的救援抢险工作提供有力支持，满足实战要求。

（4）加强应急演练工作的常态化，形成定期演练机制，增加演练的多样性和实战性，同时，要注意分析总结演练中发现的问题和缺陷，并作为修改应急预案的重要依据。

第七章　电力企业事故应急处置

电力企业突发事件具有涉及环节多、灾害源多、损失巨大、影响面广等特点，除对电力企业本身造成巨大损失外，一旦电力供应中断，将对国民经济和人民生活带来重大影响。因此，电力企业应强化突发事件应急处置能力，利用一系列的管理和技术手段，控制突发事件的发生与发展，并尽可能地消除危害后果，将突发事件对人、财产和环境的破坏减至最低程度。

第一节　电网企业典型事故应急处置

一、电网大面积停电应急处置

由于大电网能更合理地利用资源，节约投资，提高电能质量和供电可靠性，因而现代电网的规模越来越大。同时，随着电网规模的扩大，电网大面积停电造成的影响也越来越严重。尽管人们可以采取各种措施提高系统的安全性和可靠性，但仍然无法从根本上杜绝长时间大面积停电事件的发生。因此，做好大面积停电事件应急处置工作显得尤为重要。

（一）风险分析

造成电网大面积停电的原因主要有以下几个方面：

（1）因电力生产发生重、特大事故，引起连锁反应，造成电网减供负荷达到较高比例。

（2）因严重自然灾害引起电力设施大范围破坏，造成电网大面积停电，并且造成重要发电厂停电、重要输变电设备受损，对电网安全稳定运行构成严重威胁。

（3）因电煤供应短缺等原因，造成发电厂机组非计划停机，电网不得不采取拉闸限电措施。

电网一旦发生大面积停电事件，公众的日常生活将被打乱，缺乏照明、交通无信号指示、电信可能中断，而商业活动可能因计算机数据丢失等原因而遭受巨大损失，银行、商场将无法营业，金融活动将被迫停止，医院病人可能因停电导致死亡，化工企业可能因为停电发生爆炸或有害物质泄漏，电网大面积停电事件还可能引发工矿企业事故、引发社会骚乱等众多灾难性后果。

电网大面积停电事件对电力企业的影响主要有两方面：一是在某些情况下，电力企业要承担赔偿用户损失的责任；二是对电力企业信誉造成损害，这种损害会使公众对电力公司失去信心，使投资者对电力企业失去兴趣，使电力企业失去政府的信任。这种损害有时是灾难性的，会导致电力企业经营业绩严重滑坡、经营环境严重恶化乃至企业破产。

（二）处置程序

为应对电网大面积停电事件，国务院颁布了《国家处置电网大面积停电事件应急预案》，各地方人民政府也依照有关要求制定了本行政区域处置电网大面积停电事件应急预案。在处置电网大面积停电事件时，电网企业应当服从政府应急领导小组的命令。

当电力生产发生突发性重、特大事故、电力设施大范围破坏、严重自然灾害、电力供应持续危机时，电网调度机构和电网企业的应急指挥机构应立即启动企业应急预案，同时将停电范围、停电负荷、发展趋势等有关情况尽快报告当地政府应急领导小组。

当地政府应急领导小组在接到事件报告之后，根据事件影响范围、停电区域、严重程度、可能后果和应急处置需要等，判断是否启动政府应急预案。

电网大面积停电事件发生后，电力企业应立即组织开展应急处置工作，同时配合政府相关部门做好社会应急工作。

（三）处置措施

1. 电网恢复

（1）发生电网大面积停电事件后，电力调度机构和有关电力企业要尽快恢复电网运行和电力供应，迅速调度抢险队伍以及应急物资与设备，组织抢险，排除险情，修复故障设备。

（2）在电网恢复过程中，电力调度机构负责协调电网、电厂、用户之间的电气操作、机组启动、用电恢复，保证电网安全稳定留有必要裕度。

（3）在电网恢复过程中，要优先恢复大型电厂和仍能保持热态启动能力机组的厂用电源。对于有自启动能力的发电厂，应根据情况自行启动发电机组。

（4）在电网恢复过程中，各发电厂严格按照电力调度命令恢复机组并网运行，调整发电出力。

（5）在电网恢复过程中，优先恢复重点地区、重要城市、重要用户的电力供应。各电力用户要严格按照调度计划分时分步地恢复用电。

2. 社会应急

电网大面积停电事件发生后，电力企业应积极配合受影响或受波及的地方各级政府、各有关部门、各类电力用户的应急处置行动，组织开展社会停电应急救援与处置工作。

（1）对停电后易造成重大影响和生命财产损失的单位、设施等电力用户，按照有关技术要求迅速启动保安电源，避免造成更大影响和损失。

（2）地铁、机场、高层建筑、商场、影剧院、体育场（馆）等人员聚集场所的电力用户，停电后应迅速启用应急照明，组织人员有组织、有秩序地集中或疏散，确保所有人员的人身安全。

（3）公安、武警等部门在发生停电的地区要加强对关系国计民生、国家安全和公共安全的重点单位的安全保卫工作，加强社会巡逻防范工作，严密防范和严厉打击违法犯罪活动，维护社会稳定。

（4）消防部门做好各项灭火救援应急准备工作，及时扑灭大面积停电期间发生的各类火灾。

（5）交通管理部门需组织力量，加强停电地区的道路交通指挥和疏导，缓解交通堵塞，避免出现交通混乱，保障各项应急工作的正常进行。

（6）物资供应部门要迅速组织有关应急物资的加工、生产、运输和销售，保证居民在停电期间的基本生活资料供给。

(7)停电地区各类电力用户要及时启动相应停电预案,有效防止各种次生灾害的发生。

二、雨雪冰冻灾害应急处置

(一)风险分析

雨雪冰冻灾害能够导致输电线路覆冰，导致输电线路机械和电气性能急剧下降，并可能造成以下危害:

(1)线路过荷载事故。当覆冰积累到一定体积和重量之后，输电线的重量倍增，弧垂增大，导线对地间距减小，从而导致闪络事故的发生。同时，在风的作用下，两根导线或导线与地之间可能相碰，会造成短路跳闸、烧伤甚至烧断导线的事故。如果覆冰的重量进一步增大，则可能超过导线、金具、绝缘子及杆塔的机械强度，使导线从压接管内抽出，或外层铝股全断、钢芯抽出；当导线覆冰超过杆塔的额定荷载一定限度时，可能导致杆塔基础下沉、倾斜或爆裂，杆塔折断甚至倒塌。

(2)相邻档不均匀覆冰或不同期脱冰造成的事故。输电线路相邻档不均匀覆冰或不同期脱冰都会产生张力差，使导线在线夹内滑动，严重时导线外层铝股在线夹出口处全部断裂、钢芯抽动，造成线夹另一侧的铝股拥挤在线夹附近。邻档张力的不同，还会导致直线杆塔承受张力的能力变差，悬垂绝缘子串偏移很大，碰撞横担，造成绝缘子损坏或破裂；也可使横担转动，导线碰撞拉线，烧伤或烧断拉线，杆塔在失去拉线的支持后倒塌。不同期脱冰使横担折断或向上翘起，地线支架破坏，因覆冰不均匀使横担扭转。

(3)绝缘子串覆冰造成频繁冰闪事故。冰闪是污闪的一种特殊形式，绝缘子在严重覆冰的情况下，大量伞形冰凌桥接，绝缘强度降低，泄漏距离缩短。融冰过程中，冰体或者冰晶体表面水膜很快溶解污秽中的电解质，提高了融冰水或冰面水膜的导电率，引起绝缘子串电压分布及单片绝缘子表面电压分布的畸变，从而降低了覆冰绝缘子串的闪络电压。融冰时期通常伴有的大雾，使大气中的污秽微粒进一步增加融化冰水的导电率，形成冰闪。

(4)输电线舞动损坏电力设备。输电线覆冰后形成非圆截面，在风力作用下发生低频驰振，振动频率通常在0.1~0.3 Hz，振幅约为导线直径的5~300倍。导线舞动引起杆塔、导线、金具及部件的损坏，造成频繁跳闸甚至停电事故。

(二)处置程序

当因为雨雪冰冻灾害造成电网出现大面积冰冻、重要输变电设备损坏、电网解列、输电线路倒杆断线等事故时，电网企业应急指挥机构应迅速启动相应预案，指挥抗冰抢险工作。

进入应急状态后，电网企业应急指挥中心应实施24 h值班，每日召开协调部署会议，总结当天工作，部署下一步工作。

(三)处置措施

(1)进入应急状态后，原无人值班的重要变电站改为有人值班，并根据需要配备必要的检修人员。

(2)变电站值班人员应加强对站内设备的巡视，如发现站内设备覆冰严重影响安全运行或可能进行的融冰操作的情况应立即汇报。

(3)线路运行维护单位应加强线路巡视，根据冰情发展和分布情况对各线路冰情采取流动观测。对于特别重要联络线、重要用户供电线路、跨越高速公路及铁路地段，必要时派专人蹲守监控；对路途遥远的线路应建立临时巡线站；对线路薄弱点可先行采取加固措施。

（4）电网相关部门应组织人员根据预先设定的融冰顺序及现场汇报冰情发展特点等实际情况，制定对线路短路融冰排序表，交调度部门执行。调度部门将排序表提前通知线路运维单位、维操队及变电检修单位以便做好相关准备工作。

（5）维操队得到通知后立即通知操作把关人员及变电检修单位人员一同前往，携带事先拟定的典型操作票、操作工器具。维操队负责实施融冰操作，检修单位负责对操作过程中出现的设备问题及时进行处理。

（6）用户变电站融冰操作时，电网调度部门还应通知客户服务中心赶到现场，配合、监督用户进行操作。

（7）线路运维人员应提前进入融冰线路现场，对线路融冰效果进行现场监视，并及时汇报调度。

（8）110 kV 及以上输电线路的人工除冰主要是对绝缘子采取停电除冰以防止冰闪跳闸，宜采取外力敲打法。变电设备的人工除冰可采用外力敲打法或热力融冰法；不停电除冰宜选用高一级电压等级的绝缘工器具或优先采用干燥热空气融冰装置。10 kV 及以下配电线路的人工除冰主要是对线路导线采取停电人工除冰，宜采取外力敲打法、单相导线上下抖动法、三相或四相导线相互撞击法。

（9）除冰前必须履行停电手续，并布置好安全措施，作业中必须有专人监护。

（10）电网企业相关单位成立抢修队，对冰灾期间受损设备进行及时抢修。

（11）设备抢修可分为抢险和恢复重建两个步骤。接到事故通报后，抢修队对事故设施先期进行临时处理，避免事故扩大，然后再组织恢复重建；特殊时期，在确保安全的条件下可采取临时措施先行恢复送电，待灾情缓和后另行停电处理。

三、特殊时期保电应急措施

所谓特殊时期是指在我国召开的具有重大影响的国际性会议、活动，国家级重要政治、经济、文化活动，全国性主要节假日（春节、十一国庆节、五一劳动节、元旦等），以及其他由上级部门认定的时期。

（一）保电准备工作

（1）为了保证特殊时期的可靠供电和电能质量，设备单位应对本单位维护的设备进行全面检查，及时组织和安排相关设备消缺工作，要求在特殊时期前两天完成。用户自身要求的检修，酌情安排。

（2）根据特殊时期用户用电情况、天气变化、主网供电能力等进行负荷预测。

（3）各维护单位在特殊时期应对本单位维护的设备进行全面检查，用电监察人员要对部分往年故障多的用户进行用电安全检查，及时消除设备缺陷，确保电网设备安全稳定运行。

（4）加强对电网安全分析。安全分析应包含电网运行设备分析、设备存在的问题及缺陷、电网运行危险点分析及预控措施。针对各主要输变电设备，调度制定切实可行的典型事故应急预案。

（5）特殊保电时期，电力运行人员的安全思想意识不能松懈，工作要认真到位，须及时准确地把握系统的运行情况，对薄弱环节做到心中有数，做好事故预想和应急措施，尤其须熟悉典型事故预案的相关内容，以方便事故处理，缩短事故停电时间。各检修单位要安排好应急抢修人员及抢修物资。

（6）特殊保电时期要保证所有的保护及自动装置正常运行，遇有异常情况要及时通知检修部门。禁止采用退出系统低频减载、低电压减负荷装置或变电站远切、联切装置，来达到保电目的。要确保系统稳定防线的完备，确保各种安全稳定装置的正常运行，避免发生因装置误动、拒动而引发的系统安全稳定事故。

（7）严格执行重大事项汇报制度，遇有重大、突发事件要立即通报和汇报，并及时处理，确保电网正常运行。

（8）做好特殊时期调度所、重要变电站、重要生产场所的安全保卫工作。

（9）通信班组在特殊时期前，应对自己所辖通信站的电源设备进行全面检查，同时利用动力环境监控系统和网管对电路、调度电话（包括录音系统）、RTU、电能计量、远切保护等通道进行一次全面检查，对检查出来的问题要及时处理。同时要分析薄弱环节，编制相应的事故预案，准备相应的备品备件。

（10）特殊时期原则上不安排新上设备和电路，做好通信设备网管数据备份，原则上不做网管数据修改操作。

（11）安排好特殊时期领导、检修及通信运行人员值班，要求必须能够通过电话、手机等通信工具及时找到相关人员，并公布值班人员联系电话。值班领导、通信值班人员名单及联系电话需上报调度部门。

（12）加强调度值班工作，值班人员需及时了解系统运行情况，熟悉各项事故处理预案。

（13）特殊保电时期前应对自动化系统（能量管理系统、继电保护系统、遥视系统、电能量计量）设备和软件运行状态进行全面检查，应对机房空调、UPS运行情况进行检查，妥善和及时处理好检查中发现的问题。

（14）特殊保电时期，原则上不安排EMS实时数据库修改、画面制作等工作，应做好能量管理系统软件、数据库和数据文件的备份。

（15）做好事故预想，各个运行系统针对可能发生的故障，制定可行的快速处理与恢复方案。检查系统的备品备件是否完备、充足。

（16）特殊保电时期，自动化专业人员应牢固树立电网安全意识，以高度认真负责的精神，做好调度自动化系统运行工作，确保电网安全稳定运行。其他人员要保证手机24 h开机并保持通信畅通。

（二）组织与安全技术措施

保电期间各级供电局应根据实际情况编制应急预案并成立保电工作领导小组、保电工作班及保电事故抢险队。

（1）一旦出现配电事故，事故抢修人员接到通知后，必须以最快的速度到达指定地点集合待命。

（2）及时了解事故情况，快速备齐抢修材料、工器具，制定抢修最佳方案。

（3）及时调齐抢修车辆，装好抢修材料、工器具到抢修现场。

（4）抢修现场工作负责人要向全体人员交代现场安全措施及注意事项，所有抢修人员的分配和调动均由工作负责人统一安排。

（5）抢修人员必须严格执行工作程序，做到迅速而仔细、有序而不乱，保证抢修质量，并应避免因抢修而造成人身伤害。

（6）抢修完毕后，工作负责人要让全体人员撤离现场，安全措施全部拆除，并经相关人员现场验收符合运行要求后，再联系调度恢复送电。

（7）做好特殊时期保电的值班、值宿工作，不准漏岗、脱岗，并做好值班记录。

四、重要用户停电应急处置

重要电力用户是指在国家或者一个地区（城市）的社会、政治、经济、生活中占有重要地位，对其中断供电将可能造成人身伤亡、较大环境污染、较大政治影响、较大经济损失、社会公共秩序严重混乱的用电单位或对供电可靠性有特殊要求的用电场所。

（一）重要电力用户分级

根据供电可靠性的要求以及中断供电危害程度，重要电力用户可以分为特级、一级、二级重要电力用户和临时性重要电力用户。

（1）特级重要用户，是指在管理国家事务中具有特别重要作用，中断供电将可能危害国家安全的电力用户。

（2）一级重要用户，是指中断供电将可能产生下列后果之一的：

（a）直接引发人身伤亡的。

（b）造成严重环境污染的。

（c）发生中毒、爆炸或火灾的。

（d）造成重大政治影响的。

（e）造成重大经济损失的。

（f）造成较大范围社会公共秩序严重混乱的。

（3）二级重要用户，是指中断供电将可能产生下列后果之一的：

（a）造成较大环境污染的。

（b）造成较大政治影响的。

（c）造成较大经济损失的。

（d）造成一定范围社会公共秩序严重混乱的。

（4）临时性重要电力用户，是指需要临时特殊供电保障的电力用户。

电网企业要根据地方人民政府有关部门确定的重要电力用户的行业范围及用电负荷特性，提出重要电力用户名单，经地方人民政府有关部门批准后，报电力监管机构备案。

电力监管机构要按照地方人民政府有关部门确定的重要电力用户名单，加强对重要电力用户供电电源配置情况的监督管理，并与地方人民政府有关部门共同做好重要电力用户自备应急电源配置管理工作。

（二）处置程序

电网企业接到重要电力用户停电信息报告后，应立即启动相关应急预案，根据电网结构及实际运行方式尽快恢复其供电。

重要用户停电后应迅速启用应急电源，最大程度地减少停电损失。

当地政府应协助各供电所、变电站做好重要用户停电应急处置工作。发生重要用户停电后，电网企业应急领导小组根据情况需要，请求地方政府应急机构启动社会应急机制，组织开展重要用户停电应急救援与处置工作。

（三）处置措施

（1）接到重要用户停电信息后，电网企业各供电所、变电站应立即检查核实重要用户保安电源、自备应急电源的运行情况和非电性质保安措施的实施情况。

（2）重要用户停电后，应迅速启用重要用户应急电源，重要电力用户的自备应急电源配置应符合以下要求：

（a）自备应急电源配置容量标准应达到保安负荷的120%。

（b）自备应急电源启动时间应满足安全要求。

（c）自备应急电源与电网电源之间应装设可靠的电气或机械闭锁装置，防止倒送电。

（d）临时性重要电力用户可以通过租用应急发电车（机）等方式，配置自备应急电源。

（3）电网企业迅速切换重要用户供电电源并组织故障供电线路的抢修。重要电力用户供电电源的配置至少应符合以下要求：

（a）特级重要电力用户具备三路电源供电条件，其中的两路电源应当来自两个不同的变电站，当任何两路电源发生故障时，第三路电源能保证独立正常供电。

（b）一级重要电力用户具备两路电源供电条件，两路电源应当来自两个不同的变电站，当一路电源发生故障时，另一路电源能保证独立正常供电。

（c）二级重要电力用户具备双回路供电条件，供电电源可以来自同一个变电站的不同母线段。

（d）临时性重要电力用户按照供电负荷重要性，在条件允许的情况下，可以通过临时架线等方式具备双回路或两路以上电源供电条件。

（e）重要电力用户供电电源的切换时间和切换方式要满足重要电力用户允许中断供电时间的要求。

（4）重要用户应急电源无法运行时，电网企业应迅速出动发电车或移动变压器实施救援。

（5）电网企业应及时向当地政府汇报事件应急处置进展情况，同时也应将有关情况向社会媒体和公众及时发布。要防止处置措施不得当，危机进一步恶化和扩散，给企业及其员工、产品、服务、资产和声誉造成损害。

（6）电网调度部门应对相关用户进行停、限电和恢复送电等操作。各供电所、变电站重要用户管理人员应配合电网调度部门的工作。

第二节 发电企业典型事故应急处置

一、水电厂超标洪水应急处置

（一）风险分析

水电厂在连续暴雨等恶劣气象条件下可能产生超标洪水，超标洪水发生时可能造成以下危险：上游雨水情站点受到破坏；雨水情正常通信受到破坏；水电厂厂区正常供电破坏；漂浮物增多导致闸门起闭发生异常；上下游防汛压力增大，地方政府提出错峰要求；水位逼高大坝局部破损漏水等。

（二）处置程序

水电厂工作人员发现洪水超标后，应逐级向上汇报。主要汇报事故发生的类型、时间、地点、范围、经初步判断的严重程度以及发展趋势、气象状况等。同时，现场值班人员应坚守岗位，随时待命。

当水库水位超汛限水位，且流域降雨量或入库流量不断加大时，水电厂防汛指挥机构人员应立即到位，指挥抗洪抢险队员及电厂员工进行抢险。

（三）处置措施

（1）当入库洪水超过设计流量时，进入防御超标准洪水的紧急戒备状态。除各抢险队处于紧急戒备外，抢险预备队及全厂员工亦进入紧急戒备状态，全部人员应到指定地点待命，随时准备参加抗洪抢险。

（2）当预测水库可能达到校核洪水位时，可视为水工建筑物发生重大险情，水电厂防汛指挥机构应及时组织厂区人员做好撤离准备工作。

（3）当入流持续增大，大坝遭遇校核洪水标准，现场水调人员应立即拉响警报报警，并携带海事卫星电话和水文资料向大坝岸边高处撤离，并继续监视水情和大坝安全情况，通过一切可能的办法向上级有关部门传递水情信息和大坝安全信息。

（4）当厂房、坝顶电力中断时，应立即启动柴油发电机备用电源，为抗洪抢险提供可靠电源。

（5）若有垮坝危险，应急指挥部应向上级调度部门立即通报事故概况，下达紧急停机和断开所有对外联络开关的指令。

（6）厂房人员完成机组停运的一切工作后，立即按规定路线向外撤离。包括坝顶工作人员一并向大坝岸边高处撤离，应急指挥人员最后撤离。

（7）发生超标洪水时处理事件较多，必须遵守统一指挥、分级管理、分级负责的原则。

二、水电厂水淹厂房事故应急处置

（一）风险分析

水电厂水淹厂房事故是由于雨水、洪水等自然灾害、设备故障或人为误操作导致厂房内大量积水，而排水泵无法正常工作或虽正常工作排水泵单位时间最大排水量低于进水量，水位升高导致机组停电、设备损坏或人身伤亡的事故。

根据水电厂实际情况的不同，厂房可能进水的部位也不同，主要的进水部位及方式有以下几个方面：

（1）进厂房大门。

（2）中控层大门及后门。

（3）厂房墙体及门窗、电缆孔洞。

（4）厂房通往坝顶的小门。

（5）厂房渗漏集水井、检修集水井满而水淹厂房。

(6) 灯泡头、尾水管、转轮室及密封爆裂进水。

(7) 厂房内水系统或消防系统管路破裂。

(8) 渗漏泵出水单向阀失灵尾水倒灌。

(9) 发电机坑流道盖板水封严重漏水。

(10) 尾水从通风口、排水孔涌进厂房。

(二) 处置措施

(1) 发生洪水从厂房大门进入时，立即用放置在厂房的速凝水泥进行封堵。

(2) 发生洪水从其他交通门进入时，立即用草袋、土包和速凝水泥进行封堵，同时对排水沟进行疏通。

(3) 发生水淹排水廊道时，应按如下原则进行处理：

(a) 运行值班人员应首先检查水泵是否正常，若水泵不能正常运行，来水量正常时，应立即通知检修维护人员对排水泵进行检修，同时利用潜水泵将集水井积水抽至厂房外。

(b) 若排水泵运行正常，水淹廊道是由于来水量大引起的，则应立即通知检修维护人员查明原因，并进行封堵及排水处理。

(c) 若泡头、尾水管、转轮室或阀门爆裂引起厂房进水，运行值班人员应立即汇报中调及值班领导，立即停机，起动各集水井的排水泵进行抽水，防止水淹厂房事故的扩大。维护人员接到通知后，立即落下进水闸门和尾水闸门，排空钢管内积水并保持尾水管内水位在工作地点以下时进行相应的处理。

(d) 若泡头以及发电机坑平板水封严重漏水，运行值班人员应立即汇报中调及值班领导，起动各集水井的排水泵进行抽水，同时通知维护人员赶到现场，并停机和落下进水闸门、尾水闸门，排空钢管内积水，并保持尾水管内水位在工作地点以下时进行相应的处理。

(e) 若发生大量透平油或润滑油泄漏，要立即清除环境污染，并立即向上级主管部门和当地政府部门报告。

(三) 各部位漏水原因分析及处理措施

1. 流道盖板处漏水

1) 危险源分析

流道盖板固定结合面因水流脉动等原因造成漏水，流道盖板与灯泡头进人孔组合密封处漏水，流道盖板取水阀、排气阀损坏漏水，流道盖板焊缝开裂漏水等。

2) 危害分析

流道盖板处排水通道投运时即无法疏通，若漏水将造成水从灯泡头进人孔进入发电机组，危害极大。

3) 抢险措施

(1) 抢险队员立即准备沙包封堵围截，控制漏水，防止漏水扩散。

(2) 抢险队员立即准备排水泵、排水管，接好电源，将漏水排至检修水井或渗漏水井。

(3) 密切监视检修水井（或渗漏水井）水位，适时抽水。

(4) 机组及时停机，落进水口闸门，抽流道水处理。

2. 水泵房处漏（进）水

1）危险源分析

深井水泵排水管，由于深井泵室高程低于正常尾水位，当深井水泵停止时产生水锤，对深井泵管路和法兰造成一定的震动，破坏其机械强度而破裂，深井泵逆止阀因水锤损坏等，都有可能造成下游尾水倒灌。

2）危害分析

当水管或法兰破裂，漏水将从深井泵房向通风机室、油处理室、操作层及通往机坑楼梯等处扩散，造成这些部位受淹。

3）抢险措施

（1）当一台水泵出口法兰或逆止阀出现故障时，及时进行隔离，并通知维护人员及时维修。

（2）打开检修水井和渗漏井封盖，让漏水排入。

（3）水不得排入检修水井（或渗漏水井），否则造成机坑层受淹。

（4）抢险队员立即准备沙包封堵围截，控制漏水，防止漏水扩散。

（5）密切监视检修水井（或渗漏水井）水位，适时抽水。

（6）当由于水泵故障引起集水井水位不断上升或渗漏流量偏大无法及时排水时，由维护人员安装启用临时水泵进行排水至下游。

4）防范措施

（1）加强日常巡视工作。

（2）加强设备维护，确保各排水泵正常可靠运行及各项信号报警及启动装置正常。

（3）加强坝内渗透流量的观测，当发现渗透流量有大幅度增加时应及时反馈。

3. 机组主轴密封处大量漏水

1）危险源分析

因机组振动，造成主轴密封松动漏水，或其他原因造成主轴密封损坏漏水。

2）危害分析

主轴密封漏水严重，排水不及，将造成水淹机组。

3）抢险措施

运行、维护人员视漏水严重程度，做好机坑排水，并及时报告停机，投入空气围带进行抢修。

4. 机坑层被淹

1）危险源分析

厂房机坑层排水不畅，机组导水机构套筒密封损坏漏水，流道伸缩节水封损坏漏水，尾水人孔漏水、阀门爆裂等。

2）危害分析

将造成机坑层设备被淹。

3）抢险措施

（1）及时疏通排水沟。

（2）启动两台渗漏泵排水，并密切监视渗漏水井水位。

（3）当由于水泵故障引起集水井水位不断上升或渗漏流量过大无法及时排水时，由维护人员安装启用临时水泵将水排至下游。

（4）当机坑层被淹威胁机组运行时，运行值班人员应及时切断通往机坑层有关电源，并立即汇报中调及值班领导，将机组解列停机。

（5）起动各集水井的排水泵进行抽水，防止水淹厂房事故的扩大。

（6）通知维护人员，立即落下进水闸门和尾水闸门，排空钢管内积水并保持尾水管内水位在工作地点以下时进行相应的处理。

三、煤炭紧缺应急处置

（一）风险分析

煤炭紧缺是指当全厂库存煤量低于警戒线或因缺煤被迫降低机组出力运行或停机，最为严重的可能导致全厂停电，造成大面积停电，严重影响电厂正常工作，甚至造成不良的社会影响。

煤炭紧缺事故的发生可能由如下几个方面的原因导致：铁路运力紧张；煤炭资源紧张；电煤价格偏低；订货合同不足，电煤缺口大且个别合同履行不到位；电厂不能满足合同外煤炭价格要求；个别煤矿对电厂入厂煤热量化验有疑义等。

（二）处置程序

当电厂实际库存煤量不能满足机组维持正常运行后，电厂相关部门应立即向电网调度部门发出告急通告，提出降低机组出力或停机要求。

电厂应急指挥机构应立即启动相关应急预案，按应急预案规定开展应急处置工作。遇有不可抗力原因时，应及时汇报上级领导，积极制定对策，确保发电燃煤供应，并及时寻求相关政府部门的支援。

（三）处置措施

（1）当电厂煤炭紧缺时，应立即向电网调度部门提出降低机组出力或停机要求。

（2）无论库存煤量如何下降，全厂必须保证一定的用煤量，坚决杜绝出现因燃煤短缺造成的全厂停电。

（3）如出现单机运行必须加大运行监护力度，确保机组安全稳定运行。

（4）加强企业内部管理，努力降低发电单耗、提高设备健康水平、完善各项技术措施与管理办法。

（5）运煤以铁路为主的电厂应积极协调铁路部门增加火运煤装车计划，加大力度做好本厂发电燃煤的催交催运工作，力争将铁路运输计划和补充计划全部催运到厂。

（6）电厂派驻矿员或临时催交人员深入煤矿，按照铁路月度运输计划清单，逐矿、逐站落实资源，并做好日请车、日装车的督办工作，及时反馈信息。

（7）加强汽运煤的组织、新煤源开发及市场分析工作，尽最大限度多组织汽运煤。

（8）加强与铁路局、车务段、车站的协调关系，保证接卸车取送及时，做到车站有重车厂内不空车，确保不压车，提高卸车效率。

（9）安排固定专职人员驻车站协调取送车，加强与车站线路调度员联系，保证厂内空车及时排空。

（10）做好接卸设备的日常检修维护消缺工作，保证 24 h 有专人值班，发现缺陷及时处理，确保接卸设备完好。

（11）对到厂煤车，必须做到快卸、卸净，煤进厂应采取煤样化验，并尽快卸载完毕。

（12）转变观念，提高服务意识，及时办理煤款决算业务，保证不拖欠，各环节要提供优质、快捷的服务方式。

（13）在燃煤供应应急预案执行期间，电厂有关部门要切实加强安全教育和安全管理，派专人深入现场监督检查，做好事故预想及预防措施，杜绝人身伤害事故，防止各类事故的发生。

（14）在燃煤供应应急预案执行期间，电厂应加强值班，严肃值班纪律。各部门应按照应急预案职责及措施加强管理，不得推诿扯皮。

四、发电厂全厂停电应急处置

（一）风险分析

造成发电厂全厂停电的原因主要有以下几种：

（1）由于发电厂内部的厂用电、热力系统或其他主要设备的故障，处理不当导致机炉全停，全厂出力降至零，造成全厂停电。

（2）由于发电厂和系统间的联络线路故障跳闸，使地区负荷很大的发电厂发出的功率远远小于负荷，引起发电厂严重低频率、低电压。若处理不当或发生错误，可能造成机组全停，以致全厂停电。

（3）发电厂主要母线发生故障，使大部分机组被迫停机，并波及厂用电系统正常供电时，也可能发展为全厂停电。

（4）发电厂运行人员发生误操作，致使保护装置的一、二次方式不对应，或者造成某些主要设备（如主变压器、厂用电母线等）失电，在某些情况下，可能扩大为全厂停电。

对于大容量发电厂来说，发生全厂停电事故后，对电力系统将带来很大影响，如低频率、低电压，甚至电压崩溃或频率崩溃等。另外，对电厂内部发电设备的危害也很大，如全厂停电后，汽轮机机组转速将逐步惰走至停转。在供电正常情况下，可使用盘车装置使汽轮机转子慢速转动，以防止汽轮机大轴在冷却过程中由于受热不均而弯曲变形。但全厂停电后，盘车电动机由于失去电源而不能使用，这样就会对汽轮机转子大轴构成威胁。对锅炉设备，在停炉过程中，很多电动阀门仍需要操作以安全疏导工质，特别是一些用电源控制的安全门，失去电源后将不会动作或返回，影响锅炉的事故处理等。

（二）处置程序

（1）尽快控制发电厂内部因停电而造成的影响，消除事故根源并解除对人身和设备的威胁。

（2）优先恢复厂用电系统的供电。

（3）尽量使失去电源的重要辅机（如循环水泵、给水泵、凝结水泵等）首先恢复供电。

（4）积极与电网调度部门联系，尽快恢复外来电源（如利用系统联络线送电等），电源一旦恢复后，即可安排机炉的重新启动。

（5）当发电厂容量较小时，可以考虑并有效合理地利用锅炉提供的剩汽作为动力逐步恢复发电。

（三）处置措施

（1）全厂停电后，发电厂当值值长应立即向电网调度部门报告停电情况，询问事故原因及恢复送电的可能性。

（2）值长根据故障现象及时将故障设备隔离，向电网调度部门要求迅速恢复母线送电。然后恢复各高备变带厂用电运行，确保机组安全停机，优先恢复公用系统运行。

（3）若机组不能立即恢复供电，值长应通知电厂各相关部门及人员作出相应的应急处置措施。

（4）电厂各部门做好恢复供电的准备工作。厂用电恢复后，其他不需要恢复送电的开关和刀闸全部断开，待机组启动后再行操作。检查升压站直流系统电压是否正常，存在问题应及时恢复，以保证开关的操作及动力电源。确认液压机构的压力是否满足再次合闸或分闸操作的需要，检查各信号装置是否正常。

（5）采用一切可能办法保证机组安全稳定运行，做好由于循环泵全停造成机组跳闸而引起机组失去厂用电的事故预想。检查炉前燃油压力及主油阀状态，及时关闭燃油调门。加强监视自动补氢系统，当来氢压力低于机组氢压时退出自动补氢。关闭机炉侧各种疏放水，停止锅炉吹灰，以减少机组水损失，监视凝补水箱水位、各煤仓煤量及给煤机运行情况。

（6）当正在运行的所有设备突然停电后，应立即将燃贮、除灰系统开关断开。设备来电后，必须请示值长同意才能起动设备运行。设备启动时发生掉闸，应查明原因并消除后，方可进行第二次启动。油泵房油泵失电时，应立即把有电的供油泵投入运行。

（四）预防措施

（1）制定防止发电厂发生全厂停电事故的措施，做好措施的培训工作，并保证措施的落实。结合实际，及时补充、更改措施中存在的不足和缺陷。

（2）关注天气预报，在雷雨、大风或台风等恶劣天气到来之前，应提前通知有关人员，以便做好事故预防工作。

（3）检查并分析可能造成全厂停电的缺陷和设备异常情况，及时消除隐患。

（4）关注电网接线方式对厂用电系统的影响，及时与上级调度部门沟通联系，保证厂用电在异常情况下的供电。

（5）大小修后的厂用电快切试验、油泵定期试开等试验都要进行实做，以确保在异常情况下这些设备能可靠动作，机组运行中必须有针对性地做好防止全厂停电事故措施的定期试验工作，并保证试验工作不折不扣地完成。

（6）加强蓄电池和直流系统（含逆变电源）及柴油发电机组的维修，确保主机交直流润滑油泵和主要辅机小油泵供电可靠。

（7）带直配线负荷的电厂应设置低频率、低电压解列的装置，确保系统事故时，解列一台或部分机组能单独带厂用电和直配线负荷运行。

（8）加强继电保护工作，主保护装置应完好并正常投运，后备保护可靠并有选择性的动作，投入开关失灵保护，严防开关拒动、误动扩大事故。

（9）在满足接线方式和短路容量的前提下，尽量采用简单的母差保护。对有稳定问题要求的大型发电厂和重要变电所可配置两套母差保护，对某些有稳定问题的大型发电厂要缩短母差保护定检时间，母差保护停用时应尽量减少母线倒闸操作。

（10）开关设备的失灵保护均必须投入运行，并要做好相关工作，确保失灵保护正确地动作。

（11）完善主变压器零序电流电压保护，以用于跳开各侧断路器，在事故时能保证部分机组运行。

（12）优先采用正常的母线、厂用系统、热力公用系统的运行方式，因故改为非正常运行方式时，应事先制定安全措施，并在工作结束后尽快恢复正常运行方式。明确负责管理厂用电运行方式的部门。

（13）电厂重要辅机（如送风机、引风机、给水泵、循环水泵等）、电动机事故按钮要加装保护罩，以防误碰造成停机事故。

（14）对400 V重要动力电缆应选用阻燃型电缆，已采用非阻燃型塑料电缆的电厂，应复查电缆在敷设中是否已采用分层阻燃措施，否则应尽快采取补救措施或及时更换电缆，以防电缆过热着火引发全厂停电事故。

（15）母线侧隔离开关和硬母线支柱绝缘子，应选用高强度支柱绝缘子，以防运行或操作时断裂，造成母线接地或短路。

五、风机着火应急处置

风力发电是一个新兴的产业，在设计、制造和运营方面对风机发生火灾的情况都估计不足。随着风电行业的迅猛发展，风电机组的火灾事故越来越多。风机着火不仅会对风机带来毁灭性的破坏，还可能引燃风机附近的草场或者林场，这将会造成更大的损失。

（一）风险分析

1. 机舱位置火灾隐患分析

隐患部位：润滑散热系统、齿轮箱、刹车系统、机舱底座、传输电缆、控制柜、并网柜、变流柜等部位均容易引发火灾。

火灾原因：高温运行、通风不良、电气元件质量不过关、电气元件过热老化、润滑油泄漏、高速制动或极端恶劣气候条件等。

重点火灾隐患部位：控制柜、并网柜、变流柜、刹车盘附件、电机接线盒。

2. 叶片和轮毂火灾隐患分析

隐患部位：叶片、轮毂润滑系统、变桨电机与变桨控制系统。

火灾原因：叶片遭受雷击、变桨电机超负荷运行、变桨控制系统元件质量不过关、电气元件过热老化击穿和电池、电容发生短路等。

重点火灾隐患部位：叶片、变桨系统的电池柜、电容柜。

3. 塔基和塔筒部分火灾隐患分析

隐患部位：传输控制电缆、变频柜、塔基控制柜等设施。

火灾原因：控制柜空间狭小、通风不良、电气元件过热老化击穿，电缆过流绝缘降低。

重点火灾隐患部位：塔基控制柜、变频柜。

（二）处置程序

风机作业人员发现火情后，应立即向值长汇报，值长指挥相关人员现场灭火，同时通知本单位应急指挥机构，启动相关应急预案。

应急指挥机构成员到达事故现场后，根据事故状态及危害程度作出相应的应急决定，疏散现场无关人员，指挥应急救援人员立即开展救援。

风机着火事故扩大时，拨打“119”报警电话请求当地消防部门支援。事件扩大时应启动相关的人身或设备应急预案。

（三）处置措施

（1）风机作业人员发现风机着火后，应立即断开机舱柜电源开关，若风机尚处着火初期，立即用灭火器进行灭火。

（2）若灭火器使用完仍未能控制火势，应立即从逃生通道离开，并汇报值长，由值长拨打“119”报警电话请求当地消防部门支援。报警内容应包括单位名称、地址、着火物质、火势大小、着火范围。

（3）值长报警后，应安排人员在指定位置等候，引导消防车迅速赶到火灾现场。

（4）现场相关人员应立即断开箱变低压侧开关、风机出口主开关、UPS 电源及有关电源开关。

（5）在消防队未到达以前，现场人员应站在有足够安全距离的上风向，以免发生危险，并做好风机周围的警戒措施。

（6）消防队到达后应积极配合，并交代注意事项，必要时将风机接入的集电线路上全部风机停机，做好风机停机的断电措施后断开集电线路开关。

第三节 典型处置案例

一、国电新疆开都河柳树沟水电站泄洪洞进口边坡塌方应急处置

（一）事件概况

2010 年 5 月 3 日 10 时 40 分，国电新疆开都河柳树沟水电站正在施工的泄洪洞进口边坡发生整体大塌方，塌方量约 $1.5\times10^5\ m^3$，高差 150 m，塌方致使正在施工的泄洪洞进口全部覆盖。

（二）处置过程

2010 年 5 月 2 日，承担柳树沟水电站泄洪洞边坡两个变形观测点观测任务的中水顾问集团贵阳设计院柳树沟水电站监测项目部，在观测到泄洪洞进口边坡最大位移变形达到 50.8 mm 后，立即向监理部及国电开都河水电公司报告，及时发出预警信息。国电开都河水电公司及工程施工的中国安能建设总公司柳树沟工程项目部高度重视，即刻布控防塌方应急措施，指派专人进行实时监测，随时掌握并上报情况。

2010 年 5 月 2 日晚，该地区突降大雨。

2010 年 5 月 3 日 8 时 30 分，实时监测发现泄洪洞边坡位移裂缝超过 150 mm，国电开都河水电公司及现场施工的工程项目部立即启动《坍塌事故应急预案》，组织施工单位在进口边坡即泄洪洞内施工人员和施工机械迅速撤离，至 9 时 15 分将 153 名现场施工人员和 28 台大型施工设备全部安全撤离施工现场。

9 时 30 分，泄洪洞进口 1590 m 高程（开挖边坡外）至 1440 m 高程（泄洪洞洞顶高

程）发生局部掉块垮塌。

10时40分，泄洪洞进口边坡发生整体深层大塌方，大塌方历时3 min，高差150 m，塌方量约1.5×10^5 m^3。塌方致使正在施工的泄洪洞进口全部覆盖。

（三）处置成效

由于国电新疆开都河水电公司及柳树沟水电站工程各参建单位预防、监测、预警准确及时，各方处置得当，施工单位除部分小型设备、钢管排架等来不及转移被掩埋外，其余均撤离到安全区域，现场无任何人员伤亡，成功避免了一起特大安全事故。

二、南方区域各单位应对第11号强台风“凡亚比”应急处置

（一）事件概况

2010年9月19—20日，第11号强台风“凡亚比”在福建省漳浦县沿海登陆，并迅速移至广东省揭阳市境内，中心附近最大风力9级。受“凡亚比”环流降雨云系影响，广东省自东向西等大部地区出现暴雨到大暴雨，局部特大暴雨，其中茂名、阳江等地情况严重，诸多乡镇出现历史罕见的特大暴雨，造成大量电力设施受损，部分乡镇电力供应受到影响。

受台风影响，广东电网累计500 kV线路跳闸3条次、220 kV线路跳闸3条次、110 kV线路跳闸19条次、35 kV线路跳闸43条次、10 kV线路跳闸731条次；受影响停电台区2354个、用户28.46万户；损失负荷4.333×10^5 kW，损失电量2.895×10^5 kW·h。其中阳江市、茂名市部分乡镇电力设施损毁严重，阳江市10 kV线路损坏54.7 km，倒断杆1333基，被水浸损坏变压器49台，损坏开关9台，受灾用户5.7万户；茂名市10 kV线路损坏61 km，10 kV线路倒杆875基，低压线路倒杆3757基，损坏配变75台，受灾用户约21万户。

（二）处置过程

“凡亚比”台风生成后，南方电监局密切跟踪，发出预警通知。灾情发生后，南方电监局迅速启动应急机制，局领导紧急部署，带班值守。

南方电监局协调督促电力企业调集人力物力，全力开展抢险，尽快恢复供电，并采取措施，提供临时用电，保障排洪抢险用电。广东电网公司紧急从各地市抽调一批应急抢修队伍和器材、物资支援抢修复电工作，累计组织了4400多人的抢修队伍，调集500多台抢修车辆，70余台发电车、发电机和31台抢修照明灯，钢芯铝绞线62.8 t，10 kV架空绝缘导线5910 m等应急物资投入抢修。抢修人员克服道路不通，设施损毁严重等困难，连续奋战，并对短时无法恢复的地区采取临时供电措施。

抗灾期间，南方电监局密切跟踪灾情和抢修复电情况，每天向省委省政府报送应急快报，累计报送18期。

（三）处置成效

经过全力抢修，至9月28日20时，抢修复电工作取得全面胜利，所有停电线路恢复送电，2354个停电台区、28.46万户停电用户全部恢复主网送电。

三、钱塘江流域特大洪水应急处置

（一）事件概况

2011年6月3日8时至20日7时，浙江省面雨量340 mm，超过多年平均面雨量35%。2011年6月18日起，浙江省遭受了第四轮强降雨影响，降雨落区与前三轮强降雨基本重叠，钱塘江、浦阳江、东苕溪及杭嘉湖平原河网水位再次上涨，兰溪水位上涨尤其迅速。2011年6月20日8时，洪峰已到达并通过兰溪，洪峰流量达12500 m^3/s，洪峰水位31.88 m（黄海高程），为1955年以来最高水位。

（二）处置过程

针对钱塘江干流中上游发生的特大洪水，浙江省委省政府作出紧急部署。浙江省防汛抗旱指挥部在2011年6月16日启动Ⅰ级防汛应急响应基础上，于2011年6月20日5时30分紧急启动《钱塘江干流防御“1955年型”特大洪水方案》。

浙江电监办为应对钱塘江流域特大洪水采取了以下措施：

（1）加强信息沟通。通过12398短信平台向有关电力企业的防汛抗旱应急机构人员发送气象部门预报信息和电监会、省委省政府工作指示，要求各电力企业按照预案及时分析洪水可能带来的影响或危害，加强预测预报，严格执行电力调度机构和防汛指挥部门的调度令，分析工情险情，立即组织做好抗洪抢险救灾工作。

（2）加强值班值守，密切关注电网运行和水电站大坝运行情况。落实专人每日到浙江电力调度通信中心了解强降雨天气对浙江电力系统运行的影响，掌握浙江省水电企业水情实时信息，包括当前水库水位，入库、出库流量，泄洪情况等，并高度关注已开闸泄洪或超汛限水位的水电站运行情况。

（3）高度重视存在重大隐患的部位。加强与存在重大地质灾害隐患的水电站联系，要求企业切实加强塌滑体监测定时、定点、定标准监测，认真分析监测数据，随时掌握山体变形情况。

（4）认真做好电力信息报送工作，及时向电监会报送浙江省电力行业防汛信息。

浙江电力企业为应对钱塘江流域特大洪水采取了以下措施：

（1）水电企业严格执行电力调度机构和防汛指挥部门命令，加密观测频次，加强水雨情监测和洪水预报，做好大坝巡查和泄洪启闭设施检查维护，全力支持抗洪抢险救灾工作。

（2）新安江水库水位超汛限水位0.65 m，为与兰江洪水错峰，电厂服从浙江省防汛抗旱指挥部的要求，于2011年6月20日0时起停止发电。

（3）富春江电厂2011年6月20日下泄流量，消落水位。

省电力公司及下属电网企业为应对钱塘江流域特大洪水采取了以下措施：

（1）合理安排运行方式，落实防汛预防预警措施，确保电网电力电量平衡及安全稳定供应。

（2）加强特巡，积极组织做好受损电力设施的抢修，确保抗洪抢险救灾设施的用电。

（3）电力调度机构根据天气和水库来水情况，科学合理安排负荷调度。

（4）金华电业局紧急调集了3辆照明车、2台车载照明、15台水泵支援兰溪市度汛。兰溪市供电局迅速组织人员对全市36个排涝站保供电，组织照明设施到女埠、香溪、云山等3个乡村的兰江干堤确保抗洪抢险照明。华光潭水电站等做好后边坡地质灾害防御工作。兰溪电厂积极应对洪峰到来，加强应急值守和防洪排涝设施的管理和维护，全力做好防洪排涝工作。

（三）处置成效

通过上述防范处置工作，浙江省电力行业成功应对了 2011 年钱塘江流域特大洪水灾害，为浙江省经济平稳较快发展和社会和谐稳定提供了有力的电力安全生产保障。

四、大唐四川分公司东河流域蜂子岩水电站洪水应急处置

（一）事件概况

2011 年 7 月 5 日至 6 日，东河上游陕西省南部及广元地区普降暴雨，大部分地区日降雨量均达 100 mm 以上。蜂子岩水电站设计洪水标准为 50 年一遇，电站区间最大洪峰发生在 7 月 6 日 9 时 12 分，校核洪水标准为 500 年一遇。

（二）处置过程

川北公司根据气象预报获悉 2011 年 7 月 5 日至 6 日东河流域将有强降雨，川北公司相关部门提前做好各种防洪准备：电厂、机电维护班提前将入厂大门用沙袋封堵，建设部做好特种设备使用的准备，总经理工作部做好车辆等后勤保障工作，安全生产部进驻电厂做好抗洪的准备。

2011 年 7 月 5 日 6 时，东河流域开始降雨，17 时，流量暴涨，蜂子岩水电站防洪预案启动，流域各站迅速集结全体员工，封堵与上游、下游相连的各通道，密切监视渗漏集水井水位，检查厂用电后备电源及柴油发电机。此时，蜂子岩水电站 4 台发电机全部停机，顶转子做好防止漏水的安全措施。

2011 年 7 月 6 日 6 时，流域持续暴雨，流量进一步攀升。此时，川北公司根据汛期，立即启动公司防汛应急预案，川北公司主要负责人赶至东河流域指挥抗洪抢险，各应急小组和检修突击队立即开始应急行动。大门封堵继续加强、加高，应急电源及临时水泵接线准备，厂房监控系统等重要设备搬迁至生活区，并做好了人员撤离的各种准备。

2011 年 7 月 6 日 8 时，大门处由防洪沙袋堆砌的防洪墙已有 2 m 高，临时水泵已接线完成。

10 时 30 分，尾水水位已至入厂大门高程。蜂子岩水电站开始安排人员撤离至安全地带，检修突击队人员坚守在升压站平台，为渗漏排水及临时水泵的排水保证电源。

11 时，尾水水位已超过入厂大门高程 1.4 m，生活区底楼进水。

12 时 10 分，下游水位开始回落，厂用电由柴油发电机提供。

14 时，持续两个多小时的洪水开始减退。

（三）处置成效

由于提前做好了充分的准备，并进行了模拟演练，大唐四川分公司蜂子岩水电站成功应对了这次 500 年一遇的洪水，除了在楼梯口有少量渗水外，全站设备均未进水。

2011 年 7 月 7 日凌晨电网线路恢复正常后，蜂子岩水电站 2 号机开机并网成功，其他机组也陆续恢复发电。

五、铁道电力突发停电事件应急处置

（一）事件概况

2011 年 8 月 1 日 0 时 27 分，南方电监局应急值守人员接到广东省政府应急办电话，

通报广铁集团所管辖的广州飞鹅岭配电房发生故障（其中故障设备为广铁集团资产，由广铁集团负责维护管理），停电涉及广铁集团微波通信站，该站是铁路车辆区域调度及通信系统的重要节点单位。

（二）处置过程

接到事件报告后，南方电监局马上按规定启动应急响应，向广铁集团总值班室了解事故概况，联系广州北区供电局，要求迅速派出抢修救援人员。1 时 6 分，南方电监局值班干部到达事故现场，与铁路方面负责人察看现场，商定初步救援方案，并及时向广东省应急办报告情况。1 时 48 分，广州北区供电局分管同志赶到现场。1 时 55 分，应急发电车赶到现场。1 h 10 min 后，应急发电车按铁路方面要求带负荷运行，险情解除。

（三）处置成效

经过南方电监局迅速协调救援，8 月 1 日 3 时 5 分，前往现场支援的应急发电车按铁路方面要求带负荷运行，险情解除，事件未对铁路调度运行部门造成影响。

六、威海电厂 220 kV 双线跳闸事件应急处置

（一）事件概况

2011 年 10 月 13 日 17 时 37 分，威海电厂 220 kV 甲站威凤Ⅰ、Ⅱ线同时跳闸，发“远方启动跳闸”，稳控装置动作发“远方切戚家站母联”信号。当时，威海电厂 3 号、5 号、6 号机组运行，4 号机组 A 级检修。

（二）处置过程

接到事故报告后，值长立即下令解除甲站 3 号机组 AGC、AVC 控制，稳定机组负荷 260 MW 运行，同时加强其他线路电流监视，防止超流；威海电厂甲站外接保安备用电源失电，柴油发电机正常联动，保证了保安电源安全。18 时 12 分，威海电厂接威海地调通知：220 kV 凤林站全站失电，已造成威海城区和近郊多处停电，现故障点已查明并进行安全隔离。并执行其调度指令：立即用 220 kV 甲站威凤Ⅱ线对凤林站 220 kV 2 号母线送电。威海电厂即刻执行，第一时间配合地调对威凤Ⅱ线送电。18 时 55 分，威海电厂执行地调指令：恢复甲站 220 kV 威凤Ⅰ线送电。

（三）处置成效

整个事故处理过程中，威海电厂与威海地调在山东省调的统一指挥下密切配合、通力协作，各级管理人员迅速到位组织协调，运行人员执行应急预案坚决，在极短时间内处理好电网事故，在保证机组安全运行的前提下，迅速恢复用户供电，有效保证了电网运行。

七、陕西省子洲供电分公司“11·29”特大冰雪灾害应急处置

（一）事件概况

2011 年 11 月 28 日晚至 29 日，陕西省陕北地区突降雨雪，造成陕西省地方电力（集团）有限公司所属供电区域内子洲供电分公司电网设施大面积遭受冰冻雨雪灾害。电力设施受损情况如下：

（1）35 kV 电网受损情况：35 kV 线路 2 条受损，一座 35 kV 变电站停运，直接经济损失约 3.2 万元。

（2）35 kV 子老线 72－73 号杆断线，91 号杆 A 相瓷横担折断，受损线路 0.8 km，造成 35 kV 老君殿变停运。35 kV 绥德线 53 号 B 相横担转向接地，致使导线、拉线受损，线路停运。

（3）10 kV 电网受损情况：11 条线路（其中 1 条专线）停运，断线故障 455 处，损毁电杆 35 根，74 km 线路受损；烧毁变压器 26 台（其中 552 台停运）。直接经济损失约 83.8 万元，其中线路损失 37 万元，配变损失 46.8 万元。

（4）0.4 kV 电网受损情况：0.4 kV 线路断线、故障 1153 处，223 根电杆损毁，受损线路 143 km（其中停电 2720 km），直接经济损失约 28.6 万元。

（5）灾害影响范围：本次灾害涉及 18 个乡镇、368 个行政村、760 个配电台区的 37873 户。

这次雪灾造成子洲供电分公司电力设施直接经济损失 115.6 万元，损失电量 1.5 MkW·h。

（二）处置过程

灾害发生后，陕西省地方电力（集团）公司立即启动了应急抢修预案，公司总部及时召开了应急领导小组会议进行部署，指导榆林分公司开展应急抢修工作。榆林分公司第一时间启动救灾抢险应急预案，分管领导带领生技、安监、营销等部门同志赶赴现场，指导救灾抢修工作。榆林分公司设计人员、电建公司技术人员，现场开展抢修方案的制定工作；物资公司随时准备运送所需抢修物资。分公司的应急抢修队伍也已全部投入灾害核查和抢险救灾工作中。在整个抢修过程中，子洲供电局分公司共出动车辆 143 台次，出工 1320 人次；行政村民工配合 3680 人次。

（三）处置成效

经过全体抢险队员连续 11 天的齐心协力和顽强拼搏，抢修 35 kV 故障 2 处，长度 0.8 km；10 kV 故障 503 处，长度 84 km，校正更换倾斜受损电杆 45 基；0.4 kV 故障 1153 处，长度 160 km，校正更换倾斜受损电杆 285 基；更换配变 26 台，最终赢得了这场抗冰雪保电战役的全面胜利。

截至 12 月 10 日 17 时 30 分，368 个行政村全部恢复供电，全县电网全部恢复正常运营。

八、华北电网 500 kV 海万双回、丰万双回线跳闸事件应急处置

（一）事件概况

2012 年 3 月 2 日起，内蒙古局部地区出现罕见连续雨夹雪及大雾恶劣天气，500 kV（岱）海万（全）双回线路走廊，铁塔、导地线、绝缘子串及相间间隔棒出现严重覆冰雪情况，造成丰（泉）万（全）双回线发生故障跳闸，华北电力调度中心紧急将岱海电厂 4 台机组（4×60 万 kW）出力由 160 万 kW 降低至 120 万 kW。3 月 3 日 12 时 23 分，因 500 kV 海万双回线主保护先后动作，双回线先后跳闸，造成海万双线全停，岱海电厂与主网解列，全厂对外停电，损失出力 120 万 kW。

（二）处置过程

停机事件发生后，国家电网公司相关单位立即启动应急预案，成立了现场抢修指挥部，按照雨雪冰冻灾害应急处置预案，调集应急抢险队伍立即开展故障排查和紧急抢修。在此次事件中，华北区域有关调度运行部门及时跟踪天气变化，分析负荷平衡情况，针对

海万双回线路严重覆冰情况，提前适时调整西电东送潮流，安排京津唐电网东部地区负荷中心机组多发，降低西电东送通道上电厂出力，降低因线路出现故障给电力系统运行带来的风险。

（三）处置成效

由于应急处置得当，本次事件未对华北电网主系统造成影响。

九、深圳"4·10"停电事件应急处置

（一）事件概况

2012年4月10日18时44分，深圳站220 kV深清甲线2538开关A相因内部故障发生爆炸，在随后的故障隔离操作中，220 kV母线侧24501刀闸B相支柱瓷瓶顶端断裂，导致母线接地，引起母线差动保护动作，造成1个220 kV变电站和7个110 kV变电站失压。本次事件共损失负荷1063.46 MW，占事件前深圳电网总负荷的11.05%，累计停电客户168092户（其中18个二级客户），占深圳地区客户数的6.46%。

（二）处置过程

事件发生后，电监会安全监管局立即组织工作组赶赴深圳，传达电监会主要领导的有关指示要求，指导督促抢修恢复工作；南方电网公司及所属各有关单位立即启动电网事故应急处置预案，调度机构抓住部分110 kV线路严重过负荷的关键点，迅速对部分负荷拉闸限电，确保电网运行安全，同时通过及时转供电和排除故障等方式，迅速恢复对外停电变电站的正常供电；深圳供电局立即调派应急发电车对停电的重要用户临时供电，并派出抢修队伍协助电力用户进行复电操作，同时启动故障语音自动播报系统对外公告停电信息，向市政府12345公开电话系统通报停电事件信息，在深圳供电局门户网站上发布停电信息，主动做好对市民群众的解释工作。

（三）处置成效

经过电力应急队伍的紧急抢修，当日22时7分，所有失压变电站恢复供电，22时30分，事故限电负荷均已恢复送电。

十、云南省昭通市彝良县"9·7"地震灾害电力应急处置

（一）事件概况

2012年9月7日11时19分，云南省昭通市彝良县与贵州省毕节地区威宁彝族回族苗族自治县交界地区连续发生5.7级和5.6级地震。本次地震共造成2条110 kV以上线路、9条35 kV线路、4座35 kV变电站、24条10 kV线路停运，给地震灾区电网运行和居民供电带来一定影响。

（二）处置过程

获知地震发生后，有关派出机构立即对地震造成的电力系统受损情况、震中周边地区水电大坝受灾情况进行跟踪了解，安排人员24 h值班，随时跟踪了解电力企业抗震救灾的进展情况。电监会主席9月8日要求有关派出机构要继续协同电网公司抓好电力抢修工作，确保尽快通电，同时注意落实安全措施，确保抢修施工人员的安全。灾情发生后，云南省电网公司紧急启动破坏性地震应急预案三级响应，昭通供电局启动二级响应，并于7日15时将响应提升为一级，据不完全统计，先后投入19支应急队伍，投入人员573人，

车辆65辆，并紧急调配1台400 kW应急发电车、9台10 kW发电机及一批抢险物资，全力抢修受损电力设施。

（三）处置成效

至9月10日22时56分，云南省受地震影响停运的输变电设施全部恢复正常运行。

第八章 电力企业应急管理信息系统建设

电力企业应急救援体系、应急预案管理、应急演练与培训等都是建立在海量的信息基础之上的，并且需要通过大量计算、分析和辅助决策支持，在现代社会条件下，这些信息的获取和组织以及在应急救援过程中的使用，不依赖现代计算机技术是难以实现的。建立应急管理信息系统，可以为应急管理提供科学、快速的辅助决策支持。本章将主要讲述电力应急管理信息系统建设的基本思想、研究内容以及主要功能等。

第一节 电力企业应急管理信息系统建设的基本思路

应急管理信息系统是以现代通信、计算机网络等信息技术为支撑的，以突发公共事件监测、预警、应急处置、恢复重建、应急保障和培训演练等业务管理为主体的组织保障与技术支撑系统。它能够对重大突发事件进行有效的控制和管理，在事故发生之前，采取各种预防措施，避免事故发生；在事故发生过程中，控制事故蔓延，快速制定有效的救援措施，恢复事故发生地的情况；在事故发生过后，能够及时总结经验，改进应急管理系统，更新相关数据，为今后的应急工作做准备。

一、应急管理信息系统意义

电力的安全涉及各行各业，关系社会稳定和国家安全，通过电力企业应急管理信息系统建设，可以切实加强电力企业应急管理，确保电力稳定运行和电力安全可靠供应，电力企业应急管理信息系统的研究与建设具有以下重要意义：

（1）应急管理信息系统的研究与建设是应急管理的现代化、信息化的需求，是应急管理实现预防预警、物资储运、救援抢修、队伍调遣的信息化和现代化技术手段，是坚持以人为本，落实科学发展观的具体体现，是构建社会主义和谐社会的重要体现。

（2）应急管理信息系统可以进一步加强与社会各方面的应急联动，实现与国家各相关部门、省各级政府、地方专业机构的联动。一方面电力的应急抢险必须要获得政府和社会的支持，另一方面也需要为社会其他部门抢险和救援提供应急电力的支持。

（3）应急管理信息系统是应急通信枢纽和信息汇总平台，可以随时与现场和重要场所、上级机关和政府建立通信联络，获取突发事件现场的重要视频、数据和信息，实现对突发事件的预防、预警、处置、恢复等各环节的有效地管理，及时了解突发事件的进展和状态，保证电力企业及时组织、指挥应急处置的效率和能力。

（4）应急管理信息系统的建设，完善了应急体系，明确了应急的机制，为应急管理工作提供了平台，实现“平战结合”，让应急管理的日常工作和突发事件时的应急处置工作能够很好地结合起来，能极大提高应急管理能力和水平。

应急管理的信息化既是当前电力企业生产发展的需要，也是当代社会发展的必然产物。当代社会是一个信息化社会，电子计算机等一些高科技手段已应用到生产的各个领域。为了应对突发事件，加快对事故的处理力度，必然要求电力企业加快企业内电力安全生产、应急管理信息化建设的步伐。

二、应急管理信息系统建设原则

1. 远近结合，先急后缓

以需求为导向，立足当前、着眼长远，统筹规划、分步实施。

2. 整合资源，注重实效

利用信息和网络基础，采用接口转换等技术，实现各级电力企业和相关业务应用的互连互通，加强应用系统开发，满足“平战结合”要求。

3. 技术先进，安全可靠

依靠科技进步，采用先进成熟技术，加强核心技术自主研发，建立可靠的安全防护机制，保证系统安全、稳定、高效运行。

4. 互连互通，开放扩充

开放性是现今计算机技术发展过程中，形成的一种建立大系统、扩大系统交流范围的技术原则。在设计应急管理系统时，不仅要充分考虑到其所支持 LAN 和 WAN、VPN 等协议的多样性、广泛的互连性；而且要考虑其始终能随着技术的发展进行网络的扩充、升级和提高，即保证系统的开放性。

第二节　电力企业应急管理信息系统设计思路

一、应急管理信息系统信息构成

应急管理信息系统是面向应急管理的信息服务平台，是实现业务体系的手段和载体，是应急管理的基础。应急管理信息系统应强化其应急管理的信息服务的基础性作用，突出其应用服务的可灵活、快速重构和搭建等特征。

应急管理信息系统不同于应急指挥系统。后者是以战时的处置决策与指挥调度业务为主体，技术上要大量集成通信监控等技术。前者是从信息层面，强调平时的信息采集与战时的迅捷信息服务，平战结合为应急指挥和整个应急管理系统提供信息服务。

应急管理信息系统是构筑于社会公用信息设施（如通信网络和计算机网络）之上的、联系各个相关行业（公安、气象、疾控、军队等）业务信息系统的大集成系统。从系统观点来看，应急管理信息分为突发公共事件的前兆信息（监测监控的传感数据、危险源数据等）、应急资源信息（国家预案中列出的 11 类应急保障信息）、应急处置过程的信息（举报、报送、事件状态演进、处置、跟踪等）、事后分析总结信息（评估、恢复重建、救济、案例等）和基础信息（组织管理、社会、经济、自然等）五大类。应急管理信息系统是提供这些信息的报送、采集、传输、交换、存储、组织以及知识和模型的管理，实现应急管理信息的高效获取、综合共享、快速反应以及辅助决策分析的服务。

二、应急管理基础数据采集与分类管理

数据的采集与管理是应急管理信息系统的基础。电力突发事件的基本特征是出乎意料，跨度大，数据汇集过程复杂、困难。面向应急管理体系与信息系统建设，必须针对各级、各类应急管理的需要，形成公共安全数据汇集与分级分类管理方案，实现对监测监控传感信息、危险源、应急资源、应急处置过程、地理信息等基础数据的分级分布式的组织、采集、存储和管理。另外，电力企业应急管理信息系统的建设需要长期的信息积累，因此既要考虑对已有系统的集成，又要考虑新建系统对突发事件的信息采集、处理、传递，以及指挥信息的传递和处理机制。

电力企业应急管理信息系统应利用国家安全生产信息系统的基础数据库，建设满足应急救援和管理要求的应急救援指挥应用系统的专用数据库，收集存储和管理管辖范围内与电力安全生产、应急救援有关的信息和静态、动态数据，数据库建设要遵循组织合理、结构清晰、冗余度低、便于操作、易于维护、安全可靠、扩充性好的原则，并建立数据库系统实时更新以及与政府有关部门及相关企业间信息共享的机制。

数据库包括存储电力安全生产事故接报信息、预测预警信息、监测监控信息以及应急指挥过程信息等内容的应急信息数据库；存储各类应急救援预案的预案数据库；存储应急资源信息（包括指挥机构及救援队伍的人员、设施、装备、物资以及专家等）、危险源、人口、自然资源等内容的应急资源和资产数据库；存储数字地图、遥感影像、主要路网管网、避难场所分布图和救援资源分布图等内容的地理信息数据库；存储各类事故趋势预测与影响后果分析模型、衍生与次生灾害预警模型和人群疏散避难策略模型等内容的决策支持模型库；存储有关法律法规、应对各类电力安全生产事故的专业知识和技术规范、专家经验等内容的知识管理数据库；存储国内外特别是本地区或本行业有重大影响的、典型的事故案例（如大面积停电）数据库；存储应急救援人员或队伍评估情况的应急资质评估数据库；存储各类事故的应急演练情况和演练方案等信息的演练方案数据库；存储对各级各类应急救援数据统计分析信息的统计分析数据库。

第三节　电力企业应急管理信息系统主要功能

电力企业应急管理信息系统能够采集、分析和处理应急救援信息，为电力应急救援指挥机构协调指挥事故救援工作提供参考依据。系统能够满足全天候、快速反应电力安全生产事故信息处理和抢险救灾调度指挥的需要，使其具备事故快报等功能，并以地理信息系统和视频会议系统为平台，以数据库为核心，快速进行事故受理、救灾资源和社会救助联动，及时、有效地进行抢险救灾调度指挥，解决电力应急救援中的统一协调问题，提高应急救援效率，减少事故损失。

电力企业应急管理信息系统的运行状态可分为两种，即日常应急管理状态和突发事件应急状态。

1. 日常应急管理状态

在没有突发事件发生的“和平时期”，将电力企业的应急预案、典型案例、危险源、应急保障等信息录入系统，以便对相关的数据进行分析，及时排除事故隐患，加强对突发

事件应急保障体系的管理。此外，维护、更新系统内应急救援资料，以便企业员工自主学习必备的应急救援知识，了解应急管理相关动态。

2. 突发事件应急状态

当突发事件发生时，应急管理信息系统即进入突发事件应急状态，立即启动相应的评估和决策机制，尽快作出决策，调整并启动相应的应急预案，协调相关部门进行突发事件应急处置。在突发事件的后期处置阶段，辅助电力企业进行各种善后处置工作，并对电力企业的应急能力进行评估。

近几年，一些电力企业开始重视应急管理信息系统的建设，如华能澜沧江水电有限公司在2011年防洪度汛应急演练中使用的应急救援管理系统，在信息传递和应急指挥等方面发挥了重要作用，受到国家防汛抗旱机构的肯定。

根据电力企业应急管理信息系统建设的现有经验，系统的主要功能包括应急信息的采集与管理，应急救援决策支持，应急演练管理，应急救援管理，接警与预警自动化，远程视频监控等几个方面。

一、基础资料管理系统

对电力企业应急救援的有关资料进行系统化、规范化管理，包括基础资料、危险源、应急预案、事故案例以及应急资源。

1. 基础资料管理

基础资料包括与突发事件应急相关的法律法规、事故案例、应急救援资料、国家电监会等相关单位下发的文件以及企业应急管理规章制度等。可实现基础资料的维护与更新。该模块能帮助应急救援人员及电力企业员工全面了解企业自身状况，为应急救援提供理论支持。

2. 危险源管理

电力企业各级单位可分别对本单位的危险源进行管理，可按危险因素类别进行分类。上级单位可查看其下属企业安全生产状况及相关各大危险点情况，有助于各单位之间的信息沟通与交流。用户可针对本企业生产状况，对危险源信息进行动态跟踪并及时更新。

电力企业应对本单位的危险源的情况进行统计、分析。可按照以下方式进行统计：

（1）按照整改完成与否进行统计。

（2）按照不同的生产系统进行统计。

（3）按照级别进行统计。

（4）按照是否采取控制措施进行统计。

3. 应急预案管理

电力企业的应急预案按照分级、分类、分区的原则进行收集和整理，纳入应急预案管理模块进行系统化管理。利用搜索功能，可在突发事件发生的第一时间，按关键字检索出与突发情况最匹配的方案，提供最合适的应急方法，极大地缩短应急响应时间，提高应急效率。

4. 事故案例管理

对电力行业和本单位已发生的各类事故进行管理，便于了解电力企业的安全生产情况，并吸取教训，加强应急管理，尽量避免发生同类事故。

5. 应急资源管理

主要对应急救援所需的有关设备材料、人力资源等信息进行集中管理，分为应急力量管理、应急物资管理、应急专家管理等几个子模块，并与地理信息系统相关联，最终将各类应急资源（如公安、消防、医疗救护、抢修人员、电力技术专家等信息）在GIS系统中进行标记，为应急决策提供依据。

二、日常管理系统

系统可对应急日常工作的监督检查、应急培训、应急演练等有关资料进行汇总。

1. 监督检查

电力企业对于在应急资源进行检查时发现的不符合项的信息，可录入系统，并下达整改通知。构成隐患，可能导致企业发生突发事件时，应急系统不能正常启动，相关部门必须采取相应的整改措施，应急系统才能够正常启动。该模块具有以下几个方面功能：日常检查信息管理、隐患登记、隐患信息管理、复查申请、隐患整改结果记录、统计分析。

1）日常检查信息管理

对电力企业应急救援配置情况进行日常检查而产生的各种信息、意见进行管理。

2）隐患登记

记录在日常检查中或工作中发现的应急救援方面的隐患（如抢修车辆不能正常发动、应急设备不全等），并限期整改，如到期限仍未整改，系统将自动提示。

3）隐患信息管理

管理已经提交的隐患信息，并查看其状态：整改进行中、整改完成、逾期未整改等。

4）复查申请

当隐患整改完成后，可通过系统提交整改复查申请，电力企业安全监管部门可查看复查申请，并作出回复。

5）隐患整改记录

对隐患的整改情况进行检查，并将整改结果与检查意见记录在系统中，如果检查结果不合格，再次进入隐患整改流程（再次开隐患整改通知单）。

2. 应急培训管理

应急培训管理可实现应急培训计划、应急人员资料、培训资料管理以及在线模拟等功能。可查看电力企业相关部门和人员的应急培训情况。为培训提供题库、参考资料与教材，并提供在线模拟功能，通过在线模拟、现场打分可迅速反映出人员的应急知识水平，同时也降低了培训成本。

3. 应急演练管理

应急演练是为了提高救援队伍间的协同救援水平和实战能力，检验电力企业应急救援综合能力和各应急救援体系运作情况，以便发现问题，及时整改和完善，提高应急救援的实战水平，包括演练仿真、演练结果评估分析等。

1）演练仿真

演练仿真可对电力突发事件现场进行模拟仿真，采用三维动态的方式对应急救援全过程进行演练，使应急救援人员在实验室了解现场实际操作过程，避免了桌面演练看不到现场效果的弊端。参加演练的人员可根据自己的岗位运行系统，进行相应的应急演练，指挥人员可以进行指挥演练，现场应急人员可以进行接收指挥命令、现场应急处置、抢险等演练。

2）演练结果评估分析

系统可对演练效果进行评估，统计整个过程中出现的错误（不符合项），从统计分析的结果可以直观地发现整个应急救援过程的问题。系统也可以对多次演练的结果进行对比分析，以便电力企业作出进一步改进。对于不同的分析，可利用不同的分析图，如曲线图、饼图等。

三、应急值守系统

电力企业应急值班人员通过电话、传真、计算机网络等各种手段，对值班信息、预警信息、接警信息进行管理。包括应急值班管理、预警管理、接警管理子功能模块。

1. 应急值班管理

1）值班排班

值班排班是根据应急或预警事件实现值班排班的功能，主要包括值班信息及排班的功能。

2）值班日志

值班期间，值班人员要根据事件发展情况记录相关信息，有利于应急启动或预警发布的决策。

3）交接班

交接班管理实现值班人员交接班操作及记录，交接班时应注明其值班期间特殊情况、注意事项等信息。

2. 预警管理

预警管理实现对预警信息的获取，预警分级的调整及记录，预警信息的发布，实现预警的启动、监测与结束，处理下级单位上报的预警事件，以及历史事件查询。

1）预警处理

预警处理实现预警启动、预警状态监测和预警结束以及演变为应急事件等功能，其中预警状态监测包括预警级别调整、预警状态调整和调整状态后的通知下发。

2）预警信息发布

预警信息发布和报送需要经过领导审批后才能正式发布，即需要经过领导审批批准后才可以把此预警信息发布给下属单位，或上报上级单位。

3）预警结束及上报

预警启动经过相关处置后，根据预警事件预警状态发展到可解除时，经领导审批批准后解除预警。在此处置期间处置记录及预警事件信息可以上报上级单位。

3. 接警管理

系统可根据报警时所收集的信息，对报警情况进行自动分类，确定处理事故的责任部门，如：交通事故由交通部门管理，消防事故由消防部门管理，并根据事故的规模、事发位置，给出应急指挥机构组织、应急资源等，并生成事故简报对外发布。

1）接收报警

接收电话呼叫、传真请求、因特网业务、电子邮件等方式的报警，还包括特定报警按钮的报警。

2）事故简报信息管理

系统根据报警的基本内容生成事故简报信息，并对外发布；对于历史事故简报信息，系统统一管理，便于查看管理。

3）报警记录管理

对各种报警信息，包括语音报警和电子档报警信息进行管理，以作为备案。记录报警的时间、内容、应急情况等。

4）报警处理信息管理

对于真实的报警信息，记录事故的应急过程、伤亡情况、损失情况、处理结果以及其他信息。

四、调度指挥系统

调度指挥系统模块是电力企业应急管理信息系统的核心部分。此模块实现的功能如下。

1. 提供输电线路及电力设备的详细信息

在输电线路详细信息子模块中列出各输电线路及变电站的相关信息，包括：线路输电的来源、供电方向或位置、负荷情况、供电范围等，变电站的规模、供电方向、供电范围等，在 GIS 地图中点击即可显示上述信息。

2. 标定事故发生位置

在接收报警信息后，通过系统标定事故发生地点，为搜索应急资源、确定停电影响范围等服务。

3. 提供应急资源分布图

在 GIS 地图中显示应急资源（如维修设备、消防设施、医疗设施、专家所在地等）的位置分布信息，为应急指挥与应急力量搜索提供支持。

4. 提供最佳救援路线

接到报警信息后迅速标定事故地点，采用点扩散的方法，对事故地点附近的应急资源进行搜索，并显示附近（可以规定一个半径 R）的专业救援队伍（电力抢修队）、消防、公安、医疗等救援力量，同时显示相应的配置情况（当时人员配置情况、设备情况等）。

根据不同时段道路的交通情况，同时依据附近的救援力量，找出最短时间内到达现场的救援力量，每种救援力量，同时列出多个（显示到达现场所需时间及路程），指挥人员可根据事故信息与救援力量的配置情况决定调用哪种救援方案。

5. 事故后果模拟

变压器、油库等易燃物品以及有毒可以扩散的危险化学品，一旦发生燃烧或扩散，影响非常大。在电力应急管理信息系统中，可根据危险物质的参数，模拟事故后果及其扩展方式，包括风力、风向的影响等。可为事故的预防提供参考。

五、地理信息系统

在进行电力企业应急管理信息系统试验中，可以采用先进的 GIS 技术、辅助决策支持技术、虚拟现实技术和三维可视化技术，建立一个准确、高效、全面、规范的应急分析三维处理信息系统，使数据分析、处理与空间信息管理融为一体，多层次、多方位直观地显示相关数据、图形等信息，提供各种紧急事件发生的地点在空间的分布状况和应急处理措施的实时运行状况，分析其内在联系，做到资源的合理配置和调度，提高各相关部门的快速响应能力和协同处理能力，并利用辅助分析和决策功能，从宏观上提高应急处理工作的科学化、规范化水平。

当突发事件发生时，用户一般不可能马上出现在事故发生地，或者是远离指挥中心系统，报警人员通过电话或其他方式将事故报告给事故处理负责人。报警人员可以通过专网登录到系统，输入事故发生地点及相关数据，系统进行分析、处理后将相关辅助决策再传给处理负责人。为使用户在客户端能快速地得到直观的三维显示图，并对事故地点进行三维显示、浏览、漫游和多方位地观察，系统采用了 VR－GIS 技术，将系统返回结果以 VRML 文件的格式在网络上进行传输。一个 VRML 文件是纯文本（UTF－8 character set or ASCII）或是一种经过压缩的二进制格式，文件都比较小，一般一个场景不超过 100 K 字节，这样便于在网络上传输生动逼真的三维场景。

VR－GIS 技术是虚拟现实技术与 GIS 技术的结合，包括与 WebGIS 和 ComGIS 结合的技术，专门用于研究地学或以地球系统为对象的虚拟现实技术，目前能达到仿真的水平，可以做到：

（1）对现实的地理区域的非常真实地表达。

（2）可在所在地理范围内外自由移动。

（3）在三维数据库中有 GIS 的各种功能。

（4）以可视化功能作为用户接口的自然的整体部分。

六、信息汇集管理系统

接入安全生产管理、停电影响范围、事故后果模拟情况、最佳救援（抢修）路线、利用 GPS 对车辆进行跟踪定位、地方电视等信息，辅助应急指挥。

七、应急指挥场所及其基础支撑系统

应急指挥场所是电力企业对其生产经营遭受重大影响、大量电网设施损毁、大面积停电等严重问题进行综合应急处置及指挥的场所。根据其功能定位，应急指挥场所将是一个各种信息的汇集地、所有指挥命令的发出地。鉴于上述原因，电力企业应急指挥场所在建设时需要对多媒体声光像系统等相关技术、土建装修、场地规划等做全面考虑。

应急指挥场所基础支撑系统主要包括综合布线、集中控制、电话会议、传真通信、拾音及扩音、视频采集及显示、视频会议等。

通过建立电力应急管理信息系统，实现应急资源统一调度、统一指挥、及时响应，第一时间对电力事故进行应急处置，将突发事件造成的损失降到最低。同时，系统的建设可实现电力企业应急管理的信息化、规范化、现代化，使危险源、事故隐患等处于可控状态，防患于未然。

附录一　中华人民共和国突发事件应对法

中华人民共和国主席令

第六十九号

《中华人民共和国突发事件应对法》已由中华人民共和国第十届全国人民代表大会常务委员会第二十九次会议于2007年8月30日通过,现予公布,自2007年11月1日起施行。

中华人民共和国主席　胡锦涛
2007年8月30日

中华人民共和国突发事件应对法

(2007年8月30日第十届全国人民代表大会常务委员会第二十九次会议通过)

第一章　总　　则

第一条　为了预防和减少突发事件的发生，控制、减轻和消除突发事件引起的严重社会危害，规范突发事件应对活动，保护人民生命财产安全，维护国家安全、公共安全、环境安全和社会秩序，制定本法。

第二条　突发事件的预防与应急准备、监测与预警、应急处置与救援、事后恢复与重建等应对活动，适用本法。

第三条　本法所称突发事件，是指突然发生，造成或者可能造成严重社会危害，需要采取应急处置措施予以应对的自然灾害、事故灾难、公共卫生事件和社会安全事件。

按照社会危害程度、影响范围等因素，自然灾害、事故灾难、公共卫生事件分为特别重大、重大、较大和一般四级。法律、行政法规或者国务院另有规定的，从其规定。

突发事件的分级标准由国务院或者国务院确定的部门制定。

第四条　国家建立统一领导、综合协调、分类管理、分级负责、属地管理为主的应急管理体制。

第五条　突发事件应对工作实行预防为主、预防与应急相结合的原则。国家建立重大突发事件风险评估体系，对可能发生的突发事件进行综合性评估，减少重大突发事件的发生，最大限度地减轻重大突发事件的影响。

第六条　国家建立有效的社会动员机制，增强全民的公共安全和防范风险的意识，提高全社会的避险救助能力。

第七条　县级人民政府对本行政区域内突发事件的应对工作负责；涉及两个以上行政区域的，由有关行政区域共同的上一级人民政府负责，或者由各有关行政区域的上一级人民政府共同负责。

突发事件发生后，发生地县级人民政府应当立即采取措施控制事态发展，组织开展应急救援和处置工作，并立即向上一级人民政府报告，必要时可以越级上报。

突发事件发生地县级人民政府不能消除或者不能有效控制突发事件引起的严重社会危害的，应当及时向上级人民政府报告。上级人民政府应当及时采取措施，统一领导应急处置工作。

法律、行政法规规定由国务院有关部门对突发事件的应对工作负责的，从其规定；地方人民政府应当积极配合并提供必要的支持。

第八条　国务院在总理领导下研究、决定和部署特别重大突发事件的应对工作；根据实际需要，设立国家突发事件应急指挥机构，负责突发事件应对工作；必要时，国务院可以派出工作组指导有关工作。

县级以上地方各级人民政府设立由本级人民政府主要负责人、相关部门负责人、驻当地中国人民解放军和中国人民武装警察部队有关负责人组成的突发事件应急指挥机构，统一领导、协调本级人民政府各有关部门和下级人民政府开展突发事件应对工作；根据实际需要，设立相关类别突发事件应急指挥机构，组织、协调、指挥突发事件应对工作。

上级人民政府主管部门应当在各自职责范围内，指导、协助下级人民政府及其相应部门做好有关突发事件的应对工作。

第九条　国务院和县级以上地方各级人民政府是突发事件应对工作的行政领导机关，其办事机构及具体职责由国务院规定。

第十条　有关人民政府及其部门作出的应对突发事件的决定、命令，应当及时公布。

第十一条　有关人民政府及其部门采取的应对突发事件的措施，应当与突发事件可能造成的社会危害的性质、程度和范围相适应；有多种措施可供选择的，应当选择有利于最大程度地保护公民、法人和其他组织权益的措施。

公民、法人和其他组织有义务参与突发事件应对工作。

第十二条　有关人民政府及其部门为应对突发事件，可以征用单位和个人的财产。被征用的财产在使用完毕或者突发事件应急处置工作结束后，应当及时返还。财产被征用或者征用后毁损、灭失的，应当给予补偿。

第十三条　因采取突发事件应对措施，诉讼、行政复议、仲裁活动不能正常进行的，适用有关时效中止和程序中止的规定，但法律另有规定的除外。

第十四条　中国人民解放军、中国人民武装警察部队和民兵组织依照本法和其他有关法律、行政法规、军事法规的规定以及国务院、中央军事委员会的命令，参加突发事件的应急救援和处置工作。

第十五条　中华人民共和国政府在突发事件的预防、监测与预警、应急处置与救援、事后恢复与重建等方面，同外国政府和有关国际组织开展合作与交流。

第十六条　县级以上人民政府作出应对突发事件的决定、命令，应当报本级人民代表大会常务委员会备案；突发事件应急处置工作结束后，应当向本级人民代表大会常务委员会作出专项工作报告。

第二章 预防与应急准备

第十七条 国家建立健全突发事件应急预案体系。

国务院制定国家突发事件总体应急预案，组织制定国家突发事件专项应急预案；国务院有关部门根据各自的职责和国务院相关应急预案，制定国家突发事件部门应急预案。

地方各级人民政府和县级以上地方各级人民政府有关部门根据有关法律、法规、规章、上级人民政府及其有关部门的应急预案以及本地区的实际情况，制定相应的突发事件应急预案。

应急预案制定机关应当根据实际需要和情势变化，适时修订应急预案。应急预案的制定、修订程序由国务院规定。

第十八条 应急预案应当根据本法和其他有关法律、法规的规定，针对突发事件的性质、特点和可能造成的社会危害，具体规定突发事件应急管理工作的组织指挥体系与职责和突发事件的预防与预警机制、处置程序、应急保障措施以及事后恢复与重建措施等内容。

第十九条 城乡规划应当符合预防、处置突发事件的需要，统筹安排应对突发事件所必需的设备和基础设施建设，合理确定应急避难场所。

第二十条 县级人民政府应当对本行政区域内容易引发自然灾害、事故灾难和公共卫生事件的危险源、危险区域进行调查、登记、风险评估，定期进行检查、监控，并责令有关单位采取安全防范措施。

省级和设区的市级人民政府应当对本行政区域内容易引发特别重大、重大突发事件的危险源、危险区域进行调查、登记、风险评估，组织进行检查、监控，并责令有关单位采取安全防范措施。

县级以上地方各级人民政府按照本法规定登记的危险源、危险区域，应当按照国家规定及时向社会公布。

第二十一条 县级人民政府及其有关部门、乡级人民政府、街道办事处、居民委员会、村民委员会应当及时调解处理可能引发社会安全事件的矛盾纠纷。

第二十二条 所有单位应当建立健全安全管理制度，定期检查本单位各项安全防范措施的落实情况，及时消除事故隐患；掌握并及时处理本单位存在的可能引发社会安全事件的问题，防止矛盾激化和事态扩大；对本单位可能发生的突发事件和采取安全防范措施的情况，应当按照规定及时向所在地人民政府或者人民政府有关部门报告。

第二十三条 矿山、建筑施工单位和易燃易爆物品、危险化学品、放射性物品等危险物品的生产、经营、储运、使用单位，应当制定具体应急预案，并对生产经营场所、有危险物品的建筑物、构筑物及周边环境开展隐患排查，及时采取措施消除隐患，防止发生突发事件。

第二十四条 公共交通工具、公共场所和其他人员密集场所的经营单位或者管理单位应当制定具体应急预案，为交通工具和有关场所配备报警装置和必要的应急救援设备、设施，注明其使用方法，并显著标明安全撤离的通道、路线，保证安全通道、出口的畅通。

有关单位应当定期检测、维护其报警装置和应急救援设备、设施，使其处于良好状态，确保正常使用。

第二十五条　县级以上人民政府应当建立健全突发事件应急管理培训制度，对人民政府及其有关部门负有处置突发事件职责的工作人员定期进行培训。

第二十六条　县级以上人民政府应当整合应急资源，建立或者确定综合性应急救援队伍。人民政府有关部门可以根据实际需要设立专业应急救援队伍。

县级以上人民政府及其有关部门可以建立由成年志愿者组成的应急救援队伍。单位应当建立由本单位职工组成的专职或者兼职应急救援队伍。

县级以上人民政府应当加强专业应急救援队伍与非专业应急救援队伍的合作，联合培训、联合演练，提高合成应急、协同应急的能力。

第二十七条　国务院有关部门、县级以上地方各级人民政府及其有关部门、有关单位应当为专业应急救援人员购买人身意外伤害保险，配备必要的防护装备和器材，减少应急救援人员的人身风险。

第二十八条　中国人民解放军、中国人民武装警察部队和民兵组织应当有计划地组织开展应急救援的专门训练。

第二十九条　县级人民政府及其有关部门、乡级人民政府、街道办事处应当组织开展应急知识的宣传普及活动和必要的应急演练。

居民委员会、村民委员会、企业事业单位应当根据所在地人民政府的要求，结合各自的实际情况，开展有关突发事件应急知识的宣传普及活动和必要的应急演练。

新闻媒体应当无偿开展突发事件预防与应急、自救与互救知识的公益宣传。

第三十条　各级各类学校应当把应急知识教育纳入教学内容，对学生进行应急知识教育，培养学生的安全意识和自救与互救能力。

教育主管部门应当对学校开展应急知识教育进行指导和监督。

第三十一条　国务院和县级以上地方各级人民政府应当采取财政措施，保障突发事件应对工作所需经费。

第三十二条　国家建立健全应急物资储备保障制度，完善重要应急物资的监管、生产、储备、调拨和紧急配送体系。

设区的市级以上人民政府和突发事件易发、多发地区的县级人民政府应当建立应急救援物资、生活必需品和应急处置装备的储备制度。

县级以上地方各级人民政府应当根据本地区的实际情况，与有关企业签订协议，保障应急救援物资、生活必需品和应急处置装备的生产、供给。

第三十三条　国家建立健全应急通信保障体系，完善公用通信网，建立有线与无线相结合、基础电信网络与机动通信系统相配套的应急通信系统，确保突发事件应对工作的通信畅通。

第三十四条　国家鼓励公民、法人和其他组织为人民政府应对突发事件工作提供物资、资金、技术支持和捐赠。

第三十五条　国家发展保险事业，建立国家财政支持的巨灾风险保险体系，并鼓励单位和公民参加保险。

第三十六条　国家鼓励、扶持具备相应条件的教学科研机构培养应急管理专门人才，鼓励、扶持教学科研机构和有关企业研究开发用于突发事件预防、监测、预警、应急处置与救援的新技术、新设备和新工具。

第三章 监测与预警

第三十七条 国务院建立全国统一的突发事件信息系统。

县级以上地方各级人民政府应当建立或者确定本地区统一的突发事件信息系统，汇集、储存、分析、传输有关突发事件的信息，并与上级人民政府及其有关部门、下级人民政府及其有关部门、专业机构和监测网点的突发事件信息系统实现互联互通，加强跨部门、跨地区的信息交流与情报合作。

第三十八条 县级以上人民政府及其有关部门、专业机构应当通过多种途径收集突发事件信息。

县级人民政府应当在居民委员会、村民委员会和有关单位建立专职或者兼职信息报告员制度。

获悉突发事件信息的公民、法人或者其他组织，应当立即向所在地人民政府、有关主管部门或者指定的专业机构报告。

第三十九条 地方各级人民政府应当按照国家有关规定向上级人民政府报送突发事件信息。县级以上人民政府有关主管部门应当向本级人民政府相关部门通报突发事件信息。专业机构、监测网点和信息报告员应当及时向所在地人民政府及其有关主管部门报告突发事件信息。

有关单位和人员报送、报告突发事件信息，应当做到及时、客观、真实，不得迟报、谎报、瞒报、漏报。

第四十条 县级以上地方各级人民政府应当及时汇总分析突发事件隐患和预警信息，必要时组织相关部门、专业技术人员、专家学者进行会商，对发生突发事件的可能性及其可能造成的影响进行评估；认为可能发生重大或者特别重大突发事件的，应当立即向上级人民政府报告，并向上级人民政府有关部门、当地驻军和可能受到危害的毗邻或者相关地区的人民政府通报。

第四十一条 国家建立健全突发事件监测制度。

县级以上人民政府及其有关部门应当根据自然灾害、事故灾难和公共卫生事件的种类和特点，建立健全基础信息数据库，完善监测网络，划分监测区域，确定监测点，明确监测项目，提供必要的设备、设施，配备专职或者兼职人员，对可能发生的突发事件进行监测。

第四十二条 国家建立健全突发事件预警制度。

可以预警的自然灾害、事故灾难和公共卫生事件的预警级别，按照突发事件发生的紧急程度、发展势态和可能造成的危害程度分为一级、二级、三级和四级，分别用红色、橙色、黄色和蓝色标示，一级为最高级别。

预警级别的划分标准由国务院或者国务院确定的部门制定。

第四十三条 可以预警的自然灾害、事故灾难或者公共卫生事件即将发生或者发生的可能性增大时，县级以上地方各级人民政府应当根据有关法律、行政法规和国务院规定的权限和程序，发布相应级别的警报，决定并宣布有关地区进入预警期，同时向上一级人民政府报告，必要时可以越级上报，并向当地驻军和可能受到危害的毗邻或者相关地区的人民政府通报。

第四十四条 发布三级、四级警报，宣布进入预警期后，县级以上地方各级人民政府应当根据即将发生的突发事件的特点和可能造成的危害，采取下列措施：

（一）启动应急预案；

（二）责令有关部门、专业机构、监测网点和负有特定职责的人员及时收集、报告有关信息，向社会公布反映突发事件信息的渠道，加强对突发事件发生、发展情况的监测、预报和预警工作；

（三）组织有关部门和机构、专业技术人员、有关专家学者，随时对突发事件信息进行分析评估，预测发生突发事件可能性的大小、影响范围和强度以及可能发生的突发事件的级别；

（四）定时向社会发布与公众有关的突发事件预测信息和分析评估结果，并对相关信息的报道工作进行管理；

（五）及时按照有关规定向社会发布可能受到突发事件危害的警告，宣传避免、减轻危害的常识，公布咨询电话。

第四十五条 发布一级、二级警报，宣布进入预警期后，县级以上地方各级人民政府除采取本法第四十四条规定的措施外，还应当针对即将发生的突发事件的特点和可能造成的危害，采取下列一项或者多项措施：

（一）责令应急救援队伍、负有特定职责的人员进入待命状态，并动员后备人员做好参加应急救援和处置工作的准备；

（二）调集应急救援所需物资、设备、工具，准备应急设施和避难场所，并确保其处于良好状态、随时可以投入正常使用；

（三）加强对重点单位、重要部位和重要基础设施的安全保卫，维护社会治安秩序；

（四）采取必要措施，确保交通、通信、供水、排水、供电、供气、供热等公共设施的安全和正常运行；

（五）及时向社会发布有关采取特定措施避免或者减轻危害的建议、劝告；

（六）转移、疏散或者撤离易受突发事件危害的人员并予以妥善安置，转移重要财产；

（七）关闭或者限制使用易受突发事件危害的场所，控制或者限制容易导致危害扩大的公共场所的活动；

（八）法律、法规、规章规定的其他必要的防范性、保护性措施。

第四十六条 对即将发生或者已经发生的社会安全事件，县级以上地方各级人民政府及其有关主管部门应当按照规定向上一级人民政府及其有关主管部门报告，必要时可以越级上报。

第四十七条 发布突发事件警报的人民政府应当根据事态的发展，按照有关规定适时调整预警级别并重新发布。

有事实证明不可能发生突发事件或者危险已经解除的，发布警报的人民政府应当立即宣布解除警报，终止预警期，并解除已经采取的有关措施。

第四章 应急处置与救援

第四十八条 突发事件发生后，履行统一领导职责或者组织处置突发事件的人民政府应当针对其性质、特点和危害程度，立即组织有关部门，调动应急救援队伍和社会力量，依照本章的规定和有关法律、法规、规章的规定采取应急处置措施。

第四十九条　自然灾害、事故灾难或者公共卫生事件发生后，履行统一领导职责的人民政府可以采取下列一项或者多项应急处置措施：

（一）组织营救和救治受害人员，疏散、撤离并妥善安置受到威胁的人员以及采取其他救助措施；

（二）迅速控制危险源，标明危险区域，封锁危险场所，划定警戒区，实行交通管制以及其他控制措施；

（三）立即抢修被损坏的交通、通信、供水、排水、供电、供气、供热等公共设施，向受到危害的人员提供避难场所和生活必需品，实施医疗救护和卫生防疫以及其他保障措施；

（四）禁止或者限制使用有关设备、设施，关闭或者限制使用有关场所，中止人员密集的活动或者可能导致危害扩大的生产经营活动以及采取其他保护措施；

（五）启用本级人民政府设置的财政预备费和储备的应急救援物资，必要时调用其他急需物资、设备、设施、工具；

（六）组织公民参加应急救援和处置工作，要求具有特定专长的人员提供服务；

（七）保障食品、饮用水、燃料等基本生活必需品的供应；

（八）依法从严惩处囤积居奇、哄抬物价、制假售假等扰乱市场秩序的行为，稳定市场价格，维护市场秩序；

（九）依法从严惩处哄抢财物、干扰破坏应急处置工作等扰乱社会秩序的行为，维护社会治安；

（十）采取防止发生次生、衍生事件的必要措施。

第五十条　社会安全事件发生后，组织处置工作的人民政府应当立即组织有关部门并由公安机关针对事件的性质和特点，依照有关法律、行政法规和国家其他有关规定，采取下列一项或者多项应急处置措施：

（一）强制隔离使用器械相互对抗或者以暴力行为参与冲突的当事人，妥善解决现场纠纷和争端，控制事态发展；

（二）对特定区域内的建筑物、交通工具、设备、设施以及燃料、燃气、电力、水的供应进行控制；

（三）封锁有关场所、道路，查验现场人员的身份证件，限制有关公共场所内的活动；

（四）加强对易受冲击的核心机关和单位的警卫，在国家机关、军事机关、国家通讯社、广播电台、电视台、外国驻华使领馆等单位附近设置临时警戒线；

（五）法律、行政法规和国务院规定的其他必要措施。

严重危害社会治安秩序的事件发生时，公安机关应当立即依法出动警力，根据现场情况依法采取相应的强制性措施，尽快使社会秩序恢复正常。

第五十一条　发生突发事件，严重影响国民经济正常运行时，国务院或者国务院授权的有关主管部门可以采取保障、控制等必要的应急措施，保障人民群众的基本生活需要，最大限度地减轻突发事件的影响。

第五十二条　履行统一领导职责或者组织处置突发事件的人民政府，必要时可以向单位和个人征用应急救援所需设备、设施、场地、交通工具和其他物资，请求其他地方人民政府提供人力、物力、财力或者技术支援，要求生产、供应生活必需品和应急救援物资的企业组织生产、保证供给，要求提供医疗、交通等公共服务的组织提供相应的服务。

履行统一领导职责或者组织处置突发事件的人民政府，应当组织协调运输经营单位，优先运送处置突发事件所需物资、设备、工具、应急救援人员和受到突发事件危害的人员。

第五十三条 履行统一领导职责或者组织处置突发事件的人民政府，应当按照有关规定统一、准确、及时发布有关突发事件事态发展和应急处置工作的信息。

第五十四条 任何单位和个人不得编造、传播有关突发事件事态发展或者应急处置工作的虚假信息。

第五十五条 突发事件发生地的居民委员会、村民委员会和其他组织应当按照当地人民政府的决定、命令，进行宣传动员，组织群众开展自救和互救，协助维护社会秩序。

第五十六条 受到自然灾害危害或者发生事故灾难、公共卫生事件的单位，应当立即组织本单位应急救援队伍和工作人员营救受害人员，疏散、撤离、安置受到威胁的人员，控制危险源，标明危险区域，封锁危险场所，并采取其他防止危害扩大的必要措施，同时向所在地县级人民政府报告；对因本单位的问题引发的或者主体是本单位人员的社会安全事件，有关单位应当按照规定上报情况，并迅速派出负责人赶赴现场开展劝解、疏导工作。

突发事件发生地的其他单位应当服从人民政府发布的决定、命令，配合人民政府采取的应急处置措施，做好本单位的应急救援工作，并积极组织人员参加所在地的应急救援和处置工作。

第五十七条 突发事件发生地的公民应当服从人民政府、居民委员会、村民委员会或者所属单位的指挥和安排，配合人民政府采取的应急处置措施，积极参加应急救援工作，协助维护社会秩序。

第五章 事后恢复与重建

第五十八条 突发事件的威胁和危害得到控制或者消除后，履行统一领导职责或者组织处置突发事件的人民政府应当停止执行依照本法规定采取的应急处置措施，同时采取或者继续实施必要措施，防止发生自然灾害、事故灾难、公共卫生事件的次生、衍生事件或者重新引发社会安全事件。

第五十九条 突发事件应急处置工作结束后，履行统一领导职责的人民政府应当立即组织对突发事件造成的损失进行评估，组织受影响地区尽快恢复生产、生活、工作和社会秩序，制定恢复重建计划，并向上一级人民政府报告。

受突发事件影响地区的人民政府应当及时组织和协调公安、交通、铁路、民航、邮电、建设等有关部门恢复社会治安秩序，尽快修复被损坏的交通、通信、供水、排水、供电、供气、供热等公共设施。

第六十条 受突发事件影响地区的人民政府开展恢复重建工作需要上一级人民政府支持的，可以向上一级人民政府提出请求。上一级人民政府应当根据受影响地区遭受的损失和实际情况，提供资金、物资支持和技术指导，组织其他地区提供资金、物资和人力支援。

第六十一条 国务院根据受突发事件影响地区遭受损失的情况，制定扶持该地区有关行业发展的优惠政策。

受突发事件影响地区的人民政府应当根据本地区遭受损失的情况，制定救助、补偿、抚慰、抚恤、安置等善后工作计划并组织实施，妥善解决因处置突发事件引发的矛盾和纠纷。

公民参加应急救援工作或者协助维护社会秩序期间，其在本单位的工资待遇和福利不变；表现突出、成绩显著的，由县级以上人民政府给予表彰或者奖励。

县级以上人民政府对在应急救援工作中伤亡的人员依法给予抚恤。

第六十二条 履行统一领导职责的人民政府应当及时查明突发事件的发生经过和原因，总结突发事件应急处置工作的经验教训，制定改进措施，并向上一级人民政府提出报告。

第六章 法 律 责 任

第六十三条 地方各级人民政府和县级以上各级人民政府有关部门违反本法规定，不履行法定职责的，由其上级行政机关或者监察机关责令改正；有下列情形之一的，根据情节对直接负责的主管人员和其他直接责任人员依法给予处分：

（一）未按规定采取预防措施，导致发生突发事件，或者未采取必要的防范措施，导致发生次生、衍生事件的；

（二）迟报、谎报、瞒报、漏报有关突发事件的信息，或者通报、报送、公布虚假信息，造成后果的；

（三）未按规定及时发布突发事件警报、采取预警期的措施，导致损害发生的；

（四）未按规定及时采取措施处置突发事件或者处置不当，造成后果的；

（五）不服从上级人民政府对突发事件应急处置工作的统一领导、指挥和协调的；

（六）未及时组织开展生产自救、恢复重建等善后工作的；

（七）截留、挪用、私分或者变相私分应急救援资金、物资的；

（八）不及时归还征用的单位和个人的财产，或者对被征用财产的单位和个人不按规定给予补偿的。

第六十四条 有关单位有下列情形之一的，由所在地履行统一领导职责的人民政府责令停产停业，暂扣或者吊销许可证或者营业执照，并处五万元以上二十万元以下的罚款；构成违反治安管理行为的，由公安机关依法给予处罚：

（一）未按规定采取预防措施，导致发生严重突发事件的；

（二）未及时消除已发现的可能引发突发事件的隐患，导致发生严重突发事件的；

（三）未做好应急设备、设施日常维护、检测工作，导致发生严重突发事件或者突发事件危害扩大的；

（四）突发事件发生后，不及时组织开展应急救援工作，造成严重后果的。

前款规定的行为，其他法律、行政法规规定由人民政府有关部门依法决定处罚的，从其规定。

第六十五条 违反本法规定，编造并传播有关突发事件事态发展或者应急处置工作的虚假信息，或者明知是有关突发事件事态发展或者应急处置工作的虚假信息而进行传播的，责令改正，给予警告；造成严重后果的，依法暂停其业务活动或者吊销其执业许可证；负有直接责任的人员是国家工作人员的，还应当对其依法给予处分；构成违反治安管理行为的，由公安机关依法给予处罚。

第六十六条 单位或者个人违反本法规定，不服从所在地人民政府及其有关部门发布的决定、命令或者不配合其依法采取的措施，构成违反治安管理行为的，由公安机关依法给予处罚。

第六十七条 单位或者个人违反本法规定，导致突发事件发生或者危害扩大，给他人人身、财产造成损害的，应当依法承担民事责任。

第六十八条 违反本法规定，构成犯罪的，依法追究刑事责任。

第七章 附 则

第六十九条 发生特别重大突发事件，对人民生命财产安全、国家安全、公共安全、环境安全或者社会秩序构成重大威胁，采取本法和其他有关法律、法规、规章规定的应急处置措施不能消除或者有效控制、减轻其严重社会危害，需要进入紧急状态的，由全国人民代表大会常务委员会或者国务院依照宪法和其他有关法律规定的权限和程序决定。

紧急状态期间采取的非常措施，依照有关法律规定执行或者由全国人民代表大会常务委员会另行规定。

第七十条 本法自 2007 年 11 月 1 日起施行。

附录二　生产安全事故报告和调查处理条例

中华人民共和国国务院令

第 493 号

《生产安全事故报告和调查处理条例》已经2007年3月28日国务院第172次常务会议通过，现予公布，自2007年6月1日起施行。

总理　温家宝

二〇〇七年四月九日

第一章　总　　则

第一条　为了规范生产安全事故的报告和调查处理，落实生产安全事故责任追究制度，防止和减少生产安全事故，根据《中华人民共和国安全生产法》和有关法律，制定本条例。

第二条　生产经营活动中发生的造成人身伤亡或者直接经济损失的生产安全事故的报告和调查处理，适用本条例；环境污染事故、核设施事故、国防科研生产事故的报告和调查处理不适用本条例。

第三条　根据生产安全事故（以下简称事故）造成的人员伤亡或者直接经济损失，事故一般分为以下等级：

（一）特别重大事故，是指造成30人以上死亡，或者100人以上重伤（包括急性工业中毒，下同），或者1亿元以上直接经济损失的事故；

（二）重大事故，是指造成10人以上30人以下死亡，或者50人以上100人以下重伤，或者5000万元以上1亿元以下直接经济损失的事故；

（三）较大事故，是指造成3人以上10人以下死亡，或者10人以上50人以下重伤，或者1000万元以上5000万元以下直接经济损失的事故；

（四）一般事故，是指造成3人以下死亡，或者10人以下重伤，或者1000万元以下直接经济损失的事故。

国务院安全生产监督管理部门可以会同国务院有关部门，制定事故等级划分的补充性规定。

本条第一款所称的“以上”包括本数，所称的“以下”不包括本数。

第四条　事故报告应当及时、准确、完整，任何单位和个人对事故不得迟报、漏报、谎报或者瞒报。

事故调查处理应当坚持实事求是、尊重科学的原则，及时、准确地查清事故经过、事故原因和事故损失，查明事故性质，认定事故责任，总结事故教训，提出整改措施，并对事故责任者依法追究责任。

第五条　县级以上人民政府应当依照本条例的规定，严格履行职责，及时、准确地完成事故调查处理工作。

事故发生地有关地方人民政府应当支持、配合上级人民政府或者有关部门的事故调查处理工作，并提供必要的便利条件。

参加事故调查处理的部门和单位应当互相配合，提高事故调查处理工作的效率。

第六条　工会依法参加事故调查处理，有权向有关部门提出处理意见。

第七条　任何单位和个人不得阻挠和干涉对事故的报告和依法调查处理。

第八条　对事故报告和调查处理中的违法行为，任何单位和个人有权向安全生产监督管理部门、监察机关或者其他有关部门举报，接到举报的部门应当依法及时处理。

第二章　事　故　报　告

第九条　事故发生后，事故现场有关人员应当立即向本单位负责人报告；单位负责人接到报告后，应当于1小时内向事故发生地县级以上人民政府安全生产监督管理部门和负有安全生产监督管理职责的有关部门报告。

情况紧急时，事故现场有关人员可以直接向事故发生地县级以上人民政府安全生产监督管理部门和负有安全生产监督管理职责的有关部门报告。

第十条　安全生产监督管理部门和负有安全生产监督管理职责的有关部门接到事故报告后，应当依照下列规定上报事故情况，并通知公安机关、劳动保障行政部门、工会和人民检察院：

（一）特别重大事故、重大事故逐级上报至国务院安全生产监督管理部门和负有安全生产监督管理职责的有关部门；

（二）较大事故逐级上报至省、自治区、直辖市人民政府安全生产监督管理部门和负有安全生产监督管理职责的有关部门；

（三）一般事故上报至设区的市级人民政府安全生产监督管理部门和负有安全生产监督管理职责的有关部门。

安全生产监督管理部门和负有安全生产监督管理职责的有关部门依照前款规定上报事故情况，应当同时报告本级人民政府。国务院安全生产监督管理部门和负有安全生产监督管理职责的有关部门以及省级人民政府接到发生特别重大事故、重大事故的报告后，应当立即报告国务院。

必要时，安全生产监督管理部门和负有安全生产监督管理职责的有关部门可以越级上报事故情况。

第十一条　安全生产监督管理部门和负有安全生产监督管理职责的有关部门逐级上报事故情况，每级上报的时间不得超过2小时。

第十二条　报告事故应当包括下列内容：

（一）事故发生单位概况；

（二）事故发生的时间、地点以及事故现场情况；

（三）事故的简要经过；

（四）事故已经造成或者可能造成的伤亡人数（包括下落不明的人数）和初步估计的直接经济损失；

（五）已经采取的措施；

（六）其他应当报告的情况。

第十三条 事故报告后出现新情况的，应当及时补报。

自事故发生之日起30日内，事故造成的伤亡人数发生变化的，应当及时补报。道路交通事故、火灾事故自发生之日起7日内，事故造成的伤亡人数发生变化的，应当及时补报。

第十四条 事故发生单位负责人接到事故报告后，应当立即启动事故相应应急预案，或者采取有效措施，组织抢救，防止事故扩大，减少人员伤亡和财产损失。

第十五条 事故发生地有关地方人民政府、安全生产监督管理部门和负有安全生产监督管理职责的有关部门接到事故报告后，其负责人应当立即赶赴事故现场，组织事故救援。

第十六条 事故发生后，有关单位和人员应当妥善保护事故现场以及相关证据，任何单位和个人不得破坏事故现场、毁灭相关证据。

因抢救人员、防止事故扩大以及疏通交通等原因，需要移动事故现场物件的，应当做出标志，绘制现场简图并做出书面记录，妥善保存现场重要痕迹、物证。

第十七条 事故发生地公安机关根据事故的情况，对涉嫌犯罪的，应当依法立案侦查，采取强制措施和侦查措施。犯罪嫌疑人逃匿的，公安机关应当迅速追捕归案。

第十八条 安全生产监督管理部门和负有安全生产监督管理职责的有关部门应当建立值班制度，并向社会公布值班电话，受理事故报告和举报。

第三章　事　故　调　查

第十九条 特别重大事故由国务院或者国务院授权有关部门组织事故调查组进行调查。

重大事故、较大事故、一般事故分别由事故发生地省级人民政府、设区的市级人民政府、县级人民政府负责调查。省级人民政府、设区的市级人民政府、县级人民政府可以直接组织事故调查组进行调查，也可以授权或者委托有关部门组织事故调查组进行调查。

未造成人员伤亡的一般事故，县级人民政府也可以委托事故发生单位组织事故调查组进行调查。

第二十条 上级人民政府认为必要时，可以调查由下级人民政府负责调查的事故。

自事故发生之日起30日内（道路交通事故、火灾事故自发生之日起7日内），因事故伤亡人数变化导致事故等级发生变化，依照本条例规定应当由上级人民政府负责调查的，上级人民政府可以另行组织事故调查组进行调查。

第二十一条 特别重大事故以下等级事故，事故发生地与事故发生单位不在同一个县级以上行政区域的，由事故发生地人民政府负责调查，事故发生单位所在地人民政府应当派人参加。

第二十二条 事故调查组的组成应当遵循精简、效能的原则。

根据事故的具体情况，事故调查组由有关人民政府、安全生产监督管理部门、负有安全生产监督管理职责的有关部门、监察机关、公安机关以及工会派人组成，并应当邀请人民检察院派人参加。

事故调查组可以聘请有关专家参与调查。

第二十三条　事故调查组成员应当具有事故调查所需要的知识和专长，并与所调查的事故没有直接利害关系。

第二十四条　事故调查组组长由负责事故调查的人民政府指定。事故调查组组长主持事故调查组的工作。

第二十五条　事故调查组履行下列职责：

（一）查明事故发生的经过、原因、人员伤亡情况及直接经济损失；

（二）认定事故的性质和事故责任；

（三）提出对事故责任者的处理建议；

（四）总结事故教训，提出防范和整改措施；

（五）提交事故调查报告。

第二十六条　事故调查组有权向有关单位和个人了解与事故有关的情况，并要求其提供相关文件、资料，有关单位和个人不得拒绝。

事故发生单位的负责人和有关人员在事故调查期间不得擅离职守，并应当随时接受事故调查组的询问，如实提供有关情况。

事故调查中发现涉嫌犯罪的，事故调查组应当及时将有关材料或者其复印件移交司法机关处理。

第二十七条　事故调查中需要进行技术鉴定的，事故调查组应当委托具有国家规定资质的单位进行技术鉴定。必要时，事故调查组可以直接组织专家进行技术鉴定。技术鉴定所需时间不计入事故调查期限。

第二十八条　事故调查组成员在事故调查工作中应当诚信公正、恪尽职守，遵守事故调查组的纪律，保守事故调查的秘密。

未经事故调查组组长允许，事故调查组成员不得擅自发布有关事故的信息。

第二十九条　事故调查组应当自事故发生之日起 60 日内提交事故调查报告；特殊情况下，经负责事故调查的人民政府批准，提交事故调查报告的期限可以适当延长，但延长的期限最长不超过 60 日。

第三十条　事故调查报告应当包括下列内容：

（一）事故发生单位概况；

（二）事故发生经过和事故救援情况；

（三）事故造成的人员伤亡和直接经济损失；

（四）事故发生的原因和事故性质；

（五）事故责任的认定以及对事故责任者的处理建议；

（六）事故防范和整改措施。

事故调查报告应当附具有关证据材料。事故调查组成员应当在事故调查报告上签名。

第三十一条　事故调查报告报送负责事故调查的人民政府后，事故调查工作即告结束。事故调查的有关资料应当归档保存。

第四章 事故处理

第三十二条 重大事故、较大事故、一般事故，负责事故调查的人民政府应当自收到事故调查报告之日起15日内做出批复；特别重大事故，30日内做出批复，特殊情况下，批复时间可以适当延长，但延长的时间最长不超过30日。

有关机关应当按照人民政府的批复，依照法律、行政法规规定的权限和程序，对事故发生单位和有关人员进行行政处罚，对负有事故责任的国家工作人员进行处分。

事故发生单位应当按照负责事故调查的人民政府的批复，对本单位负有事故责任的人员进行处理。

负有事故责任的人员涉嫌犯罪的，依法追究刑事责任。

第三十三条 事故发生单位应当认真吸取事故教训，落实防范和整改措施，防止事故再次发生。防范和整改措施的落实情况应当接受工会和职工的监督。

安全生产监督管理部门和负有安全生产监督管理职责的有关部门应当对事故发生单位落实防范和整改措施的情况进行监督检查。

第三十四条 事故处理的情况由负责事故调查的人民政府或者其授权的有关部门、机构向社会公布，依法应当保密的除外。

第五章 法律责任

第三十五条 事故发生单位主要负责人有下列行为之一的，处上一年年收入40%至80%的罚款；属于国家工作人员的，并依法给予处分；构成犯罪的，依法追究刑事责任：

（一）不立即组织事故抢救的；

（二）迟报或者漏报事故的；

（三）在事故调查处理期间擅离职守的。

第三十六条 事故发生单位及其有关人员有下列行为之一的，对事故发生单位处100万元以上500万元以下的罚款；对主要负责人、直接负责的主管人员和其他直接责任人员处上一年年收入60%至100%的罚款；属于国家工作人员的，并依法给予处分；构成违反治安管理行为的，由公安机关依法给予治安管理处罚；构成犯罪的，依法追究刑事责任：

（一）谎报或者瞒报事故的；

（二）伪造或者故意破坏事故现场的；

（三）转移、隐匿资金、财产，或者销毁有关证据、资料的；

（四）拒绝接受调查或者拒绝提供有关情况和资料的；

（五）在事故调查中作伪证或者指使他人作伪证的；

（六）事故发生后逃匿的。

第三十七条 事故发生单位对事故发生负有责任的，依照下列规定处以罚款：

（一）发生一般事故的，处10万元以上20万元以下的罚款；

（二）发生较大事故的，处20万元以上50万元以下的罚款；

（三）发生重大事故的，处50万元以上200万元以下的罚款；

（四）发生特别重大事故的，处200万元以上500万元以下的罚款。

第三十八条 事故发生单位主要负责人未依法履行安全生产管理职责，导致事故发生的，依照下列规定处以罚款；属于国家工作人员的，并依法给予处分；构成犯罪的，依法追究刑事责任：

（一）发生一般事故的，处上一年年收入 30% 的罚款；

（二）发生较大事故的，处上一年年收入 40% 的罚款；

（三）发生重大事故的，处上一年年收入 60% 的罚款；

（四）发生特别重大事故的，处上一年年收入 80% 的罚款。

第三十九条　有关地方人民政府、安全生产监督管理部门和负有安全生产监督管理职责的有关部门有下列行为之一的，对直接负责的主管人员和其他直接责任人员依法给予处分；构成犯罪的，依法追究刑事责任：

（一）不立即组织事故抢救的；

（二）迟报、漏报、谎报或者瞒报事故的；

（三）阻碍、干涉事故调查工作的；

（四）在事故调查中作伪证或者指使他人作伪证的。

第四十条　事故发生单位对事故发生负有责任的，由有关部门依法暂扣或者吊销其有关证照；对事故发生单位负有事故责任的有关人员，依法暂停或者撤销其与安全生产有关的执业资格、岗位证书；事故发生单位主要负责人受到刑事处罚或者撤职处分的，自刑罚执行完毕或者受处分之日起，5 年内不得担任任何生产经营单位的主要负责人。

为发生事故的单位提供虚假证明的中介机构，由有关部门依法暂扣或者吊销其有关证照及其相关人员的执业资格；构成犯罪的，依法追究刑事责任。

第四十一条　参与事故调查的人员在事故调查中有下列行为之一的，依法给予处分；构成犯罪的，依法追究刑事责任：

（一）对事故调查工作不负责任，致使事故调查工作有重大疏漏的；

（二）包庇、袒护负有事故责任的人员或者借机打击报复的。

第四十二条　违反本条例规定，有关地方人民政府或者有关部门故意拖延或者拒绝落实经批复的对事故责任人的处理意见的，由监察机关对有关责任人员依法给予处分。

第四十三条　本条例规定的罚款的行政处罚，由安全生产监督管理部门决定。

法律、行政法规对行政处罚的种类、幅度和决定机关另有规定的，依照其规定。

第六章　附　　则

第四十四条　没有造成人员伤亡，但是社会影响恶劣的事故，国务院或者有关地方人民政府认为需要调查处理的，依照本条例的有关规定执行。

国家机关、事业单位、人民团体发生的事故的报告和调查处理，参照本条例的规定执行。

第四十五条　特别重大事故以下等级事故的报告和调查处理，有关法律、行政法规或者国务院另有规定的，依照其规定。

第四十六条　本条例自 2007 年 6 月 1 日起施行。国务院 1989 年 3 月 29 日公布的《特别重大事故调查程序暂行规定》和 1991 年 2 月 22 日公布的《企业职工伤亡事故报告和处理规定》同时废止。

附录三　电力安全事故应急处置和调查处理条例

中华人民共和国国务院令

第 599 号

《电力安全事故应急处置和调查处理条例》已经2011年6月15日国务院第159次常务会议通过，现予公布，自2011年9月1日起施行。

总理　温家宝

二〇一一年七月七日

电力安全事故应急处置和调查处理条例

第一章　总　　则

第一条　为了加强电力安全事故的应急处置工作，规范电力安全事故的调查处理，控制、减轻和消除电力安全事故损害，制定本条例。

第二条　本条例所称电力安全事故，是指电力生产或者电网运行过程中发生的影响电力系统安全稳定运行或者影响电力正常供应的事故（包括热电厂发生的影响热力正常供应的事故）。

第三条　根据电力安全事故（以下简称事故）影响电力系统安全稳定运行或者影响电力（热力）正常供应的程度，事故分为特别重大事故、重大事故、较大事故和一般事故。事故等级划分标准由本条例附表列示。事故等级划分标准的部分项目需要调整的，由国务院电力监管机构提出方案，报国务院批准。

由独立的或者通过单一输电线路与外省连接的省级电网供电的省级人民政府所在地城市，以及由单一输电线路或者单一变电站供电的其他设区的市、县级市，其电网减供负荷或者造成供电用户停电的事故等级划分标准，由国务院电力监管机构另行制定，报国务院批准。

第四条　国务院电力监管机构应当加强电力安全监督管理，依法建立健全事故应急处置和调查处理的各项制度，组织或者参与事故的调查处理。

国务院电力监管机构、国务院能源主管部门和国务院其他有关部门、地方人民政府及有关部门按照国家规定的权限和程序，组织、协调、参与事故的应急处置工作。

第五条　电力企业、电力用户以及其他有关单位和个人，应当遵守电力安全管理规定，落实事故预防措施，防止和避免事故发生。

县级以上地方人民政府有关部门确定的重要电力用户，应当按照国务院电力监管机构的规定配置自备应急电源，并加强安全使用管理。

第六条　事故发生后，电力企业和其他有关单位应当按照规定及时、准确报告事故情况，开展应急处置工作，防止事故扩大，减轻事故损害。电力企业应当尽快恢复电力生产、电网运行和电力（热力）正常供应。

第七条　任何单位和个人不得阻挠和干涉对事故的报告、应急处置和依法调查处理。

第二章　事　故　报　告

第八条　事故发生后，事故现场有关人员应当立即向发电厂、变电站运行值班人员、电力调度机构值班人员或者本企业现场负责人报告。有关人员接到报告后，应当立即向上一级电力调度机构和本企业负责人报告。本企业负责人接到报告后，应当立即向国务院电力监管机构设在当地的派出机构（以下称事故发生地电力监管机构）、县级以上人民政府安全生产监督管理部门报告；热电厂事故影响热力正常供应的，还应当向供热管理部门报告；事故涉及水电厂（站）大坝安全的，还应当同时向有管辖权的水行政主管部门或者流域管理机构报告。

电力企业及其有关人员不得迟报、漏报或者瞒报、谎报事故情况。

第九条　事故发生地电力监管机构接到事故报告后，应当立即核实有关情况，向国务院电力监管机构报告；事故造成供电用户停电的，应当同时通报事故发生地县级以上地方人民政府。

对特别重大事故、重大事故，国务院电力监管机构接到事故报告后应当立即报告国务院，并通报国务院安全生产监督管理部门、国务院能源主管部门等有关部门。

第十条　事故报告应当包括下列内容：

（一）事故发生的时间、地点（区域）以及事故发生单位；

（二）已知的电力设备、设施损坏情况，停运的发电（供热）机组数量、电网减供负荷或者发电厂减少出力的数值、停电（停热）范围；

（三）事故原因的初步判断；

（四）事故发生后采取的措施、电网运行方式、发电机组运行状况以及事故控制情况；

（五）其他应当报告的情况。

事故报告后出现新情况的，应当及时补报。

第十一条　事故发生后，有关单位和人员应当妥善保护事故现场以及工作日志、工作票、操作票等相关材料，及时保存故障录波图、电力调度数据、发电机组运行数据和输变电设备运行数据等相关资料，并在事故调查组成立后将相关材料、资料移交事故调查组。

因抢救人员或者采取恢复电力生产、电网运行和电力供应等紧急措施，需要改变事故现场、移动电力设备的，应当作出标记、绘制现场简图，妥善保存重要痕迹、物证，并作出书面记录。

任何单位和个人不得故意破坏事故现场，不得伪造、隐匿或者毁灭相关证据。

第三章 事故应急处置

第十二条 国务院电力监管机构依照《中华人民共和国突发事件应对法》和《国家突发公共事件总体应急预案》，组织编制国家处置电网大面积停电事件应急预案，报国务院批准。

有关地方人民政府应当依照法律、行政法规和国家处置电网大面积停电事件应急预案，组织制定本行政区域处置电网大面积停电事件应急预案。

处置电网大面积停电事件应急预案应当对应急组织指挥体系及职责，应急处置的各项措施，以及人员、资金、物资、技术等应急保障作出具体规定。

第十三条 电力企业应当按照国家有关规定，制定本企业事故应急预案。

电力监管机构应当指导电力企业加强电力应急救援队伍建设，完善应急物资储备制度。

第十四条 事故发生后，有关电力企业应当立即采取相应的紧急处置措施，控制事故范围，防止发生电网系统性崩溃和瓦解；事故危及人身和设备安全的，发电厂、变电站运行值班人员可以按照有关规定，立即采取停运发电机组和输变电设备等紧急处置措施。

事故造成电力设备、设施损坏的，有关电力企业应当立即组织抢修。

第十五条 根据事故的具体情况，电力调度机构可以发布开启或者关停发电机组、调整发电机组有功和无功负荷、调整电网运行方式、调整供电调度计划等电力调度命令，发电企业、电力用户应当执行。

事故可能导致破坏电力系统稳定和电网大面积停电的，电力调度机构有权决定采取拉限负荷、解列电网、解列发电机组等必要措施。

第十六条 事故造成电网大面积停电的，国务院电力监管机构和国务院其他有关部门、有关地方人民政府、电力企业应当按照国家有关规定，启动相应的应急预案，成立应急指挥机构，尽快恢复电网运行和电力供应，防止各种次生灾害的发生。

第十七条 事故造成电网大面积停电的，有关地方人民政府及有关部门应当立即组织开展下列应急处置工作：

（一）加强对停电地区关系国计民生、国家安全和公共安全的重点单位的安全保卫，防范破坏社会秩序的行为，维护社会稳定；

（二）及时排除因停电发生的各种险情；

（三）事故造成重大人员伤亡或者需要紧急转移、安置受困人员的，及时组织实施救治、转移、安置工作；

（四）加强停电地区道路交通指挥和疏导，做好铁路、民航运输以及通信保障工作；

（五）组织应急物资的紧急生产和调用，保证电网恢复运行所需物资和居民基本生活资料的供给。

第十八条 事故造成重要电力用户供电中断的，重要电力用户应当按照有关技术要求迅速启动自备应急电源；启动自备应急电源无效的，电网企业应当提供必要的支援。

事故造成地铁、机场、高层建筑、商场、影剧院、体育场馆等人员聚集场所停电的，应当迅速启用应急照明，组织人员有序疏散。

第十九条 恢复电网运行和电力供应，应当优先保证重要电厂厂用电源、重要输变电设备、电力主干网架的恢复，优先恢复重要电力用户、重要城市、重点地区的电力供应。

第二十条　事故应急指挥机构或者电力监管机构应当按照有关规定，统一、准确、及时发布有关事故影响范围、处置工作进度、预计恢复供电时间等信息。

第四章　事故调查处理

第二十一条　特别重大事故由国务院或者国务院授权的部门组织事故调查组进行调查。

重大事故由国务院电力监管机构组织事故调查组进行调查。

较大事故、一般事故由事故发生地电力监管机构组织事故调查组进行调查。国务院电力监管机构认为必要的，可以组织事故调查组对较大事故进行调查。

未造成供电用户停电的一般事故，事故发生地电力监管机构也可以委托事故发生单位调查处理。

第二十二条　根据事故的具体情况，事故调查组由电力监管机构、有关地方人民政府、安全生产监督管理部门、负有安全生产监督管理职责的有关部门派人组成；有关人员涉嫌失职、渎职或者涉嫌犯罪的，应当邀请监察机关、公安机关、人民检察院派人参加。

根据事故调查工作的需要，事故调查组可以聘请有关专家协助调查。

事故调查组组长由组织事故调查组的机关指定。

第二十三条　事故调查组应当按照国家有关规定开展事故调查，并在下列期限内向组织事故调查组的机关提交事故调查报告：

（一）特别重大事故和重大事故的调查期限为60日；特殊情况下，经组织事故调查组的机关批准，可以适当延长，但延长的期限不得超过60日。

（二）较大事故和一般事故的调查期限为45日；特殊情况下，经组织事故调查组的机关批准，可以适当延长，但延长的期限不得超过45日。

事故调查期限自事故发生之日起计算。

第二十四条　事故调查报告应当包括下列内容：

（一）事故发生单位概况和事故发生经过；

（二）事故造成的直接经济损失和事故对电网运行、电力（热力）正常供应的影响情况；

（三）事故发生的原因和事故性质；

（四）事故应急处置和恢复电力生产、电网运行的情况；

（五）事故责任认定和对事故责任单位、责任人的处理建议；

（六）事故防范和整改措施。

事故调查报告应当附具有关证据材料和技术分析报告。事故调查组成员应当在事故调查报告上签字。

第二十五条　事故调查报告报经组织事故调查组的机关同意，事故调查工作即告结束；委托事故发生单位调查的一般事故，事故调查报告应当报经事故发生地电力监管机构同意。

有关机关应当依法对事故发生单位和有关人员进行处罚，对负有事故责任的国家工作人员给予处分。

事故发生单位应当对本单位负有事故责任的人员进行处理。

第二十六条 事故发生单位和有关人员应当认真吸取事故教训，落实事故防范和整改措施，防止事故再次发生。

电力监管机构、安全生产监督管理部门和负有安全生产监督管理职责的有关部门应当对事故发生单位和有关人员落实事故防范和整改措施的情况进行监督检查。

第五章 法 律 责 任

第二十七条 发生事故的电力企业主要负责人有下列行为之一的，由电力监管机构处其上一年年收入40%至80%的罚款；属于国家工作人员的，并依法给予处分；构成犯罪的，依法追究刑事责任：

（一）不立即组织事故抢救的；

（二）迟报或者漏报事故的；

（三）在事故调查处理期间擅离职守的。

第二十八条 发生事故的电力企业及其有关人员有下列行为之一的，由电力监管机构对电力企业处100万元以上500万元以下的罚款；对主要负责人、直接负责的主管人员和其他直接责任人员处其上一年年收入60%至100%的罚款，属于国家工作人员的，并依法给予处分；构成违反治安管理行为的，由公安机关依法给予治安管理处罚；构成犯罪的，依法追究刑事责任：

（一）谎报或者瞒报事故的；

（二）伪造或者故意破坏事故现场的；

（三）转移、隐匿资金、财产，或者销毁有关证据、资料的；

（四）拒绝接受调查或者拒绝提供有关情况和资料的；

（五）在事故调查中作伪证或者指使他人作伪证的；

（六）事故发生后逃匿的。

第二十九条 电力企业对事故发生负有责任的，由电力监管机构依照下列规定处以罚款：

（一）发生一般事故的，处10万元以上20万元以下的罚款；

（二）发生较大事故的，处20万元以上50万元以下的罚款；

（三）发生重大事故的，处50万元以上200万元以下的罚款；

（四）发生特别重大事故的，处200万元以上500万元以下的罚款。

第三十条 电力企业主要负责人未依法履行安全生产管理职责，导致事故发生的，由电力监管机构依照下列规定处以罚款；属于国家工作人员的，并依法给予处分；构成犯罪的，依法追究刑事责任：

（一）发生一般事故的，处其上一年年收入30%的罚款；

（二）发生较大事故的，处其上一年年收入40%的罚款；

（三）发生重大事故的，处其上一年年收入60%的罚款；

（四）发生特别重大事故的，处其上一年年收入80%的罚款。

第三十一条 电力企业主要负责人依照本条例第二十七条、第二十八条、第三十条规定受到撤职处分或者刑事处罚的，自受处分之日或者刑罚执行完毕之日起5年内，不得担任任何生产经营单位主要负责人。

第三十二条　电力监管机构、有关地方人民政府以及其他负有安全生产监督管理职责的有关部门有下列行为之一的，对直接负责的主管人员和其他直接责任人员依法给予处分；直接负责的主管人员和其他直接责任人员构成犯罪的，依法追究刑事责任：

（一）不立即组织事故抢救的；

（二）迟报、漏报或者瞒报、谎报事故的；

（三）阻碍、干涉事故调查工作的；

（四）在事故调查中作伪证或者指使他人作伪证的。

第三十三条　参与事故调查的人员在事故调查中有下列行为之一的，依法给予处分；构成犯罪的，依法追究刑事责任：

（一）对事故调查工作不负责任，致使事故调查工作有重大疏漏的；

（二）包庇、袒护负有事故责任的人员或者借机打击报复的。

第六章　附　　则

第三十四条　发生本条例规定的事故，同时造成人员伤亡或者直接经济损失，依照本条例确定的事故等级与依照《生产安全事故报告和调查处理条例》确定的事故等级不相同的，按事故等级较高者确定事故等级，依照本条例的规定调查处理；事故造成人员伤亡，构成《生产安全事故报告和调查处理条例》规定的重大事故或者特别重大事故的，依照《生产安全事故报告和调查处理条例》的规定调查处理。

电力生产或者电网运行过程中发生发电设备或者输变电设备损坏，造成直接经济损失的事故，未影响电力系统安全稳定运行以及电力正常供应的，由电力监管机构依照《生产安全事故报告和调查处理条例》的规定组成事故调查组对重大事故、较大事故、一般事故进行调查处理。

第三十五条　本条例对事故报告和调查处理未作规定的，适用《生产安全事故报告和调查处理条例》的规定。

第三十六条　核电厂核事故的应急处置和调查处理，依照《核电厂核事故应急管理条例》的规定执行。

第三十七条　本条例自2011年9月1日起施行。

附录四 国家突发公共事件总体应急预案

2006年1月8日，国务院发布《国家突发公共事件总体应急预案》。

1 总则

1.1 编制目的

提高政府保障公共安全和处置突发公共事件的能力，最大程度地预防和减少突发公共事件及其造成的损害，保障公众的生命财产安全，维护国家安全和社会稳定，促进经济社会全面、协调、可持续发展。

1.2 编制依据

依据宪法及有关法律、行政法规，制定本预案。

1.3 分类分级

本预案所称突发公共事件是指突然发生，造成或者可能造成重大人员伤亡、财产损失、生态环境破坏和严重社会危害，危及公共安全的紧急事件。

根据突发公共事件的发生过程、性质和机理，突发公共事件主要分为以下四类：

（1）自然灾害。主要包括水旱灾害，气象灾害，地震灾害，地质灾害，海洋灾害，生物灾害和森林草原火灾等。

（2）事故灾难。主要包括工矿商贸等企业的各类安全事故，交通运输事故，公共设施和设备事故，环境污染和生态破坏事件等。

（3）公共卫生事件。主要包括传染病疫情，群体性不明原因疾病，食品安全和职业危害，动物疫情，以及其他严重影响公众健康和生命安全的事件。

（4）社会安全事件。主要包括恐怖袭击事件，经济安全事件和涉外突发事件等。

各类突发公共事件按照其性质、严重程度、可控性和影响范围等因素，一般分为四级：Ⅰ级（特别重大）、Ⅱ级（重大）、Ⅲ级（较大）和Ⅳ级（一般）。

1.4 适用范围

本预案适用于涉及跨省级行政区划的，或超出事发地省级人民政府处置能力的特别重大突发公共事件应对工作。

本预案指导全国的突发公共事件应对工作。

1.5 工作原则

（1）以人为本，减少危害。切实履行政府的社会管理和公共服务职能，把保障公众健康和生命财产安全作为首要任务，最大程度地减少突发公共事件及其造成的人员伤亡和危害。

（2）居安思危，预防为主。高度重视公共安全工作，常抓不懈，防患于未然。增强忧患意识，坚持预防与应急相结合，常态与非常态相结合，做好应对突发公共事件的各项准备工作。

（3）统一领导，分级负责。在党中央、国务院的统一领导下，建立健全分类管理、分级负责，条块结合、属地管理为主的应急管理体制，在各级党委领导下，实行行政领导责任制，充分发挥专业应急指挥机构的作用。

（4）依法规范，加强管理。依据有关法律和行政法规，加强应急管理，维护公众的合法权益，使应对突发公共事件的工作规范化、制度化、法制化。

（5）快速反应，协同应对。加强以属地管理为主的应急处置队伍建设，建立联动协调制度，充分动员和发挥乡镇、社区、企事业单位、社会团体和志愿者队伍的作用，依靠公众力量，形成统一指挥、反应灵敏、功能齐全、协调有序、运转高效的应急管理机制。

（6）依靠科技，提高素质。加强公共安全科学研究和技术开发，采用先进的监测、预测、预警、预防和应急处置技术及设施，充分发挥专家队伍和专业人员的作用，提高应对突发公共事件的科技水平和指挥能力，避免发生次生、衍生事件；加强宣传和培训教育工作，提高公众自救、互救和应对各类突发公共事件的综合素质。

1.6　应急预案体系

全国突发公共事件应急预案体系包括：

（1）突发公共事件总体应急预案。总体应急预案是全国应急预案体系的总纲，是国务院应对特别重大突发公共事件的规范性文件。

（2）突发公共事件专项应急预案。专项应急预案主要是国务院及其有关部门为应对某一类型或某几种类型突发公共事件而制定的应急预案。

（3）突发公共事件部门应急预案。部门应急预案是国务院有关部门根据总体应急预案、专项应急预案和部门职责为应对突发公共事件制定的预案。

（4）突发公共事件地方应急预案。具体包括：省级人民政府的突发公共事件总体应急预案、专项应急预案和部门应急预案；各市（地）、县（市）人民政府及其基层政权组织的突发公共事件应急预案。上述预案在省级人民政府的领导下，按照分类管理、分级负责的原则，由地方人民政府及其有关部门分别制定。

（5）企事业单位根据有关法律法规制定的应急预案。

（6）举办大型会展和文化体育等重大活动，主办单位应当制定应急预案。

各类预案将根据实际情况变化不断补充、完善。

2　组织体系

2.1　领导机构

国务院是突发公共事件应急管理工作的最高行政领导机构。在国务院总理领导下，由国务院常务会议和国家相关突发公共事件应急指挥机构（以下简称相关应急指挥机构）负责突发公共事件的应急管理工作；必要时，派出国务院工作组指导有关工作。

2.2　办事机构

国务院办公厅设国务院应急管理办公室，履行值守应急、信息汇总和综合协调职责，发挥运转枢纽作用。

2.3　工作机构

国务院有关部门依据有关法律、行政法规和各自的职责，负责相关类别突发公共事件的应急管理工作。具体负责相关类别的突发公共事件专项和部门应急预案的起草与实施，贯彻落实国务院有关决定事项。

2.4 地方机构

地方各级人民政府是本行政区域突发公共事件应急管理工作的行政领导机构，负责本行政区域各类突发公共事件的应对工作。

2.5 专家组

国务院和各应急管理机构建立各类专业人才库，可以根据实际需要聘请有关专家组成专家组，为应急管理提供决策建议，必要时参加突发公共事件的应急处置工作。

3 运行机制

3.1 预测与预警

各地区、各部门要针对各种可能发生的突发公共事件，完善预测预警机制，建立预测预警系统，开展风险分析，做到早发现、早报告、早处置。

根据预测分析结果，对可能发生和可以预警的突发公共事件进行预警。预警级别依据突发公共事件可能造成的危害程度、紧急程度和发展势态，一般划分为四级：Ⅰ级（特别严重）、Ⅱ级（严重）、Ⅲ级（较重）和Ⅳ级（一般），依次用红色、橙色、黄色和蓝色表示。

预警信息包括突发公共事件的类别、预警级别、起始时间、可能影响范围、警示事项、应采取的措施和发布机关等。

预警信息的发布、调整和解除可通过广播、电视、报刊、通信、信息网络、警报器、宣传车或组织人员逐户通知等方式进行，对老、幼、病、残、孕等特殊人群以及学校等特殊场所和警报盲区应当采取有针对性的公告方式。

3.2 应急处置

3.2.1 信息报告

特别重大或者重大突发公共事件发生后，各地区、各部门要立即报告，最迟不得超过4小时，同时通报有关地区和部门。应急处置过程中，要及时续报有关情况。

3.2.2 先期处置

突发公共事件发生后，事发地的省级人民政府或者国务院有关部门在报告特别重大、重大突发公共事件信息的同时，要根据职责和规定的权限启动相关应急预案，及时、有效地进行处置，控制事态。

在境外发生涉及中国公民和机构的突发事件，我驻外使领馆、国务院有关部门和有关地方人民政府要采取措施控制事态发展，组织开展应急救援工作。

3.2.3 应急响应

对于先期处置未能有效控制事态的特别重大突发公共事件，要及时启动相关预案，由国务院相关应急指挥机构或国务院工作组统一指挥或指导有关地区、部门开展处置工作。

现场应急指挥机构负责现场的应急处置工作。

需要多个国务院相关部门共同参与处置的突发公共事件，由该类突发公共事件的业务主管部门牵头，其他部门予以协助。

3.2.4 应急结束

特别重大突发公共事件应急处置工作结束，或者相关危险因素消除后，现场应急指挥机构予以撤销。

3.3 恢复与重建

3.3.1 善后处置

要积极稳妥、深入细致地做好善后处置工作。对突发公共事件中的伤亡人员、应急处置工作人员，以及紧急调集、征用有关单位及个人的物资，要按照规定给予抚恤、补助或补偿，并提供心理及司法援助。有关部门要做好疫病防治和环境污染消除工作。保险监管机构督促有关保险机构及时做好有关单位和个人损失的理赔工作。

3.3.2 调查与评估

要对特别重大突发公共事件的起因、性质、影响、责任、经验教训和恢复重建等问题进行调查评估。

3.3.3 恢复重建

根据受灾地区恢复重建计划组织实施恢复重建工作。

3.4 信息发布

突发公共事件的信息发布应当及时、准确、客观、全面。事件发生的第一时间要向社会发布简要信息，随后发布初步核实情况、政府应对措施和公众防范措施等，并根据事件处置情况做好后续发布工作。

信息发布形式主要包括授权发布、散发新闻稿、组织报道、接受记者采访、举行新闻发布会等。

4 应急保障

各有关部门要按照职责分工和相关预案做好突发公共事件的应对工作，同时根据总体预案切实做好应对突发公共事件的人力、物力、财力、交通运输、医疗卫生及通信保障等工作，保证应急救援工作的需要和灾区群众的基本生活，以及恢复重建工作的顺利进行。

4.1 人力资源

公安（消防）、医疗卫生、地震救援、海上搜救、矿山救护、森林消防、防洪抢险、核与辐射、环境监控、危险化学品事故救援、铁路事故、民航事故、基础信息网络和重要信息系统事故处置，以及水、电、油、气等工程抢险救援队伍是应急救援的专业队伍和骨干力量。地方各级人民政府和有关部门、单位要加强应急救援队伍的业务培训和应急演练，建立联动协调机制，提高装备水平；动员社会团体、企事业单位以及志愿者等各种社会力量参与应急救援工作；增进国际交流与合作。要加强以乡镇和社区为单位的公众应急能力建设，发挥其在应对突发公共事件中的重要作用。

中国人民解放军和中国人民武装警察部队是处置突发公共事件的骨干和突击力量，按照有关规定参加应急处置工作。

4.2 财力保障

要保证所需突发公共事件应急准备和救援工作资金。对受突发公共事件影响较大的行业、企事业单位和个人要及时研究提出相应的补偿或救助政策。要对突发公共事件财政应急保障资金的使用和效果进行监管和评估。

鼓励自然人、法人或者其他组织（包括国际组织）按照《中华人民共和国公益事业捐赠法》等有关法律、法规的规定进行捐赠和援助。

4.3 物资保障

要建立健全应急物资监测网络、预警体系和应急物资生产、储备、调拨及紧急配送体系，完善应急工作程序，确保应急所需物资和生活用品的及时供应，并加强对物资储备的监督管理，及时予以补充和更新。

地方各级人民政府应根据有关法律、法规和应急预案的规定，做好物资储备工作。

4.4 基本生活保障

要做好受灾群众的基本生活保障工作，确保灾区群众有饭吃、有水喝、有衣穿、有住处、有病能得到及时医治。

4.5 医疗卫生保障

卫生部门负责组建医疗卫生应急专业技术队伍，根据需要及时赴现场开展医疗救治、疾病预防控制等卫生应急工作。及时为受灾地区提供药品、器械等卫生和医疗设备。必要时，组织动员红十字会等社会卫生力量参与医疗卫生救助工作。

4.6 交通运输保障

要保证紧急情况下应急交通工具的优先安排、优先调度、优先放行，确保运输安全畅通；要依法建立紧急情况社会交通运输工具的征用程序，确保抢险救灾物资和人员能够及时、安全送达。

根据应急处置需要，对现场及相关通道实行交通管制，开设应急救援“绿色通道”，保证应急救援工作的顺利开展。

4.7 治安维护

要加强对重点地区、重点场所、重点人群、重要物资和设备的安全保护，依法严厉打击违法犯罪活动。必要时，依法采取有效管制措施，控制事态，维护社会秩序。

4.8 人员防护

要指定或建立与人口密度、城市规模相适应的应急避险场所，完善紧急疏散管理办法和程序，明确各级责任人，确保在紧急情况下公众安全、有序的转移或疏散。

要采取必要的防护措施，严格按照程序开展应急救援工作，确保人员安全。

4.9 通信保障

建立健全应急通信、应急广播电视保障工作体系，完善公用通信网，建立有线和无线相结合、基础电信网络与机动通信系统相配套的应急通信系统，确保通信畅通。

4.10 公共设施

有关部门要按照职责分工，分别负责煤、电、油、气、水的供给，以及废水、废气、固体废弃物等有害物质的监测和处理。

4.11 科技支撑

要积极开展公共安全领域的科学研究；加大公共安全监测、预测、预警、预防和应急处置技术研发的投入，不断改进技术装备，建立健全公共安全应急技术平台，提高我国公共安全科技水平；注意发挥企业在公共安全领域的研发作用。

5 监督管理

5.1 预案演练

各地区、各部门要结合实际，有计划、有重点地组织有关部门对相关预案进行演练。

5.2 宣传和培训

宣传、教育、文化、广电、新闻出版等有关部门要通过图书、报刊、音像制品和电子出版物、广播、电视、网络等，广泛宣传应急法律法规和预防、避险、自救、互救、减灾等常识，增强公众的忧患意识、社会责任意识和自救、互救能力。各有关方面要有计划地对应急救援和管理人员进行培训，提高其专业技能。

5.3　责任与奖惩

突发公共事件应急处置工作实行责任追究制。

对突发公共事件应急管理工作中作出突出贡献的先进集体和个人要给予表彰和奖励。

对迟报、谎报、瞒报和漏报突发公共事件重要情况或者应急管理工作中有其他失职、渎职行为的，依法对有关责任人给予行政处分；构成犯罪的，依法追究刑事责任。

6　附则

6.1　预案管理

根据实际情况的变化，及时修订本预案。

本预案自发布之日起实施。

附录五　国家处置电网大面积停电事件应急预案

1　总则

1.1　编制目的

正确、有效和快速地处理大面积停电事件，最大程度地减少大面积停电造成的影响和损失，维护国家安全、社会稳定和人民生命财产安全。

1.2　编制依据

依据《中华人民共和国安全生产法》、《中华人民共和国电力法》和《国家突发公共事件总体应急预案》，制定本预案。

1.3　适用范围

（1）本预案适用于国家应对和处理因电力生产重特大事故、电力设施大范围破坏、严重自然灾害、电力供应持续危机等引起的对国家安全和社会稳定以及人民群众生产生活构成重大影响和严重威胁的大面积停电事件。

（2）本预案用于规范在电网发生大面积停电事件下，各相关地区、各有关部门组织开展社会救援、事故抢险与处置、电力供应恢复等工作。

（3）本预案中大面积停电是指：电力生产受严重自然灾害影响或发生重特大事故，引起连锁反应，造成区域电网、省电网或重要中心城市电网减供负荷而引起的大面积停电事件。

1.4　工作原则

（1）预防为主。坚持“安全第一、预防为主”的方针，加强电力安全管理，落实事故预防和隐患控制措施，有效防止重特大电力生产事故发生；加强电力设施保护宣传工作和行政执法力度，提高公众保护电力设施的意识；协调发电燃料供给，规范电力市场秩序，避免发生电力供应危机；开展大面积停电恢复控制研究，制定科学有效的电网恢复预案；开展停电救援和紧急处置演练，提高对大面积停电事件处理和应急救援综合处置能力。

（2）统一指挥。在国家统一指挥和协调下，通过应急指挥机构和电网调度机构，组织开展事故处理、事故抢险、电网恢复、应急救援、维护社会稳定、恢复生产等各项应急工作。

（3）分工负责。按照分层分区、统一协调、各负其责的原则建立事故应急处理体系。电网企业按照电网结构和调度管辖范围，制定和完善电网应急处理和恢复预案，保证电网尽快恢复供电。发电企业完善保“厂用电”措施，确保机组的启动能力和电厂自身安全。电力用户根据重要程度，自备必要的保安措施，避免在突然停电情况下发生次生灾害。各省（区、市）人民政府、国务院有关部门按各自职责，组织做好电网大面积停电事件应急准备和处置工作。

（4）保证重点。在电网事故处理和控制中，将保证大电网的安全放在第一位，采取各种必要手段，防止事故范围进一步扩大，防止发生系统性崩溃和瓦解。在电网恢复中，优先保证重要电厂厂用电源和主干网架、重要输变电设备恢复，提高整个系统恢复速度。在供电恢复中，优先考虑对重点地区、重要城市、重要用户恢复供电，尽快恢复社会正常秩序。

2 组织机构

2.1 国家应急机构

2.1.1 电网大面积停电应急领导小组

国家成立电网大面积停电事件应急领导小组（以下简称应急领导小组），统一领导指挥大面积停电事件应急处置工作。

2.1.2 应急领导小组办公室

应急领导小组下设办公室，负责日常工作。办公室设在电监会安全监管局。

2.1.3 相关部门（应急机构）

发展改革、公安、财政、铁道、交通、商务、安全生产监督管理等部门或单位按照国务院大面积停电应急协调机构、应急领导小组、各级人民政府的统一部署和各自职责配合做好大面积停电应急工作。

2.2 地方应急指挥机构

各省（区、市）人民政府比照国家处置电网大面积停电事件应急预案，结合本地实际制定预案并成立相应的电网大面积停电应急指挥机构，建立和完善相应的电网停电应急救援与处置体系。

2.3 电力调度机构、电力企业、重要用户

2.3.1 电力调度机构

各级电力调度机构是电网事故处理的指挥中心，值班调度员是电网事故处理的指挥员，统一指挥调度管辖范围内的电网事故处理。

2.3.2 电力企业

有关电网企业、发电企业成立大面积停电应急指挥机构，负责本企业的事故抢险和应急处理工作。

2.3.3 重要用户

负责本单位事故抢险和应急处理。

3 事件分级

按照电网停电范围和事故严重程度，将大面积停电分为Ⅰ级停电事件和Ⅱ级停电事件两个状态等级。

3.1 Ⅰ级停电事件

发生下列情况之一，电网进入Ⅰ级停电事件状态：

（1）因电力生产发生重特大事故，引起连锁反应，造成区域电网大面积停电，减供负荷达到事故前总负荷的30%以上。

（2）因电力生产发生重特大事故，引起连锁反应，造成重要政治、经济中心城市减供负荷达到事故前总负荷的50%以上。

（3）因严重自然灾害引起电力设施大范围破坏，造成省电网大面积停电，减供负荷达到事故前总负荷的40%以上，并且造成重要发电厂停电、重要输变电设备受损，对区域电网、跨区电网安全稳定运行构成严重威胁。

（4）因发电燃料供应短缺等各类原因引起电力供应严重危机，造成省电网60%以上容量机组非计划停机，省电网拉限负荷达到正常值的50%以上，并且对区域电网、跨区电网正常电力供应构成严重影响。

（5）因重要发电厂、重要变电站、重要输变电设备遭受毁灭性破坏或打击，造成区域电网大面积停电，减供负荷达到事故前总负荷的20%以上，对区域电网、跨区电网安全稳定运行构成严重威胁。

3.2 Ⅱ级停电事件

发生下列情况之一，电网进入Ⅱ级停电事件状态：

（1）因电力生产发生重特大事故，造成区域电网减供负荷达到事故前总负荷的10%以上，30%以下。

（2）因电力生产发生重特大事故，造成重要政治、经济中心城市减供负荷达到事故前总负荷的20%以上，50%以下。

（3）因严重自然灾害引起电力设施大范围破坏，造成省电网减供负荷达到事故前总负荷的20%以上，40%以下。

（4）因发电燃料供应短缺等各类原因引起电力供应危机，造成省电网40%以上，60%以下容量机组非计划停机。

4 应急响应

4.1 Ⅰ级停电事件响应

4.1.1 事件报告

（1）发生Ⅰ级停电事件时，电网企业应急指挥机构应将停电范围、停电负荷、发展趋势等有关情况立即报告应急领导小组办公室。

（2）应急领导小组组长主持召开紧急会议，就有关重大应急问题作出决策和部署，并将有关情况向国务院汇报。同时宣布启动预案。

4.1.2 事件通告

（1）发生Ⅰ级停电事件后，应急领导小组办公室负责召集有关部门（单位），就事故影响范围、发展过程、抢险进度、预计恢复时间等内容及时通报，使有关部门（单位）和公众对停电情况有客观的认识和了解。在Ⅰ级停电事件应急状态宣布解除后，及时向有关部门（单位）和公众通报信息。

（2）在大面积停电期间，要加强信息发布和舆论宣传工作，各级政府要积极组织力量，发动群众，坚决打击造谣惑众、散布谣言、哄抬物价、偷盗抢劫等各种违法违纪行为，减少公众恐慌情绪，维护社会稳定。

4.1.3 应急处置

（1）电网与供电恢复：发生Ⅰ级停电事件后，电力调度机构和有关电力企业要尽快恢复电网运行和电力供应。

在电网恢复过程中，电力调度机构负责协调电网、电厂、用户之间的电气操作、机组启动、用电恢复，保证电网安全稳定留有必要裕度。在条件具备时，优先恢复重点地区、重要城市、重要用户的电力供应。

在电网恢复过程中，各发电厂严格按照电力调度命令恢复机组并网运行，调整发电出力。

在供电恢复过程中，各电力用户严格按照调度计划分时分步地恢复用电。

（2）社会应急：发生Ⅰ级停电事件后，受影响或受波及的地方各级政府、各有关部门、各类电力用户要按职责分工立即行动，组织开展社会停电应急救援与处置工作。对停电后易造成重大影响和生命财产损失的单位、设施等电力用户，按照有关技术要求迅速启动保安电源，避免造成更大影响和损失。

地铁、机场、高层建筑、商场、影剧院、体育场（馆）等各类人员聚集场所的电力用户，停电后应迅速启用应急照明，组织人员有组织、有秩序地集中或疏散，确保所有人员人身安全。

公安、武警等部门在发生停电的地区要加强对关系国计民生、国家安全和公共安全的重点单位的安全保卫工作，加强社会巡逻防范工作，严密防范和严厉打击违法犯罪活动，维护社会稳定。

消防部门做好各项灭火救援应急准备工作，及时扑灭大面积停电期间发生的各类火灾。

交通管理部门组织力量，加强停电地区道路交通指挥和疏导，缓解交通堵塞，避免出现交通混乱，保障各项应急工作的正常进行。

物资供应部门要迅速组织有关应急物资的加工、生产、运输和销售，保证居民在停电期间的基本生活资料供给。

停电地区各类电力用户要及时启动相应停电预案，有效防止各种次生灾害的发生。

电力企业迅速组织力量开展事故抢险救灾，修复被损电力设施，恢复灾区电力供应工作。

4.1.4　应急结束

在同时满足下列条件下，应急领导小组经研究决定宣布解除Ⅰ级停电事件状态：

（1）电网主干网架基本恢复正常接线方式，电网运行参数保持在稳定限额之内，主要发电厂机组运行稳定。

（2）停电负荷恢复80%以上，重点地区、重要城市负荷恢复90%以上。

（3）发电燃料恢复正常供应、发电机组恢复运行，燃料储备基本达到规定要求。

（4）无其他对电网安全稳定运行和正常电力供应存在重大影响或严重威胁的事件。

4.2　Ⅱ级停电事件响应

发生Ⅱ级停电事件时，由电网企业应急指挥机构和省级人民政府就有关应急问题作出决策和部署，按本级应急处置预案进行处置，同时立即将有关情况向应急领导小组办公室报告。

对Ⅱ级停电事件，由应急领导小组办公室或经授权的地方政府与电监会区域电监局共同负责通报事故情况，发布事故信息。

5 应急保障

5.1 技术保障

全面加强技术支持部门的应急基础保障工作。电力管理部门应聘请电力生产、管理、科研等各方面专家，组成大面积停电处置专家咨询小组，对应急处置进行技术咨询和决策支持。电力企业应认真分析和研究电网大面积停电可能造成的社会危害和损失，增加技术投入，研究、学习国际先进经验，不断完善电网大面积停电应急技术保障体系。

5.2 装备保障

各相关地区、各有关部门以及电力企业在积极利用现有装备的基础上，根据应急工作需要，建立和完善救援装备数据库和调用制度，配备必要的应急救援装备。各应急指挥机构应掌握各专业的应急救援装备的储备情况，并保证救援装备始终处在随时可正常使用的状态。

5.3 人员保障

加强电力企业的电力调度、运行值班、抢修维护、生产管理、事故救援队伍建设，通过日常技能培训和模拟演练等手段提高各类人员的业务素质、技术水平和应急处置能力。

6 宣传、培训和演练

6.1 宣传

各电力企业和重要电力用户应对全体员工加强防范事故的安全生产教育和应急救援教育，并通过各种新闻媒体向全社会宣传出现大面积停电的紧急情况下如何采取正确措施处置，增强公众的自我保护意识。

6.2 培训

各电力企业和重要电力用户应认真组织员工对应急预案的学习和演练，并通过专业人员的技术交流和研讨，提高应急救援的业务知识水平。

6.3 演练

应急领导小组办公室至少每年协调组织一次应急联合演练，加强和完善各电力企业之间的协调配合工作。各电力企业应根据自身特点，定期组织本企业的应急救援演练。

7 信息发布

应急领导小组办公室负责对事故信息统一对外发布，并负责拟定信息发布方案，及时采用适当方式发布信息，组织报道。

8 后期处置

8.1 事故调查

大面积停电之后，由国务院有关部门组成事故调查组进行事故调查。各相关地区、各有关部门和单位认真配合调查组的工作，客观、公正、准确地查清事故原因、发生过程、恢复情况、事故损失等。

事故调查应与现场应急处置工作有机结合。事故调查组到达现场后应认真听取现场应急处置工作情况介绍，并与现场应急指挥机构协调，参与现场应急处置工作。

事故调查工作包括：调查组的组成，应急救援情况的调查，事故现场调查，技术分析，事故原因的判定，事故性质和责任的查明，编写事故调查报告，提出安全预防措施建议。

8.2 改进措施

（1）大面积停电之后，电力企业应及时组织生产、运行、科研等部门联合攻关，研究事故发生机理，分析事故发展过程，吸取事故教训，提出具体措施，进一步完善和改进电力应急预案。

（2）各相关地区、各有关部门应及时总结社会应急救援工作的经验和教训，进一步完善和改进社会停电应急救援、事故抢险与紧急处置体系。

9 附则

9.1 预案管理与更新

随着应急救援相关法律法规的制定和修订，部门职责或应急资源发生变化，以及实施过程中发现存在问题或出现的情况，及时修订完善本预案。

本预案有关数量的表述中，“以上”含本数，“以下”不含本数。

9.2 预案实施时间

本预案自印发之日起实施。

附录六 生产经营单位安全生产事故应急预案编制导则

1 范围

本标准规定了生产经营单位编制安全生产事故应急预案（以下简称应急预案）的程序、内容和要素等基本要求。

本标准适用于中华人民共和国领域内从事生产经营活动的单位。

生产经营单位结合本单位的组织结构、管理模式、风险种类、生产规模等特点，可以对应急预案框架结构等要素进行调整。

2 术语和定义

下列术语和定义适用于本标准。

2.1 应急预案 emergency response plan

针对可能发生的事故，为迅速、有序地开展应急行动而预先制定的行动方案。

2.2 应急准备 emergency preparedness

针对可能发生的事故，为迅速、有序地开展应急行动而预先进行的组织准备和应急保障。

2.3 应急响应 emergency response

事故发生后，有关组织或人员采取的应急行动。

2.4 应急救援 emergency rescue

在应急响应过程中，为消除、减少事故危害，防止事故扩大或恶化，最大限度地降低事故造成的损失或危害而采取的救援措施或行动。

2.5 恢复 recovery

事故的影响得到初步控制后，为使生产、工作、生活和生态环境尽快恢复到正常状态而采取的措施或行动。

3 应急预案的编制

3.1 编制准备

编制应急预案应做好以下准备工作：

（a）全面分析本单位危险因素、可能发生的事故类型及事故的危害程度。

（b）排查事故隐患的种类、数量和分布情况，并在隐患治理的基础上，预测可能发生的事故类型及其危害程度。

（c）确定事故危险源，进行风险评估。

（d）针对事故危险源和存在的问题，确定相应的防范措施。

（e）客观评价本单位应急能力。

(f) 充分借鉴国内外同行业事故教训及应急工作经验。

3.2 编制程序

3.2.1 应急预案编制工作组

结合本单位部门职能分工，成立以单位主要负责人为领导的应急预案编制工作组，明确编制任务、职责分工，制订工作计划。

3.2.2 资料收集

收集应急预案编制所需的各种资料（相关法律法规、应急预案、技术标准、国内外同行业事故案例分析、本单位技术资料等）。

3.2.3 危险源与风险分析

在危险因素分析及事故隐患排查、治理的基础上，确定本单位的危险源、可能发生事故的类型和后果，进行事故风险分析，并指出事故可能产生的次生、衍生事故，形成分析报告，分析结果作为应急预案的编制依据。

3.2.4 应急能力评估

对本单位应急装备、应急队伍等应急能力进行评估，并结合本单位实际，加强应急能力建设。

3.2.5 应急预案编制

针对可能发生的事故，按照有关规定和要求编制应急预案。应急预案编制过程中，应注重全体人员的参与和培训，使所有与事故有关人员均掌握危险源的危险性、应急处置方案和技能。应急预案应充分利用社会应急资源，与地方政府预案、上级主管单位以及相关部门的预案相衔接。

3.2.6 应急预案评审与发布

应急预案编制完成后，应进行评审。评审由本单位主要负责人组织有关部门和人员进行。外部评审由上级主管部门或地方政府负责安全管理的部门组织审查。评审后，按规定报有关部门备案，并经生产经营单位主要负责人签署发布。

4 应急预案体系的构成

应急预案应形成体系，针对各级各类可能发生的事故和所有危险源制定专项应急预案和现场应急处置方案，并明确事前、事发、事中、事后的各个过程中相关部门和有关人员的职责。生产规模小、危险因素少的生产经营单位，综合应急预案和专项应急预案可以合并编写。

4.1 综合应急预案

综合应急预案是从总体上阐述处理事故的应急方针、政策，应急组织结构及相关应急职责，应急行动、措施和保障等基本要求和程序，是应对各类事故的综合性文件。

4.2 专项应急预案

专项应急预案是针对具体的事故类别（如煤矿瓦斯爆炸、危险化学品泄漏等事故）、危险源和应急保障而制定的计划或方案，是综合应急预案的组成部分，应按照综合应急预案的程序和要求组织制定，并作为综合应急预案的附件。专项应急预案应制定明确的救援程序和具体的应急救援措施。

4.3 现场处置方案

现场处置方案是针对具体的装置、场所或设施、岗位所制定的应急处置措施。现场处置方案应具体、简单、针对性强。现场处置方案应根据风险评估及危险性控制措施逐一编制，做到事故相关人员应知应会，熟练掌握，并通过应急演练，做到迅速反应、正确处置。

5 综合应急预案的主要内容

5.1 总则

5.1.1 编制目的

简述应急预案编制的目的、作用等。

5.1.2 编制依据

简述应急预案编制所依据的法律法规、规章，以及有关行业管理规定、技术规范和标准等。

5.1.3 适用范围

说明应急预案适用的区域范围，以及事故的类型、级别。

5.1.4 应急预案体系

说明本单位应急预案体系的构成情况。

5.1.5 应急工作原则

说明本单位应急工作的原则，内容应简明扼要、明确具体。

5.2 生产经营单位的危险性分析

5.2.1 生产经营单位概况

主要包括单位地址、从业人数、隶属关系、主要原材料、主要产品、产量等内容，以及周边重大危险源、重要设施、目标、场所和周边布局情况。必要时，可附平面图进行说明。

5.2.2 危险源与风险分析

主要阐述本单位存在的危险源及风险分析结果。

5.3 组织机构及职责

5.3.1 应急组织体系

明确应急组织形式，构成单位或人员，并尽可能以结构图的形式表示出来。

5.3.2 指挥机构及职责

明确应急救援指挥机构总指挥、副总指挥、各成员单位及其相应职责。应急救援指挥机构根据事故类型和应急工作需要，可以设置相应的应急救援工作小组，并明确各小组的工作任务及职责。

5.4 预防与预警

5.4.1 危险源监控

明确本单位对危险源监测监控的方式、方法，以及采取的预防措施。

5.4.2 预警行动

明确事故预警的条件、方式、方法和信息的发布程序。

5.4.3 信息报告与处置

按照有关规定，明确事故及未遂伤亡事故信息报告与处置办法。

a）信息报告与通知

明确24小时应急值守电话、事故信息接收和通报程序。

b）信息上报

明确事故发生后向上级主管部门和地方人民政府报告事故信息的流程、内容和时限。

c）信息传递

明确事故发生后向有关部门或单位通报事故信息的方法和程序。

5.5　应急响应

5.5.1　响应分级

针对事故危害程度、影响范围和单位控制事态的能力，将事故分为不同的等级。按照分级负责的原则，明确应急响应级别。

5.5.2　响应程序

根据事故的大小和发展态势，明确应急指挥、应急行动、资源调配、应急避险、扩大应急等响应程序。

5.5.3　应急结束

明确应急终止的条件。事故现场得以控制，环境符合有关标准，导致次生、衍生事故隐患消除后，经事故现场应急指挥机构批准后，现场应急结束。应急结束后，应明确：

（a）事故情况上报事项。

（b）需向事故调查处理小组移交的相关事项。

（c）事故应急救援工作总结报告。

5.6　信息发布

明确事故信息发布的部门，发布原则。事故信息应由事故现场指挥部及时准确向新闻媒体通报事故信息。

5.7　后期处置

主要包括污染物处理、事故后果影响消除、生产秩序恢复、善后赔偿、抢险过程和应急救援能力评估及应急预案的修订等内容。

5.8　保障措施

5.8.1　通信与信息保障

明确与应急工作相关联的单位或人员通信联系方式和方法，并提供备用方案。建立信息通信系统及维护方案，确保应急期间信息通畅。

5.8.2　应急队伍保障

明确各类应急响应的人力资源，包括专业应急队伍、兼职应急队伍的组织与保障方案。

5.8.3　应急物资装备保障

明确应急救援需要使用的应急物资和装备的类型、数量、性能、存放位置、管理责任人及其联系方式等内容。

5.8.4　经费保障

明确应急专项经费来源、使用范围、数量和监督管理措施，保障应急状态时生产经营单位应急经费的及时到位。

5.8.5　其他保障

根据本单位应急工作需求而确定的其他相关保障措施（如：交通运输保障、治安保障、技术保障、医疗保障、后勤保障等）。

5.9 培训与演练

5.9.1 培训

明确对本单位人员开展的应急培训计划、方式和要求。如果预案涉及社区和居民，要做好宣传教育和告知等工作。

5.9.2 演练

明确应急演练的规模、方式、频次、范围、内容、组织、评估、总结等内容。

5.10 奖惩

明确事故应急救援工作中奖励和处罚的条件和内容。

5.11 附则

5.11.1 术语和定义

对应急预案涉及的一些术语进行定义。

5.11.2 应急预案备案

明确本应急预案的报备部门。

5.11.3 维护和更新

明确应急预案维护和更新的基本要求，定期进行评审，实现可持续改进。

5.11.4 制定与解释

明确应急预案负责制定与解释的部门。

5.11.5 应急预案实施

明确应急预案实施的具体时间。

6 专项应急预案的主要内容

6.1 事故类型和危害程度分析

在危险源评估的基础上，对其可能发生的事故类型和可能发生的季节及其严重程度进行确定。

6.2 应急处置基本原则

明确处置安全生产事故应当遵循的基本原则。

6.3 组织机构及职责

6.3.1 应急组织体系

明确应急组织形式，构成单位或人员，并尽可能以结构图的形式表示出来。

6.3.2 指挥机构及职责

根据事故类型，明确应急救援指挥机构总指挥、副总指挥以及各成员单位或人员的具体职责。应急救援指挥机构可以设置相应的应急救援工作小组，明确各小组的工作任务及主要负责人职责。

6.4 预防与预警

6.4.1 危险源监控

明确本单位对危险源监测监控的方式、方法，以及采取的预防措施。

6.4.2 预警行动

明确具体事故预警的条件、方式、方法和信息的发布程序。

6.5 信息报告程序

主要包括：

(a) 确定报警系统及程序。

(b) 确定现场报警方式，如电话、警报器等。

(c) 确定24小时与相关部门的通信、联络方式。

(d) 明确相互认可的通告、报警形式和内容。

(e) 明确应急反应人员向外求援的方式。

6.6 应急处置

6.6.1 响应分级

针对事故危害程度、影响范围和单位控制事态的能力，将事故分为不同的等级。按照分级负责的原则，明确应急响应级别。

6.6.2 响应程序

根据事故的大小和发展态势，明确应急指挥、应急行动、资源调配、应急避险、扩大应急等响应程序。

6.6.3 处置措施

针对本单位事故类别和可能发生的事故特点、危险性，制定的应急处置措施（如：煤矿瓦斯爆炸、冒顶片帮、火灾、透水等事故应急处置措施，危险化学品火灾、爆炸、中毒等事故应急处置措施）。

6.7 应急物资与装备保障

明确应急处置所需的物质与装备数量、管理和维护、正确使用等。

7 现场处置方案的主要内容

7.1 事故特征

主要包括：

(a) 危险性分析，可能发生的事故类型。

(b) 事故发生的区域、地点或装置的名称。

(c) 事故可能发生的季节和造成的危害程度。

(d) 事故前可能出现的征兆。

7.2 应急组织与职责

主要包括：

(a) 基层单位应急自救组织形式及人员构成情况。

(b) 应急自救组织机构、人员的具体职责，应同单位或车间、班组人员工作职责紧密结合，明确相关岗位和人员的应急工作职责。

7.3 应急处置

主要包括：

(a) 事故应急处置程序。根据可能发生的事故类别及现场情况，明确事故报警、各项应急措施启动、应急救护人员的引导、事故扩大及同企业应急预案的衔接的程序。

(b) 现场应急处置措施。针对可能发生的火灾、爆炸、危险化学品泄漏、坍塌、水患、机动车辆伤害等，从操作措施、工艺流程、现场处置、事故控制、人员救护、消防、现场恢复等方面制定明确的应急处置措施。

（c）报警电话及上级管理部门、相关应急救援单位联络方式和联系人员，事故报告的基本要求和内容。

7.4 注意事项

主要包括：

（a）佩戴个人防护器具方面的注意事项。

（b）使用抢险救援器材方面的注意事项。

（c）采取救援对策或措施方面的注意事项。

（d）现场自救和互救注意事项。

（e）现场应急处置能力确认和人员安全防护等事项。

（f）应急救援结束后的注意事项。

（g）其他需要特别警示的事项。

8 附件

8.1 有关应急部门、机构或人员的联系方式

列出应急工作中需要联系的部门、机构或人员的多种联系方式，并不断进行更新。

8.2 重要物资装备的名录或清单

列出应急预案涉及的重要物资和装备名称、型号、存放地点和联系电话等。

8.3 规范化格式文本

信息接收、处理、上报等规范化格式文本。

8.4 关键的路线、标识和图纸

主要包括：

（a）警报系统分布及覆盖范围。

（b）重要防护目标一览表、分布图。

（c）应急救援指挥位置及救援队伍行动路线。

（d）疏散路线、重要地点等标识。

（e）相关平面布置图纸、救援力量的分布图纸等。

8.5 相关应急预案名录

列出直接与本应急预案相关的或相衔接的应急预案名称。

8.6 有关协议或备忘录

与相关应急救援部门签订的应急支援协议或备忘录。

附录七　电力企业综合应急预案编制导则（试行）

1　综合应急预案的编制要求

电力企业应结合自身安全生产和应急管理工作实际情况编制一个综合应急预案。

综合应急预案的内容应满足以下基本要求：

（1）符合与应急相关的法律、法规、规章和技术标准的要求。

（2）与事故风险分析和应急能力相适应。

（3）职责分工明确、责任落实到位。

（4）与相关企业和政府部门的应急预案有机衔接。

2　综合应急预案的主要内容

2.1　总则

2.1.1　编制目的

明确综合应急预案编制的目的和作用。

2.1.2　编制依据

明确综合应急预案编制的主要依据。应主要包括国家相关法律法规，国务院有关部委制定的管理规定和指导意见，行业管理标准和规章，地方政府有关部门或上级单位制定的规定、标准、规程和应急预案等。

2.1.3　适用范围

明确综合应急预案的适用对象和适用条件。

2.1.4　工作原则

明确本单位应急处置工作的指导原则和总体思路，内容应简明扼要、明确具体。

2.1.5　预案体系

明确本单位的应急预案体系构成情况。一般应由综合应急预案、专项应急预案和现场处置方案构成。应在附件中列出本单位应急预案体系框架图和各级各类应急预案名称目录。

2.2　风险分析

1）单位概况

明确本单位与应急处置工作相关的基本情况。一般应包括单位地址、从业人数、隶属关系、生产规模、主设备型号等。

2）危险源与风险分析

针对本单位的实际情况对存在或潜在的危险源或风险进行辨识和评价，包括对地理位置、气象及地质条件、设备状况、生产特点以及可能突发的事件种类、后果等内容进行分析、评估和归类，确定危险目标。

3）突发事件分级

明确本单位对突发事件的分级原则和标准。分级标准应符合国家有关规定和标准要求。

2.3 组织机构及职责

1）应急组织体系

明确本单位的应急组织体系构成，包括应急指挥机构和应急日常管理机构等，应以结构图的形式表示。

2）应急组织机构的职责

明确本单位应急指挥机构、应急日常管理机构以及相关部门的应急工作职责。应急指挥机构可以根据应急工作需要设置相应的应急工作小组，并明确各小组的工作任务和职责。

2.4 预防与预警

1）危险源监控

明确本单位对危险源监控的方式方法。

2）预警行动

明确本单位发布预警信息的条件、对象、程序和相应的预防措施。

3）信息报告与处置

明确本单位发生突发事件后信息报告与处置工作的基本要求。包括本单位24小时应急值守电话、单位内部应急信息报告和处置程序以及向政府有关部门、电力监管机构和相关单位进行突发事件信息报告的方式、内容、时限、职能部门等。

2.5 应急响应

1）应急响应分级

根据突发事件分级标准，结合本单位控制事态和应急处置能力确定响应分级原则和标准。

2）响应程序

针对不同级别的响应，分别明确启动条件、应急指挥、应急处置和现场救援、应急资源调配、扩大应急等应急响应程序的总体要求。

3）应急结束

明确应急结束的条件和相关事项。应急结束的条件一般应满足以下要求：突发事件得以控制，导致次生、衍生事故隐患消除，环境符合有关标准，并经应急指挥部批准。应急结束后的相关事项应包括需要向有关单位和部门上报的突发事件情况报告以及应急工作总结报告等。

2.6 信息发布

明确应急处置期间相关信息的发布原则、发布时限、发布部门和发布程序等。

2.7 后期处置

明确应急结束后，突发事件后果影响消除、生产秩序恢复、污染物处理、善后理赔、应急能力评估、对应急预案的评价和改进等方面的后期处置工作要求。

2.8 应急保障

明确本单位应急队伍、应急经费、应急物资装备、通信与信息等方面的应急资源和保障措施。

2.9　培训和演练

1）培训

明确对本单位人员开展应急培训的计划、方式和周期要求。如果预案涉及社区和居民，应做好宣传教育和告知等工作。

2）演练

明确本单位应急演练的频度、范围和主要内容。

2.10　奖惩

明确应急处置工作中奖励和惩罚的条件和内容。

2.11　附则

明确综合应急预案所涉及的术语定义以及对预案的备案、修订、解释和实施等要求。

2.12　附件

综合应急预案包含的主要附件（不限于）如下：

（1）应急预案体系框架图和应急预案目录。

（2）应急组织体系和相关人员联系方式。

（3）应急工作需要联系的政府部门、电力监管机构等相关单位的联系方式。

（4）关键的路线、标识和图纸，如电网主网架接线图、发电厂总平面布置图等。

（5）应急信息报告和应急处置流程图。

（6）与相关应急救援部门签订的应急支援协议或备忘录。

附录八 电力企业专项应急预案编制导则（试行）

1 专项应急预案的编制要求

1.1 专项应急预案的种类

电力企业专项应急预案原则上分为自然灾害、事故灾难、公共卫生事件和社会安全事件四大类。电网和发电企业专项应急预案体系目录详见附录A和附录B。

1）自然灾害类

电力企业应针对可能面临的气象灾害［主要包括雨雪冰冻、强对流天气（含暴雨、雷电、龙卷风等）、台风、洪水、大雾］、地震灾害、地质灾害（主要包括山体崩塌、滑坡、泥石流、地面塌陷）、森林火灾等自然灾害编制自然灾害类专项应急预案。

2）事故灾难类

电力企业应针对可能发生的人身事故、电网事故、设备事故、网络信息安全事故、火灾事故、交通事故及环境污染事故等各类电力生产事故编制事故灾难类专项应急预案。

3）公共卫生事件类

电力企业应针对可能发生的传染病疫情、群体性不明原因疾病、食物中毒等突发公共卫生事件编制公共卫生事件类专项应急预案。

4）社会安全事件类

电力企业应针对可能发生的群体性事件、突发新闻媒体事件等社会安全事件编制社会安全事件类专项应急预案。

1.2 编制要求

（1）自然灾害类专项应急预案的内容应以防范、控制和消除自然灾害影响为主，对由于自然灾害导致的次生或衍生事件应急处置内容应根据事件性质由相应的专项应急预案予以明确。

（2）事故灾难类专项应急预案中，电网企业在编制电网事故专项应急预案的同时，应根据电网结构特点编制电网黑启动专项应急预案。此外，被列为电网黑启动电源点的发电厂在编制全厂停电事故应急预案的同时，应单独编制发电厂黑启动专项应急预案。

（3）公共卫生事件类专项应急预案可以根据事件类别分别编制专项应急预案，也可编成一个综合性的专项应急预案。在综合性的公共卫生事件专项应急预案中，应分别明确各类公共卫生事件的应急处置程序和措施。公共卫生事件类专项应急预案的内容除应符合本导则的基本要求外，还应符合国家相关法律、法规、规章及技术标准要求。

（4）社会安全事件类专项应急预案除应符合本导则的基本要求外，还应符合国家制定的相关法律、法规、规章及技术标准要求。

2 专项应急预案的主要内容

2.1 总则

明确本预案的编制目的、编制依据和适用范围等内容。

2.2　应急处置基本原则

从应急响应、指挥领导、处置措施、与政府的联动、资源调配等方面说明本预案所涉及的突发事件发生后，应急处置工作的指导原则和总体思路，内容应简明扼要。

2.3　事件类型和危害程度分析

（1）分析突发事件风险的来源、特性等。

（2）明确突发事件可能导致紧急情况的类型、影响范围及后果。

2.4　事件分级

根据突发事件危害程度和影响范围，依照国家有关规定和上级应急预案等，对突发事件进行分级。应针对不同类型的突发事件明确具体事件分级标准。

2.5　应急指挥机构及职责

2.5.1　应急指挥机构

（1）明确本预案所涉突发事件的应急指挥机构组成情况。

（2）指挥机构应设置相应的应急处置工作组，明确各应急处置工作组的设置情况和人员构成情况。

（3）明确应急指挥平台建设要求。

2.5.2　应急指挥机构的职责

（1）明确应急指挥机构、各应急处置工作组和相关人员的具体职责。

（2）明确本预案所涉及各有关部门的应急工作职责。

2.6　预防与预警

2.6.1　风险监测

专项应急预案针对的突发事件可以实施预警的，需要明确以下内容：

（1）风险监测的责任部门和人员。

（2）风险监测的方法和信息收集渠道。

（3）风险监测所获得信息的报告程序。

2.6.2　预警发布与预警行动

专项应急预案针对的突发事件可以实施预警的，需要明确以下内容：

（1）根据实际情况进行预警分级。

（2）明确预警的发布程序和相关要求。

（3）明确预警发布后的应对程序和措施。

2.6.3　预警结束

明确结束预警状态的条件、程序和方式。

2.7　信息报告

（1）明确本单位24小时应急值班电话。

（2）明确本预案所涉突发事件发生后，本单位内部和向上级单位进行突发事件信息报告的程序、方式、内容和时限。

（3）明确本预案所涉突发事件发生后，向政府有关部门、电力监管机构进行突发事件报告的程序、方式、内容和时限。

2.8　应急响应

2.8.1 响应分级

根据突发事件分级标准，结合企业控制事态和应急处置能力明确具体响应分级标准、应急响应责任主体及联动单位和部门。

2.8.2 响应程序

针对不同级别的响应，分别明确下列内容，并附以流程图：

（1）应急响应启动条件（应分级列出）。

（2）响应启动：宣布响应启动的责任者。

（3）响应行动：包括召开应急会议、派出前线指挥人员、组建现场工作组及其他应急处置工作小组等。

（4）各有关部门按照响应级别和职责分工开展的应急行动。

（5）向上级单位、政府有关部门及电力监管机构进行应急工作信息报告的格式、内容、时限和责任部门等。

2.8.3 应急处置

针对事件类别和可能发生的次生事件危险性和特点，明确应急处置措施：

（1）先期处置：明确突发事件发生后现场人员的即时避险、救治、控制事态发展。隔离危险源等紧急处置措施。

（2）应急处置：根据事件的级别和发展事态，明确应急指挥、应急行动、资源调配、与社会联动等响应程序，并附以流程图表示。

（3）扩大应急响应：根据事件的升级，及时提高应急响应级别、改变处置策略。

2.8.4 应急结束

明确下述内容：

（1）应急结束条件。

（2）应急响应结束程序，包括宣布不同级别应急响应结束的责任人、宣布方式等。

2.9 后期处置

明确下述内容：

（1）后期处置、现场恢复的原则和内容。

（2）负责保险和理赔的责任部门。

（3）事故或事件调查的原则、内容、方法和目的。

（4）对预案及本次应急工作进行总结、评价、改进等内容。

2.10 应急保障

明确本单位应急资源和保障措施（其中部分内容可以附件形式列出）。

2.10.1 应急队伍

明确本预案所涉应急救援队伍、应急专家队伍和社会救援资源的建设、准备和培训要求。

2.10.2 应急物资与装备

明确本预案应急处置所需主要物资、装备的储备地点及重要应急物资供应单位的基本情况和管理要求。

2.10.3 通信与信息

明确与应急相关的政府部门、上级应急指挥机构、系统内外主要应急队伍等机构和单位、人员的通信渠道和手段以及极端条件下保证通信畅通的措施。

2.10.4　经费

明确本预案所需应急专项经费的来源、管理及在应急状态下确保及时到位的保障措施等。

2.10.5　其他

根据实际情况明确应急交通运输保障、安全保障、治安保障、医疗卫生保障、后勤保障及其他保障的具体措施。

2.11　培训和演练

明确本预案培训和演练的范围、方式、内容和周期要求。

2.12　附则

1）术语和定义

对本预案所涉及的一些术语进行定义。

2）预案备案

明确本预案的报备机构或部门。

3）预案修订

明确对本预案进行修订的条件、周期及负责部门。

4）制定与解释

明确负责本预案制定和解释的部门。

5）预案实施

明确本预案实施的时间。

2.13　附件

专项应急预案包含的主要附件（不限于）如下。

2.13.1　有关应急机构或人员联系方式

（1）应急指挥机构人员和联系方式。

（2）相关单位、部门、组织机构或人员名称及联系方式。

2.13.2　应急救援队伍信息

（1）应急救援队伍名称及联系方式。

（2）应急处置专家姓名及联系方式。

（3）与相关的社会应急救援部门签订的应急支援协议及联系方式。

2.13.3　应急物资储备清单

（1）本预案涉及的重要应急装备和物资的名称、型号、数量、图纸、存放地点和管理人员联系方式等。

（2）重要应急物资供应单位的生产能力、设备图纸和联系方式等。

（3）应急救援通信设施型号、数量、存放点等。

（4）应急车辆数量及司机联系方式清单。

2.13.4　规范化格式文本

列出应急信息接受、处理和上报等规范化格式文本。

2.13.5　关键的路线、标识和图纸

（1）重要防护目标一览表、分布图。

（2）应急指挥位置及应急队伍行动路线、人员疏散路线、重要地点等标识。

（3）相关平面布置图纸、应急力量的分布图纸等。

2.13.6 相关应急预案名录

列出直接与本预案相关或相衔接的应急预案名称。

2.13.7 有关流程

（1）预警信息发布流程。

（2）突发事件信息报告流程。

（3）各级应急响应及处置流程。

附录九　电力企业现场处置方案编制导则（试行）

1　现场处置方案的编制要求

（1）电力企业应组织基层单位或部门针对特定的具体场所（如集控室、制氢站等）、设备设施（如汽轮发电机组、变压器等）、岗位（如集控运行人员、消防人员等），在详细分析现场风险和危险源的基础上，针对典型的突发事件类型（如人身事故、电网事故、设备事故、火灾事故等），制定相应的现场处置方案。

（2）现场处置方案应简明扼要、明确具体，具有很强的针对性、指导性和可操作性。

2　现场处置方案的主要内容

2.1　应急组织及职责

主要包括：

（1）基层单位（部门）应急组织形式及人员构成情况。

（2）应急组织机构、人员的具体职责，应同基层单位或部门、班组人员的工作职责紧密配合，明确相关岗位和人员的应急工作职责。

2.2　总则

明确方案的编制目的、编制依据和适用范围等内容。

2.3　事件特征

主要包括：

（1）危险性分析，可能发生的事件类型。

（2）事件可能发生的区域、地点或装置的名称。

（3）事件可能发生的季节（时间）和可能造成的危害程度。

（4）事前可能出现的征兆。

2.4　应急处置

主要包括：

（1）现场应急处置程序。根据可能发生的典型事件类别及现场情况，明确报警、各项应急措施启动、应急救护人员的引导、事件扩大时与相关应急预案衔接的程序。

（2）现场应急处置措施。针对可能发生的人身、电网、设备、火灾等，从操作措施、工艺流程、现场处置、事故控制、人员救护、消防、现场恢复等方面制定明确的应急处置措施。现场处置措施应符合有关操作规程和事故处置规程规定。

（3）事件报告流程。明确报警电话及上级管理部门、相关应急救援单位联络方式和联系人员，事件报告的基本要求和内容。

2.5　注意事项

主要包括：

（1）佩戴个人防护器具方面的注意事项。

(2) 使用抢险救援器材方面的注意事项。

(3) 采取救援对策或措施方面的注意事项。

(4) 现场自救和互救的注意事项。

(5) 现场应急处置能力确认和人员安全防护等事项。

(6) 应急救援结束后的注意事项。

(7) 其他需要特别警示的事项。

2.6 附件

2.6.1 有关应急部门、机构或人员的联系方式

列出应急工作中需要联系的部门、机构或人员的联系方式。

2.6.2 应急物资装备的名录或清单

按需要列出现场处置方案涉及的物资和装备名称、型号、存放地点和联系电话等。

2.6.3 关键的路线、标识和图纸

按需要给出下列路线、标识和图纸:

(1) 现场处置方案所适用的场所、设备一览表、分布图。

(2) 应急救援指挥位置及救援队伍行动路线。

(3) 疏散路线、重要地点等标识。

(4) 相关平面布置图纸、救援力量的分布图纸等。

2.6.4 相关文件

(1) 按需要列出与现场处置方案相关或相衔接的应急预案名称。

(2) 相关操作规程或事故处置规程的名称和版本。

2.6.5 其他附件

附录十　电力突发事件应急演练导则（试行）

1　适用范围

本导则对电力突发事件应急演练（以下简称“应急演练”）的基本程序、内容、组织、实施与评估等方面作出一般性规定，适用于各级政府、电力企业、电力用户组织开展的应急演练活动。

2　规范性引用文件

下列文件中条款通过本导则引用而成为本导则的条款。引用文件如有修订或更新，使用本导则各方应研究使用这些文件的最新版本。

《国家突发公共事件总体应急预案》（国发〔2005〕11 号）

《国家处置电网大面积停电事件应急预案》（国办函〔2005〕44 号）

《生产经营单位安全生产事故应急预案编制导则》（AQ/T 9002—2006）

《电力企业综合应急预案编制导则》

《电力企业专项应急预案编制导则》

《电力企业现场处置方案编制导则》

3　术语和定义

3.1　突发事件

指突然发生，造成或者可能造成人员伤亡、电力设备损坏、电网大面积停电、环境破坏等危及电力企业、社会公共安全稳定，需要采取应急处置措施予以应对的紧急事件。

3.2　应急预案

指针对可能发生的各类突发事件，为迅速、有序地开展应急行动而预先制定的行动方案。

3.3　应急演练

指针对突发事件风险和应急保障工作要求，由相关应急人员在预设条件下，按照应急预案规定的职责和程序，对应急预案的启动、预测与预警、应急响应和应急保障等内容进行应对训练。

4　应急演练目的与原则

4.1　目的

（1）检验突发事件应急预案，提高应急预案针对性、实效性和操作性。

（2）完善突发事件应急机制，强化政府、电力企业、电力用户相互之间的协调与配合。

（3）锻炼电力应急队伍，提高电力应急人员在紧急情况下妥善处置突发事件的能力。

（4）推广和普及电力应急知识，提高公众对突发事件的风险防范意识与能力。

（5）发现可能发生事故的隐患和存在问题。

4.2　原则

（1）依法依规，统筹规划。应急演练工作必须遵守国家相关法律、法规、标准及有关规定，科学统筹规划，纳入各级政府、电力企业、电力用户应急管理工作的整体规划，并按规划组织实施。

（2）突出重点，讲求实效。应急演练应结合本单位实际，针对性设置演练内容。演练应符合事故/事件发生、变化、控制、消除的客观规律，注重过程、讲求实效，提高突发事件应急处置能力。

（3）协调配合，保证安全。应急演练应遵循“安全第一”的原则，加强组织协调，统一指挥，保证人身、电网、设备及人民财产、公共设施安全，并遵守相关保密规定。

5　应急演练分类

5.1　综合应急演练

由多个单位、部门参与的针对综合应急预案或多个专项应急预案开展的应急演练活动，其目的是在一个或多个部门（单位）内针对多个环节或功能进行检验，并特别注重检验不同部门（单位）之间以及不同专业之间的应急人员的协调性及联动机制。

其中，社会综合应急演练由政府相关部门、电力监管机构、电力企业、电力用户等多个单位共同参加。

5.2　专项应急演练

针对本单位突发事件专项应急预案以及其他专项预案中涉及自身职责而组织的应急演练。其目的是在一个部门或单位内针对某一个特定应急环节、应急措施或应急功能进行检验。

6　应急演练形式

6.1　实战演练

由相关参演单位和人员，按照突发事件应急预案或应急程序，以程序性演练或检验性演练的方式，运用真实装备，在突发事件真实或模拟场景条件下开展的应急演练活动。其主要目的是检验应急队伍、应急抢险装备等资源的调动效率以及组织实战能力，提高应急处置能力。

6.1.1　程序性演练

根据演练题目和内容，事先编制演练工作方案和脚本。演练过程中，参演人员根据应急演练脚本，逐条分项推演。其主要目的是熟悉应对突发事件的处置流程，对工作程序进行验证。

6.1.2　检验性演练

演练时间、地点、场景不预先告知，由领导小组随机控制，有关人员根据演练设置的突发事件信息，依据相关应急预案，发挥主观能动性进行响应。其主要目的是检验实际应急响应和处置能力。

6.2　桌面演练

由相关参演单位人员，按照突发事件应急预案，利用图纸、计算机仿真系统、沙盘等模拟进行应急状态下的演练活动。其主要目的是使相关人员熟悉应急职责，掌握应急程序。

除以上两种形式外，应急演练也可采用其他形式进行。

7 应急演练规划与计划

7.1 规划

各级政府、电力企业、电力用户应针对突发事件特点对应急演练活动进行3~5年的整体规划，包括应急演练的主要内容、形式、范围、频次、日程等。

从实际需求出发，分析本地区、本单位面临的主要风险，根据突发事件发生发展规律，制定应急演练规划。各级演练规划要统一协调、相互衔接，统筹安排各级演练之间的顺序、日程、侧重点，避免重复和相互冲突，演练频次应满足应急预案规定。

7.2 计划

在规划基础上，制定具体的年度工作计划，包括：演练的主要目的、类型、形式、内容，主要参与演练的部门、人员，演练经费概算等。

8 应急演练准备

针对演练题目和范围，开展下述演练准备工作。

8.1 成立组织机构

根据需要成立应急演练领导小组以及策划组、技术组、保障组、评估组等工作机构，并明确演练工作职责、分工。

8.1.1 领导小组

（1）领导应急演练筹备和实施工作。

（2）审批应急演练工作方案和经费使用。

（3）审批应急演练评估总结报告。

（4）决定应急演练的其他重要事项。

8.1.2 策划组

（1）负责应急演练的组织、协调和现场调度。

（2）编制应急演练工作方案，拟定演练脚本。

（3）指导参演单位进行应急演练准备等工作。

（4）负责信息发布。

8.1.3 技术保障组

（1）负责应急演练安全保障方案制定与执行。

（2）负责提供应急演练技术支持，主要包括应急演练所涉及的调度通信、自动化系统、设备安全隔离等。

8.1.4 后勤保障组

（1）负责应急演练的会务、后勤保障工作。

（2）负责所需物资的准备，以及应急演练结束后物资清理归库。

（3）负责人力资源管理及经费使用管理等。

8.1.5 评估组

（1）负责根据应急演练工作方案，拟定演练考核要点和提纲，跟踪和记录应急演练进展情况，发现应急演练中存在的问题，对应急演练进行点评。

（2）负责针对应急演练实施中可能面临的风险进行评估。

（3）负责审核应急演练安全保障方案。

8.2 编写演练文件

8.2.1 应急演练工作方案

工作方案主要内容包括：

（1）应急演练目的与要求。

（2）应急演练场景设计：按照突发事件的内在变化规律，设置情景事件的发生时间、地点、状态特征、波及范围以及变化趋势等要素，进行情景描述。对演练过程中应采取的预警、应急响应、决策与指挥、处置与救援、保障与恢复、信息发布等应急行动与应对措施预先设定和描述。

（3）参演单位和主要人员的任务及职责。

（4）应急演练的评估内容、准则和方法，并制定相关具体评定标准。

（5）应急演练总结与评估工作的安排。

（6）应急演练技术支撑和保障条件，参演单位联系方式，应急演练安全保障方案等。

8.2.2 应急演练脚本

应急演练脚本是指应急演练工作方案的具体操作手册，帮助参演人员掌握演练进程和各自需演练的步骤。一般采用表格形式，描述应急演练每个步骤的时刻及时长、对应的情景内容、处置行动及执行人员、指令与报告对白、适时选用的技术设备、视频画面与字幕、解说词等。

应急演练脚本主要适用于程序性演练。

8.2.3 评估指南

根据需要编写演练评估指南，主要包括：

（1）相关信息：应急演练目的、情景描述，应急行动与应对措施简介等。

（2）评估内容：应急演练准备、应急演练方案、应急演练组织与实施、应急演练效果等。

（3）评估标准：应急演练目的实现程度的评判指标。

（4）评估程序：针对评估过程作出的程序性规定。

8.2.4 安全保障方案

主要包括：

（1）可能发生的意外情况及其应急处置措施。

（2）应急演练的安全设施与装备。

（3）应急演练非正常终止条件与程序。

（4）安全注意事项。

8.3 落实保障措施

8.3.1 组织保障

落实演练总指挥、现场指挥、演练参与单位（部门）和人员等，必要时考虑替补人员。

8.3.2　资金与物资保障

落实演练经费、演练交通运输保障，筹措演练器材、演练情景模型。

8.3.3　技术保障

落实演练场地设置、演练情景模型制作、演练通信联络保障等。

8.3.4　安全保障

落实参演人员、现场群众、运行系统安全防护措施，进行必要的系统（设备）安全隔离，确保所有参演人员和现场群众的生命财产安全，确保运行系统安全。

8.3.5　宣传保障

根据演练需要，对涉及演练单位、人员及社会公众进行演练预告，宣传电力应急相关知识。

8.4　其他准备事项

根据需要准备应急演练有关活动安排，进行相关应急预案培训，必要时可进行预演。

9　应急演练实施

9.1　程序性实战演练实施

9.1.1　实施前状态检查确认

在应急演练开始之前，确认演练所需的工具、设备设施以及参演人员到位，检查应急演练安全保障设备设施，确认各项安全保障措施完备。

9.1.2　演练实施

（1）条件具备后，由总指挥宣布演练开始。

（2）按照应急演练脚本及应急演练工作方案逐步演练，直至全部步骤完成。

演练可由策划组随机调整演练场景的个别或部分信息指令，使演练人员依据变化后的信息和指令自主进行响应。

出现特殊或意外情况，策划组可调整或干预演练，若危及人身和设备安全时，应采取应急措施终止演练。

（3）演练完毕，由总指挥宣布演练结束。

9.2　检验性实战演练实施

9.2.1　实施前状态检查确认

在应急演练开始之前，确认演练条件具备，检查演练安全保障设备设施，确认各项安全保障措施完备。

9.2.2　演练实施

（1）演练实施可分为两种方式：

方式一：策划人员事先发布演练题目及内容，向参演人员通告事件情景，演练时间、地点、场景随机安排。

方式二：策划人员不事先发布演练题目及内容，演练时间、地点、内容、场景随机安排。

（2）有关人员根据演练指令，依据相应预案规定职责启动应急响应，开展应急处置行动。

（3）演练完毕，由策划人员宣布演练结束。

9.3 桌面演练实施

9.3.1 实施前状态检查确认

在应急演练开始之前，策划人员确认演练条件具备。

9.3.2 演练实施

（1）策划人员宣布演练开始。

（2）参演人员根据事件预想，按照预案要求，模拟进行演练活动，启动应急响应，开展应急处置行动。

（3）演练完毕，由策划人员宣布演练结束。

9.4 其他事项

9.4.1 演练解说

在演练实施过程中，可以安排专人进行解说。内容包括演练背景描述、进程讲解、案例介绍、环境渲染等。

9.4.2 演练记录

演练实施过程要有必要的记录，分为文字、图片和声像记录，其中文字记录内容主要包括：

（1）演练开始和结束时间。

（2）演练指挥组、主现场、分现场实际执行情况。

（3）演练人员表现。

（4）出现的特殊或意外情况及其处置。

10 应急演练评估、总结与改进

10.1 评估

对演练准备、演练方案、演练组织、演练实施、演练效果等进行评估，评估目的是确定应急演练是否已达到应急演练目的和要求，检验相关应急机构指挥人员及应急响应人员完成任务的能力。

评估组应掌握事件和应急演练场景，熟悉被评估岗位和人员的响应程序、标准和要求；演练过程中，按照规定的评估项目，依推演的先后顺序逐一进行记录；演练结束后进行点评，撰写评估报告，重点对应急演练组织实施中发现的问题和应急演练效果进行评估总结。

10.2 总结

应急演练结束后，策划组撰写总结报告，主要包括以下内容：

（1）本次应急演练的基本情况和特点。

（2）应急演练的主要收获和经验。

（3）应急演练中存在的问题及原因。

（4）对应急演练组织和保障等方面的建议及改进意见。

（5）对应急预案和有关执行程序的改进建议。

（6）对应急设施、设备维护与更新方面的建议。

（7）对应急组织、应急响应能力与人员培训方面的建议等。

10.3　后续处置

10.3.1　文件归档与备案

应急演练活动结束后，将应急演练方案、应急演练评估报告、应急演练总结报告等文字资料，以及记录演练实施过程的相关图片、视频、音频等资料归档保存；对主管部门要求备案的应急演练，演练组织部门（单位）将相关资料报主管部门备案。

10.3.2　预案修订

演练评估或总结报告认定演练与预案不相衔接，甚至产生冲突，或预案不具有可操作性，由应急预案编制部门按程序对预案进行修改完善。

10.4　持续改进

应急演练结束后，组织应急演练的部门（单位）应根据应急演练情况，对表现突出的单位及个人，给予表彰或奖励，对不按要求参加演练，或影响演练正常开展的，给予相应批评或处分。应根据应急演练评估报告、总结报告提出的问题和建议，督促相关部门和人员制定整改计划，明确整改目标，制定整改措施，落实整改资金，并跟踪督查整改情况。

参考文献

[1] 中华人民共和国突发事件应对法（主席令第69号）[Z].2007.

[2] 生产安全事故报告和调查处理条例（国务院令第493号）[Z].2007.

[3] 电力安全事故应急处置和调查处理条例（国务院令第599号）[Z].2011.

[4] 电力监管条例（国务院令第432号）[Z].2005.

[5] 国家突发公共事件总体应急预案 [Z].2006.

[6] 国家处置电网大面积停电事件应急预案 [Z].2006.

[7] 国务院关于进一步加强企业安全生产工作的通知（国发〔2010〕23号）[Z].2010.

[8] 国务院关于坚持科学发展安全发展促进安全生产形势持续稳定好转的意见（国发〔2011〕40号）[Z].2011.

[9] 关于加强电力系统抗灾能力建设的若干意见 [Z].2008.

[10] 国务院安委会办公室关于贯彻落实国务院〈通知〉精神进一步加强安全生产应急救援体系建设的实施意见（安委办〔2010〕25号）[Z].2010.

[11] 国务院办公厅.国务院办公厅关于继续深入扎实开展“安全生产年”活动的通知 [Z].2012.

[12] 突发事件应急演练指南（应急办函〔2009〕62号）[Z].2009.

[13] 关于规范重大危险源监督与管理工作的通知 [Z].2005.

[14] 安全生产事故隐患排查治理暂行规定 [Z].2008.

[15] 安全生产应急管理“十二五”规划 [Z].2011.

[16] 关于加强电力应急体系建设的指导意见（电监安全〔2009〕60号）[Z].2009.

[17] 电力企业综合应急预案编制导则（试行）（电监安全〔2009〕22号）[Z].2009.

[18] 电力企业专项应急预案编制导则（试行）（电监安全〔2009〕22号）[Z].2009.

[19] 电力企业现场处置方案编制导则（试行）（电监安全〔2009〕22号）[Z].2009.

[20] 电力突发事件应急演练导则（电监安全〔2009〕22号）[Z].2009.

[21] 关于深入开展电力安全生产隐患排查治理工作的通知 [Z].2012.

[22] 危险化学品重大危险源辨识（GB 18218—2009）[S].2009.

[23] 企业伤亡事故分类（GB 6441—86）[S].1986.

[24] 生产经营单位安全生产事故应急预案编制导则（AQ/T 9002—2006）[S].2006.

[25] 生产安全事故应急演练指南（AQ/T 9007—2011）[S].2011.

[26] 王德学.安全生产应急管理 [M].北京：煤炭工业出版社，2007.

[27] 陈安，陈宁，倪慧荟，等.现代应急管理理论与方法 [M].北京：科学出版社，2009.

[28] 田世明，等.电力应急管理理论与技术对策研究 [J].电网技术，2007，31（24）：22－27.

[29] 沈荣华.国外防灾救灾应急管理体制 [M].北京：中国社会出版社，2008.

[30] 计雷，池宏，等.突发事件应急管理 [M].北京：高等教育出版社，2006.

[31] 陈国华，张新梅，金强.区域应急管理实务 [M].北京：化学工业出版社，2008.

[32] 应急救援系列丛书编委会.应急救援基础知识 [M].北京：中国石化出版社，2007.

[33] 顾林生，陈小丽.全国应急管理体系构建及今后的发展重点 [J].中国公共安全，2006，（4）：23－28.

[34] 闪淳昌，周玲.从SARS到大雪灾——中国应急管理体系建设的发展脉络和经验反思 [J].甘肃社会科学，2008，（5）：40－44.

[35] 李学举.灾害应急管理 [M].北京：中国社会出版社，2005.

[36] 吴濡生，舒化鲁，石永建.供电企业安全管理标准化体系建设指南 [M].北京：中国电力出版社，2011.

[37] 庄越，雷培德．安全生产应急管理［M］．北京：中国经济出版社，2009.
[38] 杨忠培．电力企业生产安全事故应急工作手册［M］．北京：中国劳动社会保障出版社，2009.
[39] 刘茂，吴宗之，等．应急救援概论［M］．北京：化学工业出版社，2004.
[40] 吴俊．突发公共事件社会应急机制的构成框架．决策参考［J］．2006，(7)：54－56.
[41] 刘铁民，刘功智，陈胜．国家安全生产应急救援体系分级响应和救援程序探讨［J］．中国安全科学学报，2003，13（12）：5－8.
[42] 时训先，蒋仲安，邓云峰，等．重大事故应急救援法律法规体系建设［J］．中国安全科学学报，2004，14（12）：45－48.
[43] 陈建辉，冯寿宗，章云龙．安全生产应急管理实务［M］．北京：中国人民大学出版社，2009.
[44] 樊运晓．应急救援预案编制实务——理论·实践·实例［M］．北京：化学工业出版社，2006.
[45] 王飞跃，徐志胜，潘游，等．企业安全生产安全事故应急救援预案编制技术的研究［J］．中国安全科学学报，2005，15（4）：101－105.
[46] 刑娟娟，等．企业重大事故应急管理与预案编制［M］．北京：航空工业出版社，2005.
[47] 陈海群，王凯全．危险化学品事故处理与应急预案［M］．北京：中国石化出版社，2005.
[48] 李美庆．生产经营企业事故应急救援管理指南［M］．北京：化学工业出版社，2008.
[49] 胡福静．企业应急预案编制要点［J］．中国安全生产科学技术，2006，2（4）：120－122.
[50] 李志超，陈研文．企业事故应急救援预案编制的探讨［J］．中国安全生产科学技术，2006，2（4）：123－125.
[51] 莫华广．浅谈事故应急处理预案的培训和演练［J］．中国科技论坛，2006（4）：143－145.
[52] 侯慧，周建中，等．国内外电力应急演练现状分析及对中国的启示［J］．电力系统保护与控制，2012（24）：236－241.
[53] 卢强．建立演练机制　提高应急能力［J］．电力安全技术，2004（11）：44.
[54] 张铭．华东电网电力突发事件应急联合演练综述［J］．华东电力，2007（9）：32－33.
[55] 吴濡生，刘根宁．如何开展电网大面积停电应急联合演练［J］．电力安全技术，2008（10）：15－17.
[56] 陈良，方旭初，黄陆明，等．电网大面积停电风险分析及应急演练实践［J］．电力安全技术，2009（12）：22－24.
[57] 陈安，陈宁，武艳南，等．现代应急管理技术与系统［M］．北京：科学出版社，2011.
[58] 崔燕明，刘孝先，吴维农，等．电力应急通信指挥系统的建设方案［J］．电力通信系统，2009，(6)：33－36.
[59] 章云龙，陈国华，王强，等．安全生产应急演练实务［M］．北京：科学出版社，2011.
[60] 王延章，叶鑫，裘江南，等．应急管理信息系统——基本原理、关键技术、案例［M］．北京：科学出版社，2010.
[61] 倪吉祥．电力安全与电力监管信息系统关键技术研究［M］．北京：经济科学出版社，2006.
[62] 王波，魏克俊，费树岷．城市应急救援指挥信息平台研究［J］．中国公共安全（学术版），2006(5)：33－36.
[63] 范维澄．突发公共事件应急信息系统总体方案构思［J］．信息化建设，2005（9）：11－14.
[64] 胡继华，钟广鹏，严国灿．基于GIS的动态应急资源调度系统设计与实现［J］．计算机应用研究，2012，29（1）：200－202，223.
[65] 赵春艳，冯启民．城市防灾应急信息数据管理研究［J］．灾害学，2010，25（B10）：317－338.
[66] 谷岩．基于公共安全的应急平台数据中心的设计研究［J］．中山大学学报（自然科学版），2012，51（2）：17－21，39.
[67] 孙成江，刘林．应急救援模拟演练系统设计与实现初探[J]．石油工业计算机应用，2010(3)：3－6.

编　后　语

应急管理是当前电力企业安全管理的一项重要内容，及时有效地将电力企业事故造成的影响和损失控制在最低限度，是电力企业一项十分重要而紧迫的任务。为加强电力企业应急管理，提高电力企业安全生产管理人员的应急管理能力，国家安全生产应急救援指挥中心组织编写了这本《电力企业安全生产应急管理》。编写组通过对大量文献、资料的查阅和调研，经多次讨论、修改，完成了《电力企业安全生产应急管理》的编写工作，并于2012年4月邀请电力企业专家对教材进行中期审查，2012年6月邀请电力企业专家对教材进行评审。编写组根据专家的意见和建议，对教材内容进一步充实和完善，形成了最终稿。修改后的教材结构合理、内容全面、可操作性强，对电力企业安全管理人员和应急处置人员具有较强的指导作用。

第一章由贺小明编写；第二章由于德发编写，经专家李隆本审阅定稿；第三章由贾玉洁编写，经专家蒋琨审阅定稿；第四章由顾佩编写，经专家周刚审阅定稿；第五章由王兰芝编写，经专家闵聿华审阅定稿；第六章由张伟编写，经专家吕海燕审阅定稿；第七章由王勇编写，经专家王伟审阅定稿；第八章由胡杰编写，经专家朱朝阳审阅定稿。在书稿的评审过程中，国家安全生产应急指挥中心张平远、吕海燕、李斌、李胜利、王振永，国家电力监管委员会蒋锦峰、王伟、王永胜、易俗、芦倩等数位领导及专家提出了宝贵的意见。此外，在编写过程中，还得到电监会各派出机构和国家电网公司、中国南方电网公司、中国华电集团公司、中国华能集团公司、中国电力投资集团公司、中国大唐集团公司胡福林、钟先觉、王理金、张文祥、李庆林、姜士骁等专家的大力支持和帮助，在此对他们表示衷心的感谢！教材还引用了大量的参考文献，在此对相关作者深表谢意！

由于我国的电力企业应急管理工作尚在不断完善中，加之编写人员水平有限，疏漏和错误之处在所难免，敬请提出宝贵意见。

《电力企业安全生产应急管理》编写组

二〇一二年十月

图书在版编目（CIP）数据

电力企业安全生产应急管理/国家安全生产应急救援指挥中心组织编写. --北京：煤炭工业出版社，2013
国家安全生产应急救援培训教材
ISBN 978-7-5020-4198-4

Ⅰ.①电… Ⅱ.①国… Ⅲ.①电力工业—安全生产—安全管理—技术培训—教材 Ⅳ.①TM08

中国版本图书馆 CIP 数据核字（2013）第 049101 号

煤炭工业出版社 出版
（北京市朝阳区芍药居 35 号 100029）
网址：www. cciph. com. cn
北京房山宏伟印刷厂 印刷
新华书店北京发行所 发行
*
开本 787mm×1092mm $^{1}/_{16}$ 印张 $13^{1}/_{2}$
字数 316 千字 印数 1—2 000
2013 年 1 月第 1 版 2013 年 1 月第 1 次印刷
社内编号 7021 定价 36.00 元